中国建筑文化遗产

14

单霁翔　名誉主编

高志　社长

金磊　主编

天津大学出版社

图书在版编目（CIP）数据

中国建筑文化遗产.14/金磊主编. —天津：天津大学出版社，2014.11
ISBN 978-7-5618-5222-4

Ⅰ. ①中… Ⅱ. ①金… Ⅲ. ①建筑-文化遗产-中国
Ⅳ. ①TU-092

中国版本图书馆CIP数据核字（2014）第256547号

策划编辑 韩振平
责任编辑 韩振平
装帧设计 董晨曦 魏 彬 张 政 蒋东明

出版发行 天津大学出版社
出 版 人 杨欢
地　　址 天津市卫津路92号天津大学内（邮编：300072）
电　　话 022-27403647
网　　址 publish.tju.edu.cn
印　　刷 北京华联印刷有限公司
经　　销 全国各地新华书店
开　　本 235mm×305mm
印　　张 12.5
字　　数 516千
版　　次 2014年12月第1版
印　　次 2014年12月第1次
定　　价 66.00元

CHINA ARCHITECTURAL HERITAGE
中国建筑文化遗产 14

Instructor State Administration of Cultural Heritage
指导单位 国家文物局

Sponsor ACBI Group
主编单位 宝佳集团
Committee of Traditional Architecture and Gardens of Chinese Society of Cultural Relics
中国文物学会传统建筑园林委员会
Tianjin University Press
天津大学出版社
Institute of Urban Planning and Development of Peking University
北京大学城市规划与发展研究所
Architectural Culture Investigation Team
建筑文化考察组

Co-Sponsor Research Center of Mass Communication for China Architecture, ACBI Group
承编单位 宝佳集团中国建筑传媒中心

目 录

CONTENTS

目 录

CONTENTS

在中国勘察设计协会组织的2013年度"全国优秀工程勘察设计行业奖"评选中，宝佳集团参评项目CBD北京国际财源中心获得建筑工程公建一等奖，项目由首席代表高志、总建筑师刘震宇带队，从全新的角度诠释了现代办公空间的核心价值，是宝佳公司近年来组织设计的经典代表作之一。国际财源仿佛着深色西装的高贵绅士，矗立在长安街上、CBD中，为长安街与CBD交汇处的独特的文化气场增辉。

（文/朱有恒）

遗产的纪念性与“活态”利用

金磊

在中国第五个文化遗产日，国内便有建设文化遗产强国的思想提出，转眼中国第九个文化遗产日已到，让文化遗产“活”起来成为主题词，所以我们要透析文化遗产的大事件，全方位思考如何作为才好从政策、立法乃至学理上找到有效支撑“文化遗产强国”的策略。中国乃世界级文化遗产强国不假，其甚为丰富的文化遗产资源证明着一切，但必须承认国家迄今尚未在文化遗产可持续能力及文化遗产利用上找到平衡点，表现在城镇化发展中难寻记忆，创伤无限。2014年6月13日—14日福州第五届海峡两岸船政文化研讨会期间，《永远的蔚蓝色——福州“宫巷海军刘”》备受关注，特别是我于大会上关于在宫巷11号建立“福州近代海军将士博物馆”的提议，使全国重点文物保护单位、中国历史文化名城名镇名街名村的监管成为热点，不仅发现全国重点文物保护单位的用途变了性质，福州市苍山区胪雷村有着700多年历史的陈氏祠堂也处于风雨飘摇的拆除厄运中。所有这一切我是在中国文化遗产日当天感受到的，我真不知道各级政府管理者及建设者是如何认识遗产的纪念性和“活态”利用的。“乡愁”，并非不能生长于现代都市，今人的城市焦虑，恰需要传之久远的集体记忆和精神认同来抚慰。2014年系现代奥林匹克运动120周年，因其纪念意义、因其建筑遗产价值，奥运建筑遗产研究正在深入。2014年6月6日系法国纪念诺曼底登陆70周年，20个国家的元首或政府首脑及1 800位老兵参加仪式。作为一个标志性纪念遗产地，6日诺曼底地区最大的纪念活动在乌伊斯特勒昂的宝剑海滩举行，这曾是当年盟军部队登陆诺曼底的主要地点。纪念性遗产明显包含纪念碑、纪念性建筑、纪念性场所，甚至也包含可移动的纪念性物品等，事实上纪念性遗产中“纪念性建筑”数量最多，意大利学者、建筑师阿尔多·罗西将城市建筑划分为纪念性建筑与一般居住建筑两类，并强调那些承载了城市印象、具有历史记忆的相对永恒的建筑都属于纪念性建筑。2014年4月29日组建的中国文物学会20世纪建筑遗产委员会在研究并认定20世纪建筑遗产中，特别瞩目20世纪重要事件背后的建筑载体，因此纪念性建筑是我们始终研究并传播的主题，问题在于我们该如何认定20世纪建筑遗产，20世纪建筑遗产类型中是不是该出现公共建筑之外的建筑类型。如新中国经典居住区建筑，过去曾遍布个大中城市，它至少代表着新中国“一五”“二五”期间居住建筑的水平，如北京三里河一区北建委住宅系张开济大师的杰作，尚未列入优秀纪念建筑系列是政府工作的缺陷，这不能成为某些开发商拆毁的借口。所以，无论从建筑遗产的纪念性及“活态”用途的不同视角看，我尤以为纵深研究20世纪建筑遗产的认定与评选工作迫切性大，极有必要在留住历史信息城市“乡愁”的同时，为20世纪建筑遗产保护与利用注入创新和创意的新思想。尤其值得关注的是，在世界范围内文化遗产保护与发展正不断激发政府政策灵感，创意产业与文化经济正开拓着遗产“活态”的途径。

The Commemorating Value and the “Living” Usage of Cultural Heritage

Jin Lei

As early as the fifth Chinese Cultural Heritage Day(CHD) on June 12, 2010, domestic scholars have proposed to build China a cultural-heritage power. With the ninth CCHD just around the corner, “Let Cultural Heritage Alive" becomes this year's theme. We should analyse the cultural heritag events, and figure out corresponding strategies of building a heritage power from policies, legislations and even scientific principles in a comprehensive fashion. China boasting rich cultural heritages is literally a cultural-heritage power in quantity. It is still striving to find a balance between sustainability and application of cultural heritages. Because of urbanisation, nowadays you can hardly find those old, memorable buildings. The book *Forever Navy Blue: In Memoration of Chinese Naval Family the Lius in Gong Alley, Fuzhou* drew everyone's attention in the 5th Cross-straits Symposium on Shipping Culture from June 13 to 14, 2014. In the event, I put forward the establishment of the Fuzhou Modern Navy Officer Museum in 11 Gong Alley, sparkling great concerns about the supervision of China's national key relic protection units and famous villages, townships and cities of great historical and cultural importance. Instead of preservation, those key relic protection units are found for other uses. The Chen Clan Shrine Hall of over 700 years in Lulei Village, Cangshan District, Fuzhou, even lingers in the shadows of demolition. I was caught by the feelings on the Chinese Cultural Heritage Day. I did not have the least idea how our regulators and builders understand and let live those heritages. It is not impossible to develop a reminiscent mood in modern cities, since we urban people need collective memories and mental resonance, remote but healing, to soothe our anxiety.

This year marks the 120th anniversary of modern Olympic Games. With memorial significance and preciousness, the Olympic architecture heritages await further studies. Over 20 heads of states and government leaders joined 1800 World War II veterans in the D-Day 70th anniversary ceremony on June 6, 2014. The biggest commemoration ceremony in landmark commemoration place Normandy area was held in Sword Beach, Ouistreham, the main landing point of the Allied troops. Heritages of commemoration include monuments, commemorative architecture, commemorative sites and even mobile commemorative articles. In fact, commemorative architecture is second to none in quantity. According to Italian scholar, architect Aldo Rossi, the architecture of a city was categorised into commemorative architecture and residential architecture; those carrying vernacular image and ever-lasting historical memories should be memorial architecture. The 20th-century architecture heritage committee of Chinese Society of Cultural Relics, set up in April 29, 2014 found out after researches that among all the 20th-century architecture heritages, those related to significan historical events in the 20th century stood out. Therefore, we should consistently research on and promote commemorative architecture. But two problems remain: how can we define a 20th-century architecture heritage? In addition to public buildings, do we also include those non-public buildings in the heritage list? Taking China's classic residential buildings in the 1950s for example, once having been so popular across large- and medium-sized cities in China, they represent the level of residential architecture during the first "Five-year Plan" period (1953-1957) and the second "Five-year Plan" period (1958-1962). The Beijianwei Residential Area, No.1 District, Sanlihe, Beijing was designed by Chinese mater architect Zhang Kaiji. Certain developers force its demolition just because the government missed its name on the list of Excellent Commemorative Architecture. In order to let memorial architecture heritages alive, the evaluation of the 20th-century architecture heritages should be urgently solved. It is necessary to remain historical information in the cities while instilling innovation and creativity to the preservation and application of the 20th-century architecture heritages. One thing to be noted in particular, international conservation and development of cultural heritage are continuously inspiring the governmental policies, and innovation industry and cultural economy will explore new "living" usage of cultural heritages.

正定隆兴寺摩尼殿壁画局部(摄影/陈鹤)

Mission and Challenge of the 20th-century Architecture Heritage Protection

—Shan Jixiang's Speech at "the Conference of the Establishment of the 20th-century Architecture Heritage Committee, Chinese Society of Cultural Relics"

20世纪建筑遗产保护的使命与挑战

——单霁翔在"中国文物学会20世纪建筑遗产委员会成立会议"上的演讲

单霁翔*（Shan Jixiang）

单霁翔

编者按：2014年4月29日，中国文物学会在故宫博物院建福宫成立"20世纪建筑遗产委员会"，建筑与文博界70余名院士、大师、专家参加了会议。会议成立了组织机构，选举马国馨院士、单霁翔院长为委员会会长。本书特别收录单霁翔院长在成立大会上的讲话，以管窥20世纪建筑遗产保护的使命与挑战。

Editor's Notes: On April 29th 2014, the Chinese Society of Cultural Relics established the 20th-century Architecture Heritage Committee in Jianfu Palace in the Palace Museum, with the presence of over 70 academicians, masters and experts in architecture and cultural relics. The conference set up the organizational structure. The academician Ma Guoxin and director of the Palace Museum Shan Jixiang were elected as the head of the committee. The editorial department published Shan's speech in the conference in order to study the mission and challenges of the 20th-century architecture heritage protection.

参加今天的会议，无论是在时间上，还是在空间上，感觉都有些特别，我们聚集在有着594岁高龄的紫禁城里，研讨20世纪建筑遗产保护问题。以往建筑大师们聚集在一起讨论建筑创作方向，文物专家们聚集在一起呼吁文物建筑保护，司空见惯，但是今天大家齐聚一堂，共同研究20世纪建筑遗产保护问题，这可能就叫作"跨界"，也就是吴良镛教授所倡导的"融贯的综合研究"。

实际上，这一天时、地利、人和的现象本身，就体现出20世纪建筑遗产保护的本质意义，即文化传承。20世纪建筑遗产保护行动本身，表明文化遗产的年代界定范围正在逐渐延伸，指定保护的文化遗产类别正在逐渐拓展，判断文化遗产的价值标准正在逐渐深化，成为我国文化遗产保护的重要趋势，而将更多的当代建筑遗产纳入文化遗产保护范畴，必然是一个永久的努力方向。

对于中国文物学会来说，20世纪建筑遗产委员会的成立既是酝酿已久的决定，也是新的挑战。今天的会议能够迎来如此众多来自全国各地，长期以来为保护祖国文化遗产而积极呼吁的各位保护专家，为延续中华文明的辉煌历史而辛勤创造的各位建筑大师，表明20世纪建筑遗产保护这一会议的主题，得到了跨界人士的高度关注，拥有建筑界和文物保护领域的广泛支持，使这项保护工作展现出光明的前景。

"20世纪建筑遗产"，顾名思义是根据时间阶段进行划分的建筑遗产集合，包括了20世纪历史进程中产生的不同类型的建筑遗产。众所周知，20世纪是人类文明进程中变化最快的时代，对于我国来说，20世纪具有更加特殊的意义，在20世纪的一百年时间，我国完成了从传统农业文明到现代工业文明的历史性跨越。没有哪个历史时期，能够像20世纪这样，慷慨地为人类提供如此丰富、生动的建筑遗产，同时也只有

* 故宫博物院院长，中国文物学会会长

建筑遗产才能将20世纪的百年历史进行最为理性、直观和广博的呈现。

在座的专家学者为保护20世纪建筑遗产曾经付出过很多努力，使一些建成不久的重要建筑得以保护，例如1961年国务院公布的第一批全国重点文物保护单位名单中，就将建成仅3年的人民英雄纪念碑列入其中。进入新的世纪，20世纪建筑遗产保护的基础工作得到加强。1999年在北京召开的第20届世界建筑师大会上，吴良镛院士在《北京宣言》中极有针对性地论述了建筑创作与文化传承的关系。

2004年8月，马国馨院士领导的中国建筑学会建筑师分会，向国际建协等学术机构提交了一份《20世纪中国建筑遗产的清单》，关注点是要对那些存在损毁危险或需要立即得到保护的建筑予以重视，它们既包括20世纪上半叶的燕京大学、上海外滩建筑群等建筑遗产，也包括20世纪下半叶的重庆人民大礼堂（1954年）、北京儿童医院（1954年）、北京电报大楼（1958年）、厦门集美学村（1934—1968年）等22处现代建筑，这些建筑蕴含着大量20世纪的珍贵历史信息。

2008年4月，在无锡召开的中国文化遗产保护无锡论坛，通过了《20世纪遗产保护无锡建议》，同时，国家文物局发布了《关于加强20世纪建筑遗产保护工作的通知》。2012年7月中国文物学会、天津大学等单位在天津举办“首届中国20世纪建筑遗产保护与利用论坛”，会上通过了涉及6方面意向的《中国20世纪建筑遗产保护的天津共识》。

今天，人们越来越认识到近代遗产、现代遗产和当代遗产，都是人类共同遗产中不可忽视的组成部分。2000年，联合国教科文组织世界遗产委员会在濒危遗产报告中，针对一些优秀当代建筑处于被废弃或被改造的境地，表达出对20世纪建筑遗产命运的忧虑。在国际社会的带动下，一些国家也纷纷做出积极反应，开始从战略角度强调20世纪建筑遗产保护的重要意义。

在美国，通过立法规定，凡是在历史上起过重要作用，且有50年以上历史，具有重要价值的建筑物、构造物和其他实物，都列入须要登记造册的范围。目前，美国已经确认和登记，并列入保护名录的历史性建筑和文化遗址有100多万个，其中相当部分属于20世纪建筑遗产。保护20世纪遗产，逐渐得到世界各国的积极响应。在西班牙的巴塞罗那，20世纪初由高迪创作的具有独特个性的奇异建筑，早在1984年就已列入了《世界遗产名录》。

在我国，20世纪建筑遗产保护，是一个既具有重大意义，又充满挑战的主题。百年以来，经济、政治、科学、文化、社会等各个领域都发生了前所未有的变革。人口和城市的不断膨胀，材料和技术的推陈出新，经济规模的持续扩大，建设速度的大幅提升和生活质量的持续变化，使各具功能的新兴建筑，如雨后春笋般铺遍城市和乡村。

在北京，从1953年开始，陆续兴建了西郊行政办公区、北郊科研机构区、东郊棉织工业区和机械工业区、东北郊电子工业区，以及百万庄、三里河、和平里等大型住宅区。1953年高等院校建设进入高潮，在西北郊集中建设了矿业、钢铁、石油、航空、地质、农机、政法、医学等“八大学院”。半个世纪的光阴流逝，使这些50年前的“整体创造”成为各具保护意义的20世纪建筑遗产。

我国的20世纪遗产，植根于近现代中国的百年风云。例如上海外滩建筑群，是上海近代大都市的最初轮廓线，荟萃着欧洲各国重要的建筑样式，拥有多样的建筑形式、先进的工程技术、广泛的建筑材料、精致的装修工艺。随着时间的流逝，这些20世纪建筑遗产，更显现出珍贵的历史价值与文化价值，成为上海城市历史的重要组成部分。

南京十朝遗迹，以民国时期遗存最为丰富，现存民国建筑千余处，多分布于中山大道两旁，从中山北路至中山东路，出中山门，绵延至紫金山麓，保护状况良好。这些民国建筑不仅是我国传统建筑向现代建筑转换、创造新的民族建筑形式的实物研究资料，也是我国城市率先向现代都市迈进的重要历史见证，在我国近代建筑史上有着独特的地位。

20世纪建筑遗产，是文化遗产大家庭中不可忽视的重要成员。他们见证着国家和民族的复兴之路，体现着建筑先辈为争取民族独立、国家富强、社会进步而前仆后继、自强不息的精神，凝聚着各个时期建筑师的崇高理想、信念、品德和情操，形象而直观，具有强烈的感召力。与那些历经千百年沧桑早已被剥离了实际应用价值，只作为历史遗迹接受研究与观赏的古代建筑遗存不同，20世纪遗产往往是功能延续着的“活着的遗产”。

与那些令人肃然起敬的古代文化遗存相比，20世纪建筑遗产在文化遗产大家庭中最为年轻，正因为如此，人们往往忽略它们存在的重要意义，使20世纪建筑遗产在各地不断遭到损毁和破坏。由于在保护理念、认定标准、法律保障和技术手段等方面，尚未形成成熟的理论和实践框架体系，使20世纪建筑遗产保护充满了挑战。因此，应针对20世纪建筑遗产的上述特点，研究20世纪建筑遗产保护存在的问题，及时实施抢救性的保护。

第一，缺乏加强20世纪遗产保护的正确认识。对于20世纪建筑遗产的判定不能完全套用古代遗产的标准。一方面，20世纪建筑遗产与其他历史时段的文化遗产相比，内容更为丰富，情况更为复杂，保护的紧迫性更为突出，需要采取更为积极的保护行动，予以审慎对待。另一方面，由于20世纪建筑遗产的概念提出较晚，具有针对性的研究刚刚起步，相关理念尚未成熟，缺少可供参考的现成模式，因此，只能通过不断实践，积极开展相关研究，探索正确的保护途径。

实际上，拥有数十年、近百年寿命的20世纪建筑遗产留存至今实属不易。长期以来，不少城市决策者对已有的建筑往往存在不同程度的轻视，甚至认为传统建筑形式无法为新时代服务，因此需要一场摧枯拉朽的改造。于是，新的建筑的诞生往往伴随着对过去时代建筑的否定和藐视。今天，一座高层建筑或一组建筑群的拆除与重建变得再普通不过，“统计数据显示，我国房屋建筑的平均使用年限不到30年”。“短命建筑”在我国的出现，很重要的一条原因就是，人们不能以理性的态度对待20世纪建筑遗产。

作为典型案例，1992年7月1日济南老火车站钟楼上精确的机械钟永远停止了转动，伴随着济南人走过80个春秋的老火车站就此尘封。然而在拆除之前，无法计数的市民扶老携幼涌到站前，与这座陪伴着他们走过难忘岁月的建筑合影留念，作最后的告别。1992年之前，老火车站设计者H.菲舍尔的儿子，每年都会带一批德国专家来免费为老火车站提供维修和保养，他还说这座车站再用200年也没有问题。当他听到老火车站被彻底毁掉的消息后，气得老泪纵横，并表示再也不会来济南，也永远不会原谅下令拆除这座建筑的决策者。

20世纪建筑遗产相对于更古老或更传统的文化遗产而言，较少得到人们的认同和保护。人们往往认为20世纪刚刚过去，而未将这一时期的建筑遗产列入保护的范畴。同样作为典型案例，几年前，长春市领导说我们的城市是一座年轻的城市，连一处全国重点文物保护单位都没有，但是当我们提出了20世纪建筑遗产保护的建议并得以采纳后，长春拥有了很多全国重点文物保护单位，建成于20世纪50年代的长春汽车制造厂和长春电影制片厂，也成为重要的保护对象。

第二，缺乏实施20世纪建筑遗产保护的法律保障。今天，涉及20世纪建筑遗产保护和管理的法规制定相对滞后，人力、财力等方面的投入相对较少，学术研究和基础工作相对薄弱。另一方面，面对全国城市化的加速进程，面对一个接一个的城市建设目标，20世纪建筑遗产的保护形势日趋严重，由于缺少法律保护，越来越多的20世纪建筑遗产在城市广场建设、城市道路拓宽和“旧城改造”中被拆毁，抢救工作日趋紧迫。

改革开放以前，北京市8层以上的板状高层建筑总共只有3幢；即工会大楼、北京师范大学主楼和水产部大楼。这三幢建筑本应作为20世纪标志性建筑遗产加以保护，但是目前其中两座已被拆除，使20世纪建筑遗产的历史链条不再完整。令人担忧的是，在当前建设大潮的冲击下，如果不采取紧急措施，一大批20世纪建筑遗产将继续遭遇拆除的厄运。前述由中国建筑学会建筑师分会列入《20世纪中国建筑遗产的清单》中的建筑，迄今仍有近半数尚未列入文物保护单位，法律保护的力度欠缺。其中“北京儿童医院”建筑的被拆除曾经引起广泛的关注。

今天，在不少城市中，20世纪建筑遗产相对于更古老或更传统的遗产而言，较少得到人们的认同和保护，致使大量具有珍贵价值的20世纪建筑遗产不断地被拆除。目前，在受法律保护的建筑遗产中，20建筑世纪遗产所占比例很小，在多数城市和地区，这一保护行动尚未开始。实际上，留存至今的20世纪建筑遗产数量，与曾经拥有的和已经遭到破坏的20世纪建筑遗产数量相比，实在是微不足道。如果没有清醒的认识和公众的支持，20世纪建筑遗产必然会面临比早期建筑遗产更严峻、更危险的局面。

第三，缺乏实施20世纪建筑遗产保护的成熟经验。20世纪建筑遗产保护存在着不能回避的技术难题。20世纪建筑遗产保护不仅面对大量专业性强、科技含量高的新型对象，而且各种行业类、专业类和专题类建筑遗产的大量涌现，必然突破文化遗产保护原有的体系和格局，为保护工作带来前所未有的压力。保护

20世纪建筑遗产所采用的理论和方法，与保护年代更为久远的建筑遗产所采用的理论和方法，并没有本质的不同。但是20世纪建筑遗产又有自己的特点，较之传统建筑，在保护和维修方面往往面临更大挑战。

进入20世纪，全球开始广泛采用新型材料和新的施工体系，当越来越多的建筑师们抛弃传统的建筑方法，开始兴致勃勃地采用新型材料，设计新型结构，甚至采取批量生产方式进行房屋建设时，他们对这些材料的性能和结构的长期稳定性并不完全了解，这就意味着在许多情况下，在这些建筑材料和施工方法被广泛使用之前，相关的技术标准并没有建立或尚不成熟。事实证明，20世纪建筑遗产相对老化的速度较快，材料性能寿命较短。其中最典型的当属早期混凝土材料，往往因为不符合相关标准，造成腐蚀问题，导致建筑材料过早退化。

第四，缺乏20世纪建筑遗产合理利用的科学界定。20世纪建筑遗产往往是正在使用的“动态遗产”，由于不具有保护建筑的合法身份，产权人或使用者为满足当前需要而对其经常加以变动，处理不当就会影响20世纪建筑遗产的整体风格和建筑质量，甚至伤害城市民众的集体记忆。

“保护性破坏”是当前的一个突出问题。许多20世纪建筑遗产处于人口稠密地区，其背景环境从未停止过变化，特别是随意改变20世纪建筑遗产的周边环境，在一定程度上丧失了原有历史信息。文化遗产的价值在于它的真实性和完整性，20世纪建筑遗产的保护同样要求其周边环境与本身的历史氛围相协调，形成和谐的整体，需要对建筑遗产背景环境提出控制要求。

第五，保护20世纪建筑遗产的行动意义重大。每一代人都有一个神圣的使命，就是把前人的创造留给后人。当然，由于古代遗存数量较少而更为宝贵，得到珍视。但是20世纪遗产如果不及时加以保护，同样也会在当前的建设大潮中很快地消失。从古到今，文化的发展演变形成一条完整的链条，如果在当代发生断裂，将对不起后代子孙。20世纪建筑遗产也是文化记忆的摇篮，现代人类必须予以充分关注。

人类历史本身就是动态过程的记录。20世纪作为社会变迁最为剧烈的文明时期，各种重要的历史变革和科学发展成果，都以各种特有形式折射在20世纪建筑遗产上。假如我们一方面为填补古代某一时期考古空白而孜孜以求，另一方面却忽视身边这些同样会在未来绽放异彩的20世纪建筑遗产，使它们因为疏于保护而遭到损毁，就会给后世留下与我们同样的遗憾。这一体现文明发展的序列不应在当代发生断裂。为此，应当及时对20世纪建筑遗产加以梳理，及早进行保护，以使它们完好地延续下去，供后世研读。

20世纪遗产形成于过去，认识于现在，施惠于未来。保护20世纪建筑遗产要具有前瞻性，目光放远。文化遗产既是历史的，也是现实的；既是物质的，也是精神的；既有真实的感受，也有理性的思考。认真阅读优秀的20世纪建筑遗产，思考它们与当时社会、经济、文化乃至工程技术之间的互动关系，从中吸取丰富的营养，成为当代和未来世代理性思考的智慧源泉。文化遗产是有生命的，这个生命充满了故事，而20世纪遗产更是承载着鲜活的故事，随着时间的流逝，故事成为历史，历史变为文化，长久地留存在人们的心中。

从“建筑是石头的史书”“建筑是凝固的音乐”等人们对建筑的比喻中，可以发现，建筑本身就是人类文化的一种表现形式，用建筑表现文明发展，一直是人类社会的共识。同样，在20世纪建筑遗产的传承中，经典建筑的积累不可或缺。这一时期，建筑流派纷呈，设计人才辈出，为杰出建筑的诞生提供了良好条件，创造出一批优秀的经典建筑。经典建筑是具有恒久生命力的建筑，它们超越了建筑的使用功能，因其艺术的多元性、技术的先进性和人文的共融性，使20世纪遗产的价值凸显。

当人们回望20世纪遗留下来的经典建筑时，就会发现它们更加贴近时代、感动民众。通过对20世纪建筑遗产的保护，既使传统文化得以传承，又使城市特色更加鲜明。事实上，在我们的城市中，特别是近代以来持续发展的城市，都保有一些作为城市标志的特色建筑，它们不应随着城市的改造和时间的流逝而消失。尤其是20世纪50年代以来，在各种社会文化思潮的影响下，建筑反映的文化观念更加宽泛，集中反映出大众的、时代的、科技的文化内容。

20世纪遗产保护在近年来才提上重要议程，相对于已有千百年历史的古代文化遗产来说，它的保护和研究工作只是刚刚起步。这一新领域的开拓，突破了传统文化遗产保护的概念，扩大了文化遗产保护的视野，丰富了文化遗产保护工作的内容，并且正在推动着相关学科的研究。同时，正因为20世纪建筑遗产保护处于起步阶段，还有很多问题有待于人们去探索，去认识，去解决。为此建议中国文物学会20世纪建筑遗产委员会成立以后，积极加强20世纪建筑遗产保护的基础工作。

一是提高20世纪建筑遗产的保护意识。尽管21世纪的到来，促使人们对20世纪的成功与失败进行重新评价，但是不得不承认，对于20世纪遗产的价值认知还处于较低水平，认识上的不到位，导致不少优秀20世纪遗产遭到破坏，从城市的记忆中消失。例如建于20世纪50年代中期的“国庆十大工程”，集中反映了新中国成立初期的建设成就，凝聚着一代建筑师的智慧，浸透着一代建设者的汗水，也标志着我国的建筑技术和创作艺术进入了一个新的时期。然而，在“国庆十大建筑”是否列入全国重点文物保护单位的问题上始终存在争议。

在国际上，一些国家纷纷将本国的20世纪著名建筑师的作品列为文化遗产加以保护，这些建筑大师的优秀设计作品一经诞生就开始凝固，随着时间的流逝，成为未来文化创造的典范。例如[德]W.格罗皮乌斯（W.Gropius）、[美]F.L.赖特（F.L.Wright）、[德]密斯·范·德·罗（L.Mies van der Rohe）、[法]L.柯布西耶（L.Corbusier）、[日]丹下健三等设计大师的建筑作品，均已被列入20世纪建筑遗产加以保护。

在我国，也有一些曾活跃在20世纪建筑设计领域的著名建筑师。例如20世纪20—30年代，在南京就曾会聚了吕彦直、刘敦桢、杨廷宝、陈植等一批当时我国最优秀的建筑师，他们具有高深的专业造诣。他们在南京进行了广泛类型的建筑设计活动，形成了一批用现代建筑技术建造的中国传统宫殿式建筑，开展了创造新民族形式建筑的探索，从而打破了外国建筑师对建筑设计市场的垄断，同时，也使千百年来依靠经验的建造方法，逐渐走上了科学设计的道路，具有重要的历史、艺术和科学价值，应作为重要的20世纪建筑遗产加以保护。

二是开展20世纪建筑遗产的科学评估。面对数量庞大的20世纪建筑遗产，正确加以选择，进行价值判别，确定保护对象，建立保护和修复体系，既是20世纪建筑遗产保护的重要前提，也是当前刻不容缓的任务。一方面，不同于那些硕果仅存的古代各历史时期的文化遗存，20世纪建筑林林总总，遍布人们的视野，需要严格加以选择，从中辨识真正值得传承于后代的文化遗产。另一方面，应对20世纪建筑遗产中的所有类型都给予恰当的关怀，尤其是范例极少的建筑遗产类型。因此，在对20世纪遗产进行科学评估时，应当客观而宽容，应当为后人保留延续的空间。

健全的科学评估原则是构成20世纪建筑遗产保护的有效基础。虽然我们伴随着20世纪建筑遗产一路走来，但是，对于它们的认识往往基于以往的体验，很少能以科学的态度、长远的眼光，来讨论它们对于历史传承和文化发展的价值与作用。对于20世纪建筑遗产的选择和判别，需要改进传统的调查方法和评估标准，建立科学的价值评估理论、筛选办法和甄选过程，在全面调查、摸清家底的基础上，为各类20世纪建筑遗产登记造册，根据保存状况划分风险等级。

三是探索20世纪建筑遗产的保护方法。20世纪50年代以来，建筑技术的进展日新月异，与各类科学技术的关系更加密切，新型结构理论的产生、新材料和新设备的应用，高层建筑和大跨度建筑的发展，均体现出科学技术的威力。这些无疑都对今天选择20世纪建筑遗产的保护方法产生深刻影响。面对数量庞大的、列入保护范围的新型建筑物或建筑群，如何建立和运行保护与修复体系，对于20世纪建筑遗产保护来说，是艰巨而不能回避的新课题。

今天在20世纪建筑遗产保护的诸多领域，未能掌握实现保护目标的修复理念、方法与技术，已经成为越来越不容回避的严重问题。在保护实践中，如果保护理念方面出现偏差，必然造成实施方法和技术的千差万别，甚至导致“建设性破坏”或“保护性破坏”。因此，应就20世纪建筑遗产保护理念以及与保护方法和技术有关的特定问题展开专题研究，同时也应根据20世纪建筑遗产的不同保护状况，充分尊重其在科学和艺术等方面的特点，关注保护和修复工作对可持续利用方面的影响。

四是实施20世纪建筑遗产的合理利用。如何在文化价值与使用价值之间决定取舍，如何寻找保护历史记忆与挖掘使用功能的平衡点，是不能忽视的现实问题。20世纪建筑遗产的保护，应与城市环境整治和地区功能提升相结合，与市民公共活动和培养健康情趣相结合，与城市文化建设和特色风貌保护相结合，以提升20世纪建筑遗产对城市文化的贡献度和社会发展的影响力。2014年中国文化遗产日主题“让文化遗产活起来”，其意义在于20世纪建筑遗产绝不是束之高阁的“古董”、秘不示人的“宝贝”，更不是远离百姓、没有生命的“化石”，而是直接关乎民生幸福指数的文化资源。

20世纪建筑遗产，与其他历史时期的文化遗产相同，都是一座城市文化生生不息的象征，也是代表不同历史发展进程的坐标，当代人们以此为参照，辨认不断变化的生存环境。保护文化遗产的最大动力是保存文化，而保存文化的根本目的是传承文化。只要人们在合理利用，文化遗产就会被关心，就会得到及时维护。同样，对20世纪建筑的合理利用，也会避免因为闲置而加速损毁，让旧载体“孵生”新功能，既有利于节省能源，又有利于环境保护。所以，我们要抓住20世纪建筑遗产合理利用的途径做好文章，在这方面需要在座各位建筑大师的智慧力量。

在2013年11月南京召开的中国工程院主办“中国当代建筑设计发展战略高层论坛”上，主持该报告的程泰宁院士正视中国建筑界面临的态势指出：飞速发展的城镇化进程、复杂多变的文化背景等，构成了研究当代中国建筑设计发展战略所必须面对的现实语境。理想与困惑并存、挑战与希望同在，明确的目标与严重滞后的理论和制度建设使我们得出结论：价值判断失衡、跨文化对话失语、体制和制度建设失范，已成为制约行业进一步发展的瓶颈。结合程泰宁院士的报告，我越发感觉成立20世纪建筑遗产委员会在当下具有迫切意义。

一是中国新型城镇化“人文城市”建设目标，守望“乡愁”的需要。正如《国家新型城镇化规划》指出，发掘城市文化资源，强化文化传承创新，把城市建设成历史底蕴厚重、时代特色鲜明的人文魅力空间是美好愿景。新型城镇化力戒“贪大”“求洋”“追新”，新型城镇化也并非仅仅解决人、地、钱多方面问题，城镇化不只是砖瓦砂浆，它最大的把握在于文化内涵的提升，乡愁是一种广阔的文化情怀、乡愁是一种文明的力量、乡愁更是建筑师和文物保护工作者应拥有的文化境界。

二是中国20世纪建筑设计思想与理念遗产传承的需要。中国现代建筑教育自20世纪初开始萌芽，传统建筑业由工匠师徒的薪火相传延续着变化，出现了现代知识分子型的建筑师群体。蔡元培先生认为美学体系中，建筑的地位极高，丰子恺几乎成为最早介绍西方建筑思想的中国艺术家，他率先提出合理的建筑要“经济、便利、美观”，或许是新中国50年代初“适用、经济、美观”的早期表述。优秀的建筑师关键是设计思想，因此传承作品，最重要的不仅仅是留下建筑外壳，而要传承建筑师的设计遗产。

三是通过对20世纪建筑遗产的回望增强建筑设计自信的需要。近20多年，中国经历了人类历史上前所未有的城镇化进程，但是城乡建设存在的问题不能不正视，由于建筑成为房子，导致生活方式设计简单化；由于处处都是地标性建筑，民众喜爱的建筑反倒已无踪影；由于城市失落了真正的历史，所以必须警惕功利之风对城市文化的摧毁。通过对20世纪建筑遗产的保护，中国建筑师必将增强自信，不向金钱媚俗、不向权势折服、不向西方膜拜，努力创造广大民众喜爱的、经得住历史检验的时代建筑。有文化底气才能拥有自信，才能使建筑创作扎根于本土之上。

四是面向社会公众解读并传播中国建筑文化的需要。传承发展20世纪建筑遗产是个国家建筑的命题，重要的是要使之逐步转化为国民观念，其根本任务要靠普及建筑文化教育来达到。从2006年《线装书局》整理出版的梁思成著《中国建筑艺术二十讲》较系统地看到，建筑学家梁思成先生同时是普及建筑文化的大家。建筑是什么、什么是建筑艺术、为什么研究中国建筑、如何理解建筑的民族形式等，用通俗的语言告诉社会公众，无疑梁思成先生是中国建筑界与文物保护界学人的榜样，向公众普及20世纪建筑遗产，无疑将成为中国文物学会20世纪建筑遗产委员会在未来应努力的方向。

距今整整10年前，以马国馨院士任理事长的中国建筑学会建筑师分会，在缺少对20世纪建筑遗产评估标准的前提下，用建筑师对文化尊重的视野及专业素养，缜密而严谨地评选出的现在看来仍极具标志性意义的20世纪建筑项目，向国际建协等学术机构提交了《20世纪中国建筑遗产的清单》。我以为，这些个案将成为中国文物学会20世纪建筑遗产委员会在今后开展20世纪建筑遗产评估、认定中应特别遵循的标准及坚持的工作学风。今天，同样在马国馨院士的领衔下，20世纪建筑遗产保护再次吹响“集合号”，必将取得更加重要的成果。

因此，今天是一个值得纪念的日子，经过多年的努力，中国文物学会20世纪建筑遗产委员会终于如愿成立，我们拥有了新的事业逐梦的土壤。期望新成立的中国文物学会20世纪建筑遗产委员会既成为广大建筑师参与文化遗产保护的有效平台，又成为文物博物馆专家更充分地理解并传承建筑师设计思想的良好契机，尤其相信长期以来尚关注不够的、极其珍贵的20世纪建筑遗产保护工作从此有了专家工作团队。

再次对中国文物学会20世纪建筑遗产委员会的成立表示祝贺。

Chinese Architectural Design in Transformation
—Innovating through Transformation, Developing through Innovation

转型期的中国建筑设计
——在转型中创新，在创新中发展

宋春华*(Song Chunhua)

引言：当代的中国建筑师是幸运的，因为我们赶上了好时代。中国的改革开放始于1978年党的十一届三中全会，到2013年的十八届三中全会，经历了35年，这是中国巨大变化的35年，也是建筑业黄金时代的35年。“太平盛世大兴土木”，35年来，建筑业中的房屋建筑共竣工了313亿平方米，是现在存量房屋建筑面积的70%以上。这种大规模、高速度发展的建筑业给我们国家带来了什么呢？第一，拉动了GDP。35年来GDP增长了142倍，我国上升为世界第二大经济体，建筑业做出了重要贡献，因为35年来中国速度型的经济增长模式对投资有明显的依赖性，建筑业使投资得以物化。第二，直接服务于快速的城镇化。我们现在的城镇化率是52.6%，这是统计意义上的城镇化率，而户籍的城镇化率只有35.2%，所以实际的城镇化率大概是42%左右。目前全国的农民工约有2.6亿人，大家知道，农民工基本上是建筑工人的代名词，所以建筑业提供了大量的就业机会。第三，改善了群众的居住条件。住宅是房屋建筑的主体，目前每年住宅竣工量已达10亿平方米的阶段性规模。现在城镇人均住房建筑面积为32.9平方米，而改革开放初期的1978年只有6.7平方米。第四，改变了城乡面貌。各类建筑及基础设施的大量兴建，改变着中国城乡的景观，特别是一大批公共建筑落成，在满足社会需求的同时，保证了一系列重大国际交流活动的顺利进行，诸如奥运、世博等，这些大型的国际活动和这些新建筑，展示了我们改革开放的新形象和创新进取的精神风貌。

30几年来的改革探索，我们突破了某些禁区，解决了一些难题，随之而来的又出现一些新情况和新问题。我们看到，在大规模的建设中，夹杂着劣质工程；在快速的发展中，我们容忍了粗制滥造；在旧貌换新颜的欢欣中我们又为失去了记忆而纠结和隐隐作痛。鸟瞰今日的中国城市你就会发现：城市普遍变大了，因为到处都是新城、新区；城市变高了，现在87%在建的摩天大楼是在中国，按照国际约定俗成的标准，超过152米的超高层建筑中国现在有356幢，5年以后将达到800幢，是美国的4倍；城市变新了，随处是时尚的造型、亮丽的表皮、耀眼的材料、华贵的装修……但是，如果走进城市再去看一看，你还会有另外的发现：城市变得拥挤了，压抑了；城市变得病态了，不宜居了；城市变得越来越一个样了……为什么会这样？因为伴随着快速发展，我们是在搞大拆大建，不仅祖宗留下来的历史街区和历史文化建筑被大量拆除，就是父辈留下来的近现代建筑，乃至于我们自己建造的当代建筑，也难免遭到灭顶之灾。所以，原有的记忆场所不复存在，而新的记忆场所又建立不起来，或者说新的东西不需要记忆，因为东西南北是一个样的，大中小城市也是雷同的，你记忆它干什么呢？不能留下记忆这意味着我们的城市特色消失了，城市性格淡化了，特别是一些历史古城和文化名城，原本的那种文化厚重感没有了，历史积淀所形成的那种底蕴不足了，岁月淘选留下来的痕迹模糊了……那些到处盛行的仿古一条街，新翻新的历史街区，倒像一夜之间搭起来的电影布景，这些不具原真性、缺乏古韵的假古董、不可能给你带来沁人心脾的感悟和回味悠长的记忆。造成这种情况原因是多方面的：第一，大的背景是GDP崇拜，建筑业大干快上，政府可以多“卖”地多收益，而大拆和大建都会产生GDP；第二， 是某些官员的政绩冲动，权力的霸气干预和开发商豪气再结合起来，使得某些人可以为所欲为，人治的行为缺乏约束，它可以让一座历史古都“开肠破肚”，也可以让一个文化名城“变脸破相”，还可以随意造城，垒起大量假古董和伪文物；第三，是城市规划的管理软弱无力，甚至于缺位失控；第四，是建筑设计的问题，一方面是建筑师缺乏话语权，设计不是在搞创作，而是在图解某种意图，更重要的是我们缺乏创意，设计队伍良莠不齐，有的责任心不强，东拼西凑草率应

* 原建设部副部长，中国建筑学会名誉理事长，中国建筑学会建筑摄影专业委员会名誉会长

付，有的是想做好，但是又力不从心，技不如意，所以难免平庸之作居多，粗劣的设计屡见不鲜。任何一种现象都不是孤立的，建筑设计市场的种种问题，是一定时期内社会核心价值取向的偏离，先进文化的定力不足，职业操守的松弛以及社会不正之风的沉渣泛起和各种利益主体相互博弈的一种表现。这在转型期是深层次矛盾在我们业界的反映，是难以避免的。事物总是这样，就像交通的恶化和大气的霾化一样，只有问题充分显现，并且积累到一定的程度，甚至于达到临界的边缘才能引起社会的重视，进而除弊求变，革旧图新，寻求更高层次的发展，这种转变的动力和前进的引擎，就是改革和创新。

十八届三中全会对我们全面深化改革实现两个百年目标做了全面的部署，到2020年实现全面建成小康社会的第一个百年目标，只有7年，到2049年新中国建立100年，即实现建成社会主义现代化强国的第二个目标，也就是35、36年，所以时间很紧迫。可以肯定地说，下一个35年，仍然是建筑业的重要机遇期和建筑设计的黄金时代，因为我们的城镇化至少还要提高大约30个百分点，正好也需要30几年。如果说上一个35年，我们有一些事情做得还不是那么好，那么下一个35年呢？这就要我们反思自问，就是到我们建成社会主义现代化强国、新中国成立100周年的时候，再看看我们给共和国留下了一些什么样的城市和建筑呢？这是我们必须要自己回答的问题。我们建筑学人，建筑师同人，身处新时期，面对着新机遇、新挑战，首先就是要增强自觉、自信的意识，要树立敢于担当的责任心，要认真研究我们的行业规律，要投身到改革创新的伟大实践，要立足本职工作破解难题，加快转型，不断创新，持续发展。

关于转型和创新，我认为要重点关注这样几个方面的问题。

Introduction: The Third Plenary Session of the Eighteenth Central Committee made a comprehensive arrangement of further reform and achieving two goals within a century: the first goal is to comprehensively built up a moderately prosperous society by 2020, with only 7 years to go; the second goal is to have build up a socialist modern great power by 2049 when People's Republic of China will celebrate its 100th birthday. There are only 35 or 36 years to go, so it is very pressed for time. It can be confirmed that the next 35 years will witness great opportunities for architecture industry and a golden period for architecture design. This is because our urbanization needs to be improved by at least 30%, which will take about another 30 years. Since our performance in the last 35 years was not satisfying, how about the coming 35 years? One question is to be reflected: what kind of cities and architecture will we leave as heritage when China becomes a socialist modern power at its 100th birthday? We have to find the answer on our own. Our people of architecture study and architects are encountered with new challenges and opportunities in the new era. The priority should be given to improving self-awareness and confidence, fostering a sense of responsibility, carefully exploring our industrial principles, practicing reform and innovation, and solving problems based on our own positions. Moreover, we should accelerate transformation and continuously enhance innovation and sustainable development. In terms of transformation and innovation, there are several issues to be noted.

一、从刻意追求形式，转向更多地关注功能，坚持实用、经济、美观的统一

现象的非理性表现就是一种倾向掩盖另一种倾向，当我们诟病“千篇一律”，建筑都像火柴盒的时候，随之就用出其不意的怪异和莫名其妙的奇特来纠偏，甚至于出现了为刻意追求形式而牺牲功能、不顾经济这样一些情况，这是有悖于建筑设计的基本要义的。

在建筑设计领域，功能和形式的关系是一个世纪性的话题，历来世界建筑大师们都是自有高论，而且言之凿凿，但是声音并不相同。沙利文早年讲过，“形式跟从功能”，我们都知道这句名言；但是菲利普·约翰逊则说：“形式跟从功能肯定不对，如果人们心里的观念强劲到能够表现出来，形式跟随的就是人们的观念。”勒·柯布西耶主张“平面布置应该由内向外开始，外部是内部的结果”，这也是一句名言；但是文丘里则认为“建筑物的主要目标是围合，是从外部空间剖划出内部空间”，“内部与外部的对立统一是建筑矛盾的一个主要表现”，这两个人声音也不一样。各有各的主张，各执一词，孰是孰非？其

实，理论是要指导实践的，理论的正确与否，还要靠时间来检验。勒·柯布西耶的代表作之一是萨伏伊别墅，它虽然具备了所谓现代住宅建筑的“五大特征”，并被奉为是现代建筑的住宅样本，但是业主却不买账。业主萨伏伊夫人经常跟他辩论，认为建筑师的职业操守危如累卵，设计的住宅根本没法住，并不想付清账单。原因很简单，不宜居住，缺乏必要的隐私并深受风湿之苦。后来因为二战爆发了，萨伏伊一家离开了巴黎，这个别墅的争议也就不了了之了。萨伏伊别墅已经存在80多年，业界津津乐道的是它的形式创新，而忽视了对其功能的评价。重提萨伏伊别墅只追求形式忽视功能的往事，是因为萨伏伊的现代版在大行其道，忽视甚至于牺牲功能，不讲经济，片面追求形式而猎奇寻怪的现象，是需要我们认真检讨和反省的。我们不但不反对形式创新，恰恰是鼓励创新，要创造出具有时代精神、地域特色和文化内涵的当代建筑，但是如果把建筑当作一个纯艺术品而无视其功能要求，那决然是错误的。现在关键是要理性回归建筑的基本属性，端正设计思想，力求做到适用、经济、美观的统一。在这个方面，有一些工业设计的案例，值得我们借鉴。德国创意大师克拉尼教授的产品设计会给我们带来形式与功能相统一的启发。

克拉尼教授主要搞工业产品设计，他在常州做过一次演讲（图1），题目就是《走出模仿时代，创意引领未来》。克拉尼早年学习过雕塑和空气动力学，并搞过材料研究，他具有很强的造型功力，又尊重力学和材料的科学规律，他设计了许多造型独特而又与功能完美结合的新型产品。他的创意产品涉及多种门类，小到茶杯、座凳、照相机、3D打印机，大到风力发电机、汽车、飞机乃至航天器（图2～5）。1986年他为佳能公司设计了第一款带手柄的照相机T90（图6），就是把相机的酷形与手持机身的舒适度结合起来，成就了一种广泛应用的经典机型。他设计的钢琴与传统的钢琴完全不同，他把琴体与座椅联结为一体，琴体发声的振动可以传递到座椅上，这样演奏钢琴就会同演奏提琴和管乐器一样，演奏者能亲身感受到乐器的发声与传递，从而更好地发挥出演艺水平（图7）。他设计过许多飞行器，造型新颖又具有良好的飞行性能，飞机机翼的特殊断面使飞机在加速时可以产生浮力飞向天空，这是空气动力学的基本原理。他在设计高速跑车时，则把机翼的断面翻倒过来去设计跑车的造型，这样跑车在高速飞奔时，就会使车体产生向下的沉力而牢牢抓住跑道，极大地增强了跑车的稳定性与安全度。诸如此类案例，说明一个优秀的产品设计，就是在形式与功能的结合上要有新的创意，突破了就是创新。形式的脱俗出新与功能的完善提高是可以结合起来的，建筑产品何尝不是这样，这就是克拉尼工业设计带给我们的启示。

图1 克拉尼教授作《走出模仿时代，创意引领未来》的演讲

图2 克拉尼的部分创意产品设计之一

图3 克拉尼的部分创意产品设计之二

图4 克拉尼的部分创意产品设计之三

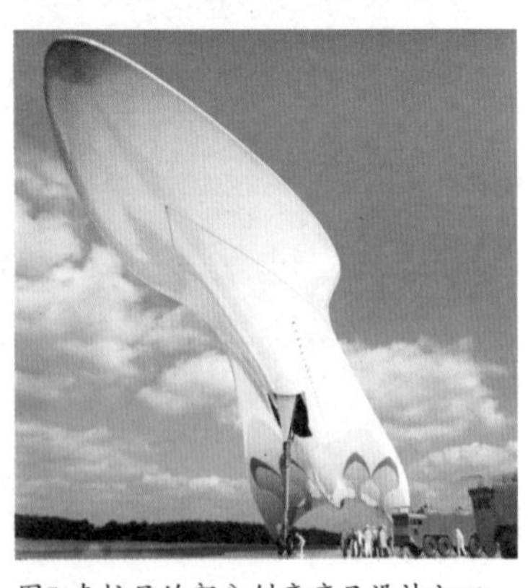

图5 克拉尼的部分创意产品设计之四

图6 克拉尼设计的第一款带手柄的佳能相机T90

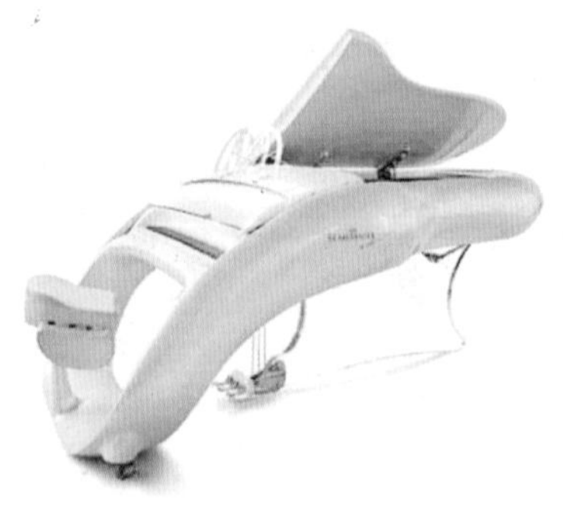

图7 克拉尼设计的琴体与座椅一体化的钢琴

二、从过度装饰，炫耀表皮，转向更多地关注空间，创造建筑艺术的空间美

在追求奇形怪状，表演“建筑杂技”“建筑街舞”的同时，过度装饰装修、炫耀内外表皮也是某些所谓“创新”所在而乐此不疲。建筑被捯饬得光怪陆离、珠光宝气、豪气冲天，尽显奢靡之风，结果让城市多了一些躁动，少了一份静谧；多了一些繁杂，少了一份简约；多了一些艳俗、媚俗，少了一份端庄、典雅。诚然，适度的装饰装修及必要的表皮处理，既是建筑设计的基本组成部分，也是设计创新的重要方面，但是，如果把它们强调得过头，做得过分，反倒对建筑空间的创新重视不够，下功夫不足，就可能使建筑艺术的特质没有充分显现而

失色和减分。

在造型艺术中，建筑和雕塑是重要的三维存在，它们都有形体和表皮等艺术要素，但建筑还有其他造型门类所不具有的空间设计。建筑的本质是获得预期的适当空间，形体和表皮都是依附于空间而存在的。建筑空间（包括室外空间）会给人带来特有的视觉感受并形成深刻的审美意象，诸如宫殿的壮观、威严，教堂的神秘、崇高……这是建筑场所精神的直接体现，也是形成记忆的图像要件。所以，建筑设计的创新，在结合功能处理好形体和表皮的同时，要更多地研究空间的创意与创新，以期造就独特的建筑空间之美，尽显建筑艺术魅力。我们看到，无论是古典的，还是近现代的经典建筑杰作，无不将建筑空间设计作为创意的重点而反复推敲、精心组织，甚至某些优秀建筑，其貌不扬、素面朝天，但新颖的空间立意和多维度的空间组合，构成了丰富的空间序列，给人们带来特殊的美学体验，收到了虚实相得益彰的效果，成为建筑创新的亮点。这样的例子很多，最经典的就是密斯·凡德罗为1929年巴塞罗那世博会设计的德国馆（图8、9），很小的建筑（只有25米×14米），却有很大的名气，以至于拆除之后又原样复建供人欣赏，它靠的不是表皮，不是形体，而是空间——灵活多变、融会贯通的流动空间。又如纽约的两个美术馆，都是日本建筑师的作品，一个是现代艺术馆（MOMA）(图10~17)，另一个是新现代艺术馆（新MOMA）（图18~20）。现代艺术馆改造设计是日本建筑师谷口吉生从最后的10个应征方案中脱颖而出获得设计权。他的设计理念是，作为艺术馆的建筑“不能与艺术品争辉”，在艺术品面前，

图8 德国馆平面图及外观

图9 德国馆的流动空间

图10 雕塑庭院与不同空间的融合之一

图11 雕塑庭院与不同空间的融合之二

图12 雕塑庭院与不同空间的融合之三

图13 雕塑庭院与不同空间的融合之四

图14 MOMA外观及入口

图15 各类展览空间的匹配与呼应之一

图16 各类展览空间的匹配与呼应之二

图17 各类展览空间的匹配与呼应之三

图18 新MOMA外观及表皮

图19 不同类型的空间设计之一

图20 不同类型的空间设计之二

"建筑应该消失"，它只是一个收纳展示艺术品的"容器"，因此他的改造方案并没有在建筑形体和表皮上大做文章，外观呈现出简约内敛、沉静稳定的低调风格，重点是对不同年代建造的原馆与新馆空间进行整合，对各类空间有效地匹配，它们之间不但尺度有变化，空间关系亦有呼应，显得丰富而有序。主展厅高达34米，而普通展厅则压得比较低，形成了多种类型的展陈空间，使不同尺度和要求的展品可以各得其所，较好地解决了艺术馆的功能问题。空间整合的亮点，是保留并巧妙地利用了新老馆之间的雕塑庭院，使室内外空间得以融合和延伸，不仅入口大厅，其他一些不同层次的公共空间和展室，都与这个庭院可以对话和交流，犹如曼哈顿的中央公园。新现代艺术馆是由妹岛和世设计（2003年开放），这也是注重空间设计的优秀案例。艺术馆的形体很简约，就是6个盒子摞起来，从而形成6个空间单元，当然这6个盒子如何组合，设计者做了多方案的比较和选择。每个盒子都很简单，但奥妙之处在于在三维空间中的错动，从而形成独特的造型和丰富的内部空间，而错动又为天然采光创造了条件，可谓一举多得。建筑表皮处理也是简洁明快，通体采用了灰白色的金属网，远处甚至看不见窗户。室内装饰简朴实用，没有高级材料，也没有烦琐的细部，但给人的感觉是清新大方。上述这些案例都在说明一个问题，就是建筑师们要研究建筑造型和形体，也要研究建筑表皮和装饰，但更要研究建筑空间，创意空间更能展示建筑艺术的魅力和风采。

三、从漠视技术，转向更多的技术思维，运用现代科技成果，创造具有时代精神的新建筑

建筑对材料、技术、工艺、工具的高度依赖，自不待言。在前工业文明时期，建筑长期依靠天然材料，即土（石）与木（竹），故而建筑工程又称为土木工程，并形成了两大建筑体系——西方的石结构建筑和东方的木结构建筑。由于材料的变化不大，相对固定，建筑师主要是运用形象思维，同类材料的建筑形式差异并不是很大；到了工业文明时期，人工材料出现了，特别是水泥、钢材、玻璃在建筑上的广泛运用，使得跨度、高度、造型都有更大的自由度，使近现代的建筑形式突然发生很大的变化，所以才出现了像伦敦水晶宫、巴黎埃菲尔铁塔和罗马的奥运体育馆以及纽约的摩天大楼这样一些令人刮目相看的新建筑；进入后工业文明时期，到了信息时代，特别是计算机技术的进步和应用，简直可以说神通广大，无所不能，为建筑设计带来了新的飞跃，那些以往难以实现的构想，无法表达的设计，现在都可以变为现实。可以设想，如果没有计算机，像盖里做的毕尔巴鄂古根翰姆艺术馆那样非线性的复杂形体和北京CCTV、鸟巢及上海中心大厦等非常规的结构计算，是不可能完成的。所以建筑的后面是技术、材料、工艺和工具。

新型材料的优化和更新材料（如纳米材料、碳纤维材料等）的出现，以及信息技术的一再突破（如BIM的应用），迫使当代建筑师必须更多地关注新材料、新技术、新工艺和新工具，并在建筑创意、技术施工设计及全过程管理中加以运用，从而在满足建筑功能、安全坚固、适应环境、环保低碳和塑造新意形象等方面，会更加得心应手，一些高技派大师正是做到了这一点才屡有创新，频出惊世之作。他们将材料、技术、艺术与建筑和环境融为一体，让建筑体系更符合结构逻辑又能生成独特的造型，完成准确的建筑创意表达；让材料的特质、性能的优势得到充分的发挥并成为建筑艺术要素，从而塑造出新颖的建筑形象；让建筑空间配置可以最大限度地采集自然资源，创造条件以最小的消耗获得更高品质的建筑性能；让建筑构造节点精准细致，表现出建筑构造的工艺美、技术美。如此这般，就可以为人类留下我们这个时代的建筑精品，或可成为未来的建筑文化遗产。我们在欣赏高技派大师的作品时，在关注那些富有创意建筑外形的同时，更要研究形式背后的材料结构和生态技术。我们看诺曼·福斯特的构思草图（图21～24），在他表达建筑创意的同时，也在进行技术思考，所以才产生了像柏林议会大厦改造、伦敦新市政厅、再保险大楼等一批既具现代"范儿"，又有技术美和绿色理念，让人眼前一亮的新建筑。同样，建筑大师卡拉特拉瓦，他具有建筑、结构、艺术等多种专业背景，所以他的建筑的结构美、雕塑感十分鲜明，造就了他自己独特的建筑风格（图25～28）。

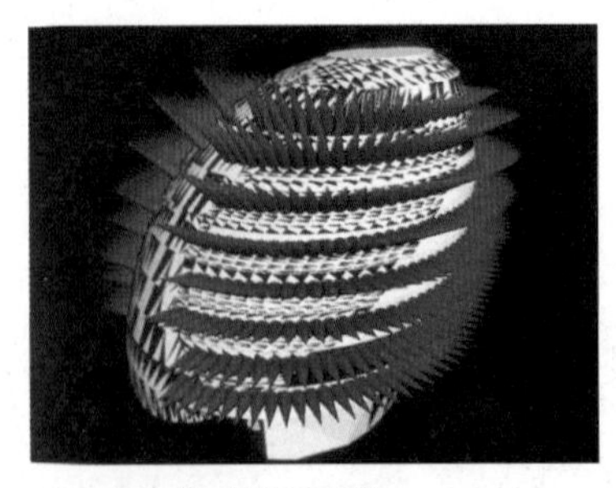
图21 福斯特的创意草图之一

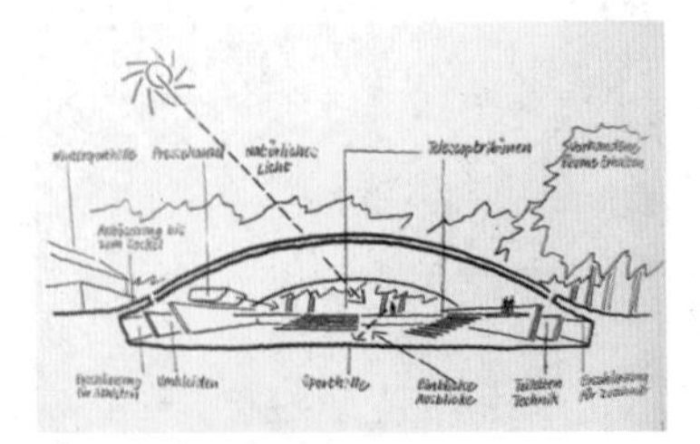
图22 福斯特的创意草图之二

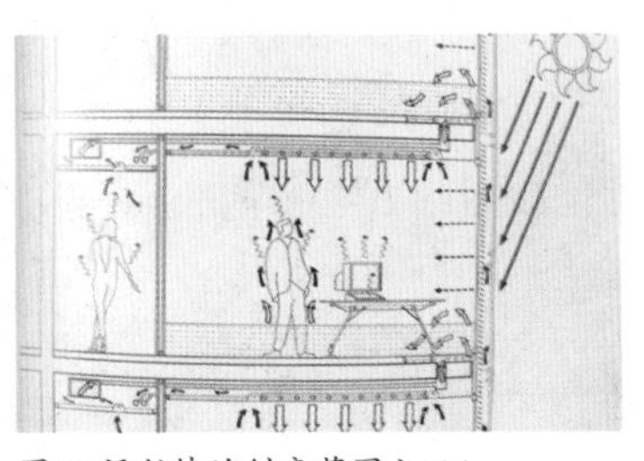
图23 福斯特的创意草图之三

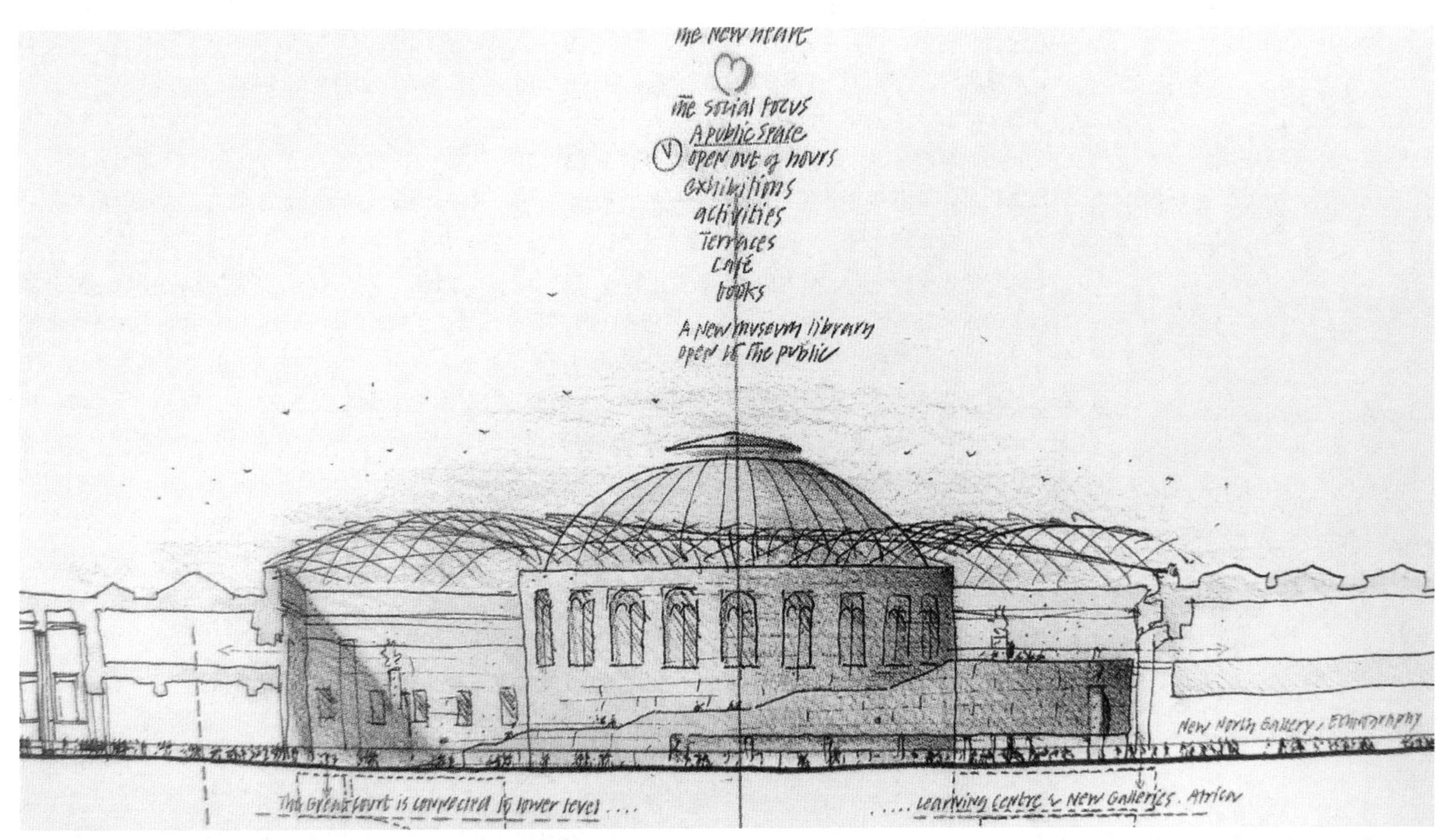

图24 福斯特的创意草图之四

图25 卡拉特拉瓦为巴塞罗那奥运会设计的电信发射塔

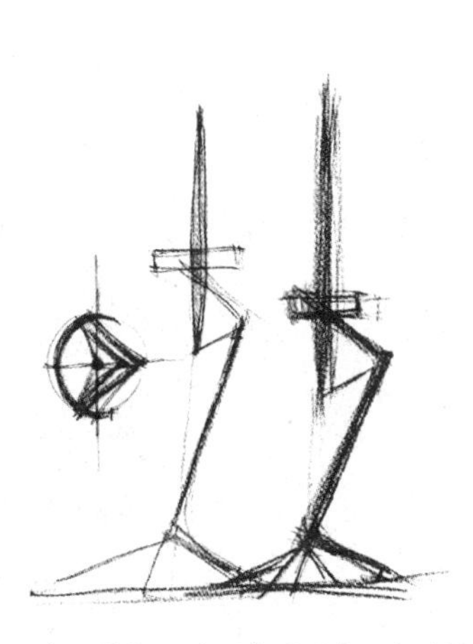

图26 卡拉特拉瓦为巴塞罗那奥运会设计的电信发射塔设计草图

图27 卡拉特拉瓦的部分建筑作品之一

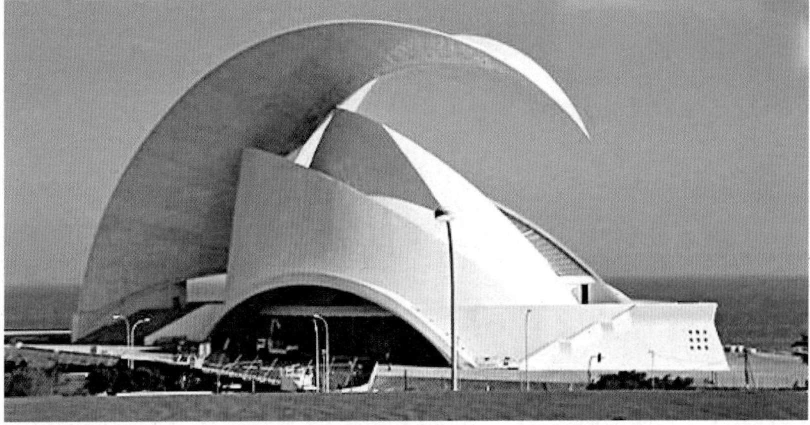

图28 卡拉特拉瓦的部分建筑作品之二

四、从跟风模仿，转向在传承基础上的创新，为社会奉献出更多具有原创意义的作品

一段时期以来，“千城一面”的特色危机广遭诟病。所谓千城一面的“面”是个什么面孔呢？第一，是浅薄俗气。我们是一个有着五千年历史的文明古国，有很多一两千年建城史的历史文化名城，如果将它们比作一棵古老的大树、一位饱经风霜的老者，但是现在越来越看不到“城市大树”的年轮，看不到“城市老人”的皱纹和寿斑，看到的是“速生林”和“激素人”，缺乏阅历而浅薄，浅薄而难免俗气。城市里堆砌着缺乏人文关怀的“混凝土森林”，还有一些“福寿禄”“大铜钱”等价值取向扭曲的直白隐喻的建筑。第二，伪装洋气。在中国的城市里你能够找到若干个酷似美国国会大厦的建筑，找到埃菲尔铁塔、凯旋门，可以找到欧洲名城的拷贝件，更能看到众多的罗马柱廊和意大利花园。《法兰克福评论报》说，这是“一个不可理解的荒谬的景致”，让一位德国摄影师大为不解，他想“如果我去拉斯维加斯，这样的情景或许我们会预料到”，这种从世界各地引进来的东西，装饰着城市，“这是一种不真实的、毫无价值的和普遍一致的景象”，实际上我们为自己的城市戴上了一副假面具、洋面具。第三，故作怪气。不少公共建筑，越来越失去了我们东方建筑文化所特有的端庄、文雅、细腻和精美，缺乏一种含蓄内秀的气质，而是极尽张扬、炫技之能事，个个都是神气十足，怪里怪气。中部的某个城市有一个文化中心，几乎每一个建筑都是那种变形的非线性的，都在那儿表演，结果整个这一片就是乱作一团。

当前城市形象和建筑风格同质化，直接的原因是先克隆模仿外国的，然后就跟风刮风，吹向东西南北。早期是所谓的欧陆风，后来是拉斯维加斯的LED风，不论建筑性质，总喜欢装上闪烁的灯光，还有迪斯尼的卡通风，住宅上也要弄一个灰姑娘城堡似的小尖顶，现在又流行迪拜的超高层风，以及扎哈和盖里的非线性风，好像不做一个非线性建筑师就没有水平，没有一个超高层建筑城市就矮人一等。那么，再深问一句，为什么要模仿、要跟风呢？根本的原因是我们的原创能力不强，缺乏规划设计的创新。要改变这种情况，首先，我们要有创新的自强，要有一种创作的激情，克服文化寄生现象和路径依赖，改变我们创作的惰性，要提倡创造性的思维，去大胆地探索和实践。其次，要善于学习，无论是对本土的还是外域的优秀建筑文化，我们都要认真学习、认知和解读，吸取其中的精华，来创造我们民族、我们时代的东西，坚持不断创新。再次，要提高建筑师的业务功力和艺术修养，全面提升创新能力和竞争实力。现在的竞争，竞争什么？材料、工具是商品，有钱是能买得到的，大家都能占有和掌握，实际上竞争的是文化素养和设计创意，是你的想象力，你的思辨、吸纳和选择的能力，你驾驭设计规律和全面掌握解决功能、技术、经济、生态、美观的创新能力。提高这些能力当然需要历练，但背后是一个文化修养问题，这是孕育灵感的基础。所以建筑师要多涉猎一些姊妹艺术，多听听音乐，你会理解“凝固的音乐”与“流动的建筑”是异曲同工的；多练练书法就知道了布阵的意义和留白的奥妙；多看看雕塑，就会明白三维造型对光的反应是多么敏感和重要。最后，还要提及的是建筑师，特别是明星建筑师们，要耐得住创作的寂寞，不要急功近利，不要浮躁取巧，要有一种坚守的韧性和敬畏的心态，为你的创作付出巨大的心血和必要的代价，这既是创作的职业操守，也是大家的成功之道。

五、从大拆大建，转向有机更新，更多地关注历史街区和老建筑改造的设计创新

现在有更多的城市再开发和老建筑改建项目进入建筑师的业务范围。虽然大拆大建、推倒重来的改造方式所带来的种种弊端和危害逐渐为社会所认知，但蚕食历史街区、毁坏建筑遗存的案例仍时有发生，而现实的情况是有些老街区、老建筑已濒于破败不能满足现代社会的需求，所以必须找到一条既能保护好历史遗存，延续文脉留住记忆，同时又能合理利用、有效服务的路子，这是建筑师大有可为，也是建筑创新的重要领域。

城市更新和老建筑改造，重要的是先要做好策划创意和城市设计，要尊重历史和环境，在认真调研的基础上，因地制宜地处理好保护与利用的关系，并在以下几个方面能有所创新。

（1）复合型功能的生成：改变功能过于单一和严格功能分区的传统做法，可“适度混合”或形成类城市综合体，以综合利用资源，排除交流互动的障碍，减少出行量。

（2）交通系统的改善：重要的是健全和完善路网，不必一味地扩宽取直加立交，采用加密小方格路网（图29～32），有利于疏解交通拥堵，在对机动车加以约束的前提下，建立人行步道系统，做到“车要让人”。

（3）地上地下空间的整合：利用改建的机会，统筹规划，全面整合地上地下空间，挖掘地下空间潜力，建立起垂直空间体系，这将缓解地面容积率过高、交通拥挤和人车混行的状态，同时有利于节能减排、防灾避险并丰富空间层次。

（4）历史街区和建筑遗存的保护利用：尽力维护历史街区的传统格局、历史风貌、城市肌理和空间尺度，对建筑遗存则可视其区位及文化价值区别对待，新老建筑的风格应强调秩序与协调，而非绝对统一。

（5）开放性公共空间的营造：力求为群众开拓出更多的开放空间，特别是接近群众的小游园、小绿地，便于利用。

（6）文化元素的植入：重视城市公共艺术，通过公共空间的文化表达，反映诉求、讲述故事、愉悦审美、陶冶情操。要坚持精品战略，提高公共艺术的品位，宁缺毋滥，注重积累。

有机更新的优秀案例欧洲比较多，国内也在不断探索和实践，这里略举一二。东京核心区的丸之内，只有1.2平方公里，改造了120年，现在还在进行，其中三次大的改造更新，保留了许多近代建筑，也新建了一些现代建筑，新老建筑和谐协调，风格典雅。街区内建立步行系统，并开拓出若干开放性公共空间，还把雕塑等公共艺术引入其间，是一个成功的城市再开发项目（图33～40）；挪威奥斯陆市区内原来一个大粮仓，利用原来筒仓结构改造成一个大型的大学生公寓，做得很时尚，很实用（图41～44）；巴塞罗那市中心的一个斗牛场改造成为一个商业综合体，保留了原建筑的外形，功能进行转换，并增加了停车面积（图45、46）。国内这方面的案例也不少，上海把淮海路上的原上钢十厂改造成雕塑中心（图47～50），把一个老啤酒厂改造成精品酒店，罐装间改成展览中心（图51～53），把早年的屠宰场变成创意中心（图54～57），此外像北京的“798”（图58～61），南京的“1865”（图62～65）等都有可圈可点之处。

图29 部分城市中心区的小方格路网之一

图30 部分城市中心区的小方格路网之二

图31 部分城市中心区的小方格路网之三

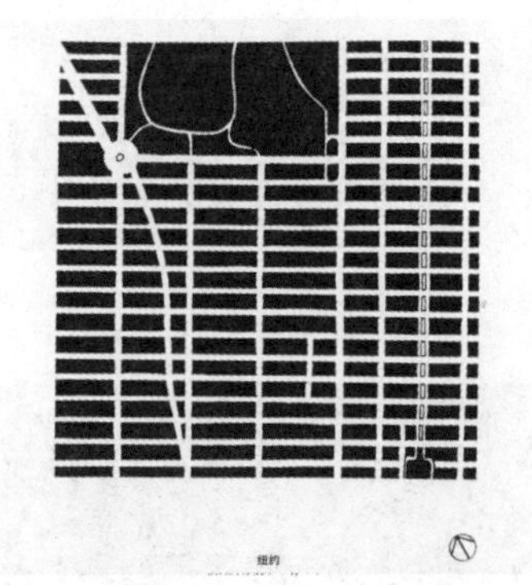
图32 部分城市中心区的小方格路网之四

图33 丸之内开放空间的雕塑作品之一

图34 丸之内开放空间的雕塑作品之二

图35 丸之内开放空间的雕塑作品之三

图36 丸之内开放空间的雕塑作品之四

图37 丸之内开放空间的雕塑作品之五

图38 丸之内开放空间的雕塑作品之六

图39 丸之内开放空间的雕塑作品之七

图40 丸之内开放空间的雕塑作品之八

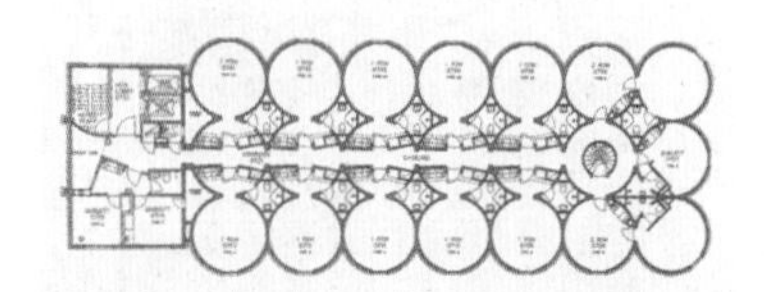

图41 奥斯陆将旧粮仓改造为大学生公寓之一

图42 奥斯陆将旧粮仓改造为大学生公寓之二

图43 奥斯陆将旧粮仓改造为大学生公寓之三

图44 奥斯陆将旧粮仓改造为大学生公寓之四

图45 巴塞罗那将老斗牛场改造为商业综合体之一

图46 巴塞罗那将老斗牛场改造为商业综合体之二

图47 上海将原上钢十厂改造为雕塑中心之一

图48 上海将原上钢十厂改造为雕塑中心之二

图49 上海将原上钢十厂改造为雕塑中心之三

图50 上海将原上钢十厂改造为雕塑中心之四

图51 上海将原UB啤酒厂改造为精品酒店之一

图52 上海将原UB啤酒厂改造为精品酒店之二

图53 上海将原UB啤酒厂改造为精品酒店之三

图54 上海原屠宰场改造为创意中心之一

图55 上海原屠宰场改造为创意中心之二

图56 上海原屠宰场改造为创意中心之三

图57 上海原屠宰场改造为创意中心之四

图58 北京“798”艺术创意园之一

图59 北京“798”艺术创意园之二

图60 北京“798”艺术创意园之三

图61 北京“798”艺术创意园之四

图62 南京“1865”创意产业园之一

图63 南京“1865”创意产业园之二

图64 南京“1865”创意产业园之三

图65 南京“1865”创意产业园之四

六、从耗能大户转向绿色低碳，通过绿色技术创新，有效节能减排

当前，我国建筑能耗约占社会总能耗的27%，是三大耗能大户之一（另两个是工业和交通）。随着存量建筑的规模越来越大，以及人们对舒适度的要求越来越高（江南夏热冬冷地区也要求冬季采暖），建筑将来很可能像一些发达国家一样成为第一耗能大户。如法国，建筑能耗已占43%，成为高于工业与交通的第一大户。

我国已将节能减排定为约束性指标，建筑节能形式十分严峻，有以下几方面重点工作需要突破。

（1）提高建筑物的保温隔热性能，切实将过高的能耗降下来。我国采暖地区建筑在达到相同室内热舒适度的情况下，能耗高出同等气候条件下发达国家2～3倍，因为我们的外窗导热系数是他们的3.4～4.5倍，外墙为2～3倍，屋面为3～6倍，即使全部执行目前要求的65%的节能标准，其能耗仍高出50%以上，少数城市（如北京）执行的75%的节能指标，也只相当于德国10年前的水平。德国现在大力发展被动式节能建筑（图66、67），通过提高围护结构的性能（高保温隔热和气密性），在不使用空调和采暖设备的情况下，能保持良好的舒适度。瑞典也在大力推行被动式住宅，目前已有约2 000栋被动式住宅。利用被动式技术建造（改造）的住房，可降耗74%，这些经验值得借鉴。

（2）大量使用可再生清洁能源，特别是成熟的太阳能热水系统和地热供暖应大力推广。国外太阳能强推最好的国家是以色列（1980年开始），现在95%以上的建筑都装有太阳能设施（图68～71），在瑞典马尔默已有世界上第一个全部利用可再生能源的住区“明日之城”B001（图72～75）。我们应在太阳能建筑

图66 上海世博会展出的“汉堡之家”被动房之一

图67 上海世博会展出的“汉堡之家”被动房之二

图68 以色列耶路撒冷的太阳能住宅之一

图69 以色列耶路撒冷的太阳能住宅之二

一体化上加快步伐。

（3）加快资源能源的回收和循环利用。为此，在建筑构造，建材再利用，水、热的循环等方面都是重要的创新领域。

伦敦贝丁顿零碳住宅试验区（图76～79），利用高效的热回收装置，在冬季通风换气中可收回80%的热能。

图70 以色列耶路撒冷的太阳能住宅之三

图71 以色列耶路撒冷的太阳能住宅之四

图72 瑞典马尔默的清洁能源住宅区“明日之城BO01”之一

图74 瑞典马尔默的清洁能源住宅区“明日之城BO01”之三

图75 瑞典马尔默的清洁能源住宅区“明日之城BO01”之四

图73 瑞典马尔默的清洁能源住宅区“明日之城BO01”之二

图76 英国伦敦贝丁顿零碳住宅试验区之一

图77 英国伦敦贝丁顿零碳住宅试验区之二

图78 英国伦敦贝丁顿零碳住宅试验区之三

图79 英国伦敦贝丁顿零碳住宅试验区之四

Special Edition for the 50th Anniversary of Zhu Qiqian's Death

朱启钤先生逝世50周年纪念专辑

编委会在中山公园南门口合影

编委会在中山公园朱启钤先生办公处"一息斋"前合影

"一息斋"现状

编委会在"保卫和平"坊前合影

编者按：2014年2月26日是中国营造学社创始人朱启钤（1872—1964）先生逝世50周年纪念日，为示纪念与尊重，《中国建筑文化遗产》编委会全体并特约中国文化遗产研究院崔勇等专家，重访朱公在北京留下的工作与生活的痕迹，包括他倡建的中山公园与居住过的赵堂子胡同等地。朱公一生历经清末、北洋政府、民国、新中国四个时期，政治方面官至总理，经济方面是大实业家，文化方面创建营造学社，将梁刘收入麾下，开创古建保护与传承之路。

2月26日正值雾霾重度袭城，行走其间如穿行于牛奶迷雾，在此情境下观看揣摩朱公这一传统社会孕育出的宏伟人物之遗迹，不由所思颇多。故此，《中国建筑文化遗产》特收录季也清《〈中央公园廿五周年纪念册〉的影像记忆》、贾珺《民国时期北京中央公园析读(1914—1939)》与崔勇《朱启钤与中山公园改造始末》三篇文章，通过再发现朱公改造中山公园这一历史伟绩，来纪念这位中国近代史上的传奇性人物。

（摄影/陈鹤 金磊）

Editor's Notes: February 26th, 2014 was the 50th anniversary of Zhu Qiqian (1872-1964), the founder of Society for the Study of Chinese Architecture. In order to commemorate and pay homage to Mr. Zhu, the editorial committee of *China Architectural Heritage* invited Cui Yong from Chinese Academy of Cultural Heritage and some other experts to revisit the places where Mr. Zhu worked and lived in Beijing, including Zhongshan Park, which he suggested to build, and Zhao Tang Zi Hutong, which he once lived in. Mr. Zhu experienced four periods of China in his life - the Late Qing Dynasty, Beiyang Government, Republic of China, Japanese puppet regime, and PRC. Politically, he served as Premier of the country for some time; economically, he was a successful businessman; culturally, he constructed schools, accepted Liang and Liu as his students, and initiated the course of heritage building protection and inheritance.

On February 26th, heavy smog befell this city, and walking on the street was like penetrating a dense milky fog. To carefully read and reflect on this great contribution of Mr. Zhu incubated in the traditional society was particularly inspiring. Therefore, *China Architectural Heritage* compiled the special edition of Mr. Zhu, and included *Visual Memories on the 25th Anniversary Album of*

编委会在格言亭前留影

the Central Park by Ji Yeqing, *Exploration of the Central Park in Beijing during the Period of the Republic of China(1914-1939)* by Jia Jun, and *the Reconstruction of Zhongshan Park* by Cui Yong. The rediscovery of the great contribution of Mr. Zhu to the transformation of Zhongshan Park commemorated the groundbreaking figure in China's modern architecture history.

(Photographer/Chen He, Jin Lei)

从高处俯瞰朱启钤故居

编委会在朱启钤故居前合影

Visual Memories on *The 25th Anniversary Album of The Central Park*

《中央公园廿五周年纪念册》的影像记忆

季也清*（Ji Yeqing）

今年，为纪念中国营造学社创始人朱启钤老先生逝世50周年，同时2014年10月10日也是中山公园建园100周年纪念日。在此之际，中国建筑图书馆特将收藏的1939年版、由中央公园事务所印制的《中央公园廿五周年纪念册》以专辑影像形式呈现世人面前。

辛亥革命至今已经过去一个世纪了，想要研究北京这座城市变迁历史，人们就会自然联想到朱启钤这个与北京紧密相关的历史人物。

朱启钤（1872-1964），字桂辛，贵州开阳人，晚清至中华民国政府中曾任北洋政府交通总长、内务总长，并一度代理过内阁总理。他是著名的古建学家、实业家，对中国营造学社的组建和运作功不可没。

民国初年在担任交通总长、内务总长兼任京都市政公所督办期间，他着力最多、效果显著、影响最大的几项建造工程当数正阳门改造、环城铁路修建、香厂新市区规划建设、市民公园整修开辟以及制定完善城市管理法规等。因此，朱启钤先生被评价为“可说是一个把北京从封建都市改建为一个现代化城市的先驱者”①。

北京中央公园系朱启钤先生于1914年9月发起倡议,由朱氏为首的董事会筹捐款创建，1914 年10月10日是辛亥革命三周年纪念日，社稷坛以中央公园名义正式向公众开放。1928年改名为“中山公园”，1937年恢复原名，1945年抗战胜利后再次沿用“中山公园”之名。

1939年版《中央公园廿五周年纪念册》第七章“本园艺文金石略”，第一篇朱启钤先生撰文《中央公园记》，观此记载，可知中央公园创建的曲折经过及朱氏领导的董事会所做的大量具体实施工程。他发动绅士、商人捐款筹资，从开设园门到疏通水道，从累土为山到引水建池，架长桥以观太液，修水榭以增名胜，处处都凝聚了公园构建者的高超智慧（图1~35）。

作为北京第一座经过精心规划、由明清两代皇家社稷坛庙改建成供民众享用的公园，它牵涉中国近现代文化史的诸多脉络，在中央公园中上演了一系列的重要历史事件，它绝不是一个简单的仅供游人赏花观月、浅斟低唱的消遣胜地。《中央公园廿五周年纪念册》第七章“本园艺文金石略”，第二篇吴承湜撰

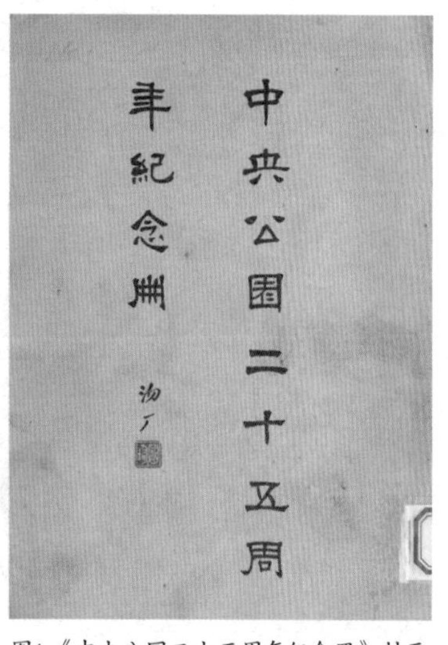

图1《中央公园二十五周年纪念册》封面

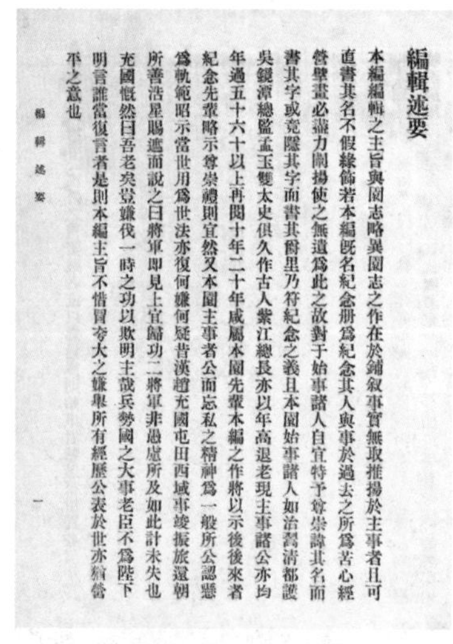

編輯述要

本編編輯之主旨與園志略異園志之作在於鋪敘事實無取推揚於主事者且可直書其名不假緣飾若本編既名紀念册爲紀念其人與事於過去之所爲苦心經營擘畫必盡力闡揚使之無遺爲此之故對于始事諸人自宜特予尊崇諱其名而書其字或竟隱其字而書其爵里乃符紀念之義且本園始事諸人如治薌清都護吳鏡潭總監孟玉雙太史俱久作古人紫江總長亦以年高退老現主事諸公亦均年過五十六十以上再閱十年二十年咸屬本園先輩本編之作將以示後後來者紀念先輩略示尊崇禮則宜然又本園主事者公而忘私之精神爲一般所公認懸爲軌範昭示當世用爲世法亦復何嫌何疑昔漢趙充國屯田西域事竣振旅還朝所善浩星賜遮而說之曰將軍即見上宜歸功二將軍非愚慮所及如此計未失也充國慨然曰吾老矣豈嫌伐一時之功以欺明主哉兵勢國之大事老臣不爲陛下明言誰當復言者是則本編主旨不惜冒夸大之嫌舉所有經歷公表於世亦稍營平之意也

編輯述要　一

图2 民国28年(1939)汤用彬撰《编辑述要》节选

图3 中央公园创建人历任会长主席朱桂辛先生相片

① 张开济：《从中国营造学社谈起》北京晚报，1992-01-18，19版。

* 中国建筑图书馆馆长

图4 民国17年(1928)2月中央公园董事大会合影

图6 朱启钤会长摄于民国4年（1915）仲春，画面有紫江(蠖公)自题记

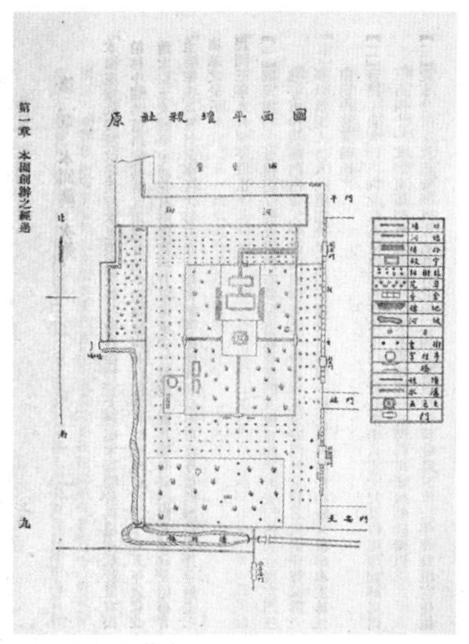

图5 原社稷坛平面图（社稷坛未开放前绘略图）

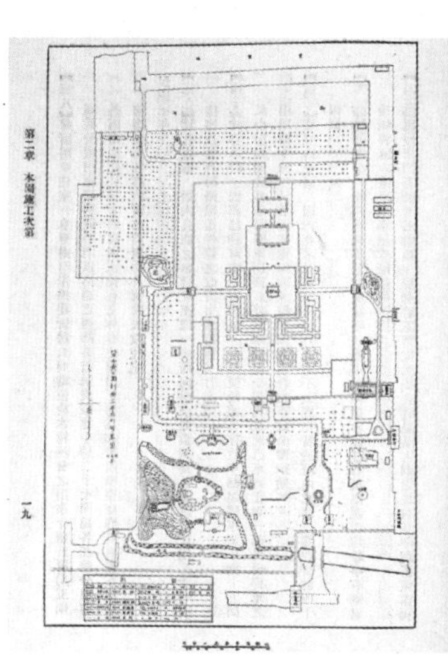

图7 中央公园创建第三年形式略图

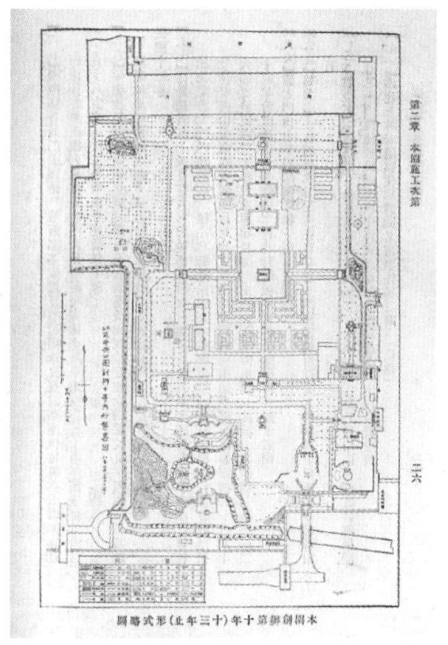

图8 中央公园创建第十年（第十三年止）形式略图

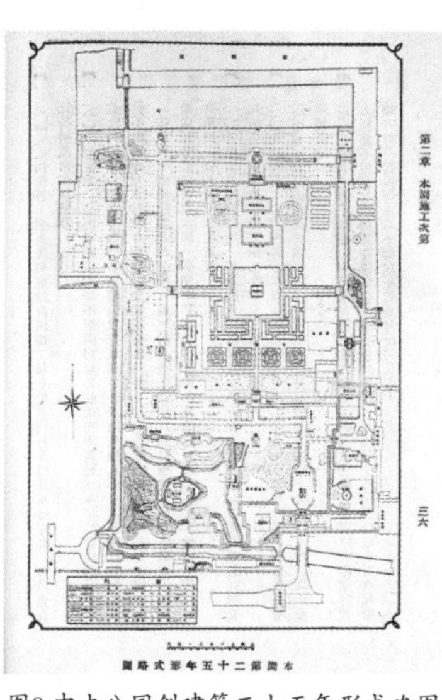

图9 中央公园创建第二十五年形式略图

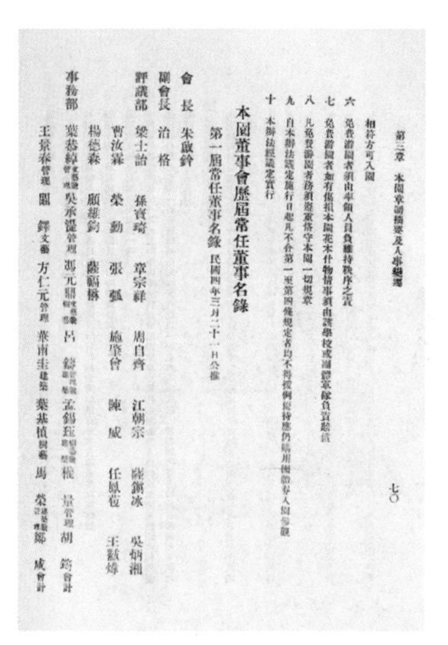

第三章 本園章制摘要及人事變遷

相符方可入園

六 免費游園者須由率領人員負維持秩序之責

七 免費游園者如有傷損本園花木什物情事須由該學校或團體軍隊負賠償責

八 凡免費游園者務須遵守本園一切規章

九 自本辦法議定施行日起凡不合第一至第四條規定者均不得援例從持應仍購用門券入園參觀

十 本辦法經議定實行

本園董事會歷屆常任董事名錄

第一屆常任董事名錄 民國四年三月二十一日公推

會長 朱啟鈐

副會長 治格

評議部 梁士詒 孫寶琦 章宗祥 周自齊 江朝宗 薩鎮冰 吳炳湘

曹汝霖 榮勳 張弧 施肇曾 陳威 任鳳苞 王黻煒

楊德森 顧維鈞 薩福楙

事務部 葉恭綽 吳承湜 馮元鼎 呂鑄 孟錫珏 權量 胡鈞

王景春 關鐸 方仁元 華南圭 葉基楨 馬榮 鄭成

七〇

图10 中央公园第一届常任董事会名录[民国4年(1915)3月21日公推]

雍濤

候補人 吳笈孫 江庸 董玉麐 徐廷爵 關冕鈞 陳鑾 李殿璋

程經邦 鄧文藻

第二屆常任董事名錄 民國五年四月公推

會長 朱啟鈐

副會長 吳炳湘

評議部 孫寶琦 江朝宗 薩鎮冰 曹汝霖 施肇曾 陳威 任鳳苞

王黻煒 薩福楙 葉恭綽 胡鈞 方仁元 許世英 張志潭

于寶軒 鮑宗漢 鄧文藻

事務部 治格 呂鑄 孟錫珏 權量 王景春 關鐸 華南圭

雍濤 馬榮 董玉麐 鄭成 吳承湜 江庸 徐樹錚

常耀奎

候補人 曾毓儁 靳雲鵬 伍朝樞 徐廷爵 徐世章 沈吉甫 吳鼎昌

陸夢熊 水鈞韶 俞瀬 李殿璋 李思浩 曾彝進 姚國楨

龍學競 何瑞章 顏世清

第三章 本園章制摘要及人事變遷

七一

图11 中央公园第二届常任董事会名录[民国5年(1916)4月公推]

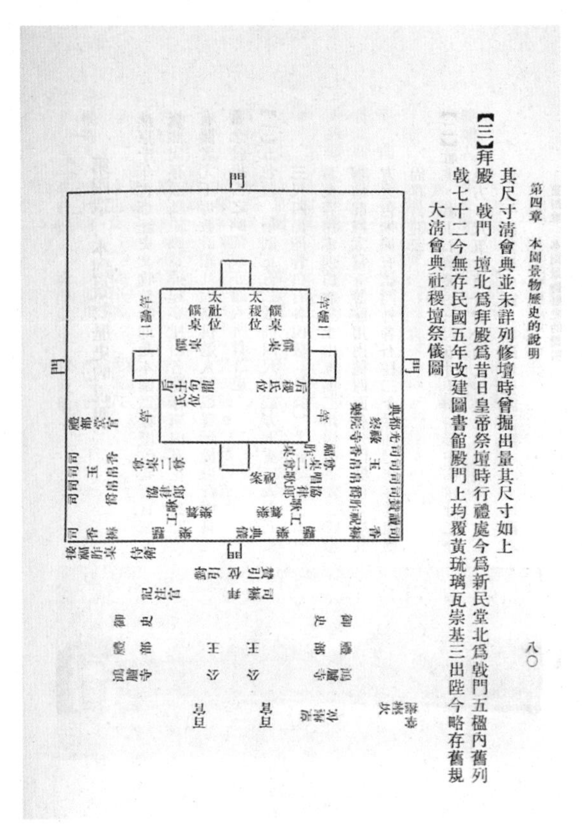

第四章　本園景物歷史的說明　八〇

其尺寸清會典並未詳列修壇時曾掘出量其尺寸如上

【三】拜殿　戟門　壇北爲拜殿爲昔日皇帝祭壇時行禮處今爲新民堂北爲戟門五楹內舊列戟七十二今無存民國五年改建圖書館殿門上均覆黃琉璃瓦崇基三出陛今略存舊規

大清會典社稷壇祭儀圖

图12 旧规大清会典社稷坛祭仪图

图13 中央公园大门(1914年开辟园门)

图14 土山茅亭(1914年建)

图15 打牲亭(1914年修，亭前石座湖石名搴芝，由圆明园移置)

图16 青云片太湖石(明末著名的藏石家米万钟收藏的遗物，移自圆明园)

图17 中央公园董事会(1915年建)

图18 行健会会所(1915年建造，为北京市首创公共练习武术之会所)

图19 绘影楼[1915年建，由徐世昌(菊人)题匾书联]

图20 唐花坞之一(1915年建十四间，1936年改建十七间)

图21 唐花坞之二(1919年堆唐花坞前山石，该处山石为京师警察厅捐助)

图22 唐花坞唐花

图23 春明馆亭廊[1915年建，亭廊由徐世昌(菊人)题匾书联]

图24 四宜轩木桥(1915年建)

图25 格言亭(1915年建，1919年移亭于坛北门外路中)

图26 水榭(1916年建，由恽宝惠题匾)

图27 迎晖亭(1918年由泰生木厂捐建，由华景颜题匾)

图28 公理战胜石坊(1919年由市政公所将原为德国驻华公使克林德纪念牌坊从东单北大街迁移公园南大门内，1952年又改为“保卫和平坊”)

图29 长廊(1924年建过厅长廊，1931年油饰长廊)

图30 水榭东桥厅(1931年建，1935年重建)

图31 御河长桥

第七章　本園藝文金石略

文

中央公園記

朱啓鈐 桂辛

民國肇興與天下更始中央政府既於西苑關新華門爲敷政布令之地兩闕三殿觀光闐溢而皇城宅中宮牆障塞乃開通南北長街南北池子爲兩長衢禁籞既除熙攘彌便遂不得不亟營公園爲都人士女遊息之所社稷壇位於端門右側地望清華景物鉅麗乃於民國三年十月十日開放爲公園以經營之事委諸董事會園規取則於淸嚴偕樂不謬於風雅因地當九衢之中名曰中央公園設園門於天安門之右綺交脈注綰轂四達架長橋於西北隅俯瞰太液直趨西華門俾遊三殿及古物陳列所者跬步可達西拓繚垣收織女橋御河於園內南流東注迤邐以出皇城撤西南複垣引渠爲池累土爲山花塢水榭映帶左右有水木明瑟之勝更劃端門外西廡朝房八楹略事修葺增建廳事榜曰公園董事會爲董事治事之所設行健會於外壇東門內馳道之南爲公共講習體育之地移建禮部習禮亭與內壇南門相値其東建來今雨軒及投壺亭西建繪影樓春明館一帶廊舍復建東西長廊以蔽暑雨遷圓明園所遺蘭亭刻石及青雲片靑蓮朶搴芝繪月諸湖石分置於林間水次以供玩賞其比歲市民所增築如公理戰勝坊藥言亭噴水池之屬更不遑枚舉矣北京自明初改建皇城置社稷壇於闕右與太廟對壇制正方石堦三成陛各四級上成用五色

第七章　本園藝文金石略　一三一

图32 朱启钤会长民国14年(1925)10月10日撰《中央公园记》之一

土隨方築之中埋社主壝垣甃以琉璃各如其方之色四面開櫺星門門外北爲祭殿又北爲拜殿西南建神庫神厨壇門四座西門外爲牲亭有淸因之此寔我國數千年來特重土地人民之表徵今於壇址務爲保存俾考古者有所徵信焉環壇古柏井然森列大都明初築壇時所樹今圍丈八尺者四株丈五六尺者三株斯爲最鉅丈四尺至盈丈者百二十一株不盈丈者六百三株次之末及五尺者二百四十餘株又已枯者百餘株圍徑既殊年紀可度最鉅七柏皆在壇南相傳爲金元古刹所遺此外合抱槐榆雜生年淺者尚不在列夫禁中嘉樹盤礴鬱積幾經鼎革無所毀傷歷數百年吾人竟獲棲息其下而一旦復睹明社之舊故國興亡益感懷於喬木繼自今封殖之任不在部寺而在羣衆枯菀之間寔自治精神强弱所繫惟願邦人君子愛護扶持勿俾後人有生意婆娑之嘆斯尤啟鈐所不能已於言者啟鈐於民國三四年間長內部從政餘暇與僚友經始斯園園中庶事決於董事會公議凡百興作及經常財用由董事醵集不足則取給於遊資及租息官署所補助者蓋鮮歲月駸駸已逾十稔董事會諸君甏石以待謹述緣起及斯壇故寔以諗將來後之覽者庶有可考鏡也

吳承湜 廿俟

董事題名跋

右中央公園記爲紫江朱桂辛先生所撰經苑平孟玉雙先生手書勒石嵌諸廳事昭示來茲不意孟公於今秋遽歸道山回憶斯園之創設已及廿五周年董事題名於此石者凡三百三十二人皆

第七章　本園藝文金石略　一三二

图33 朱启钤会长民国14年(1925)10月10日撰《中央公园记》之二

踏莎行　稷園看桃花　崔麟臺 耘青

金谷魂銷武陵人杳吟餘買醉長安道花開且莫笑東風花殘恐被東風笑
春意闌珊春寒料峭玄都觀裏韶光早芳情不減去年時劉郎却比前番老

浣溪沙　稷園賞牡丹　張伯駒 叢碧

炫夜珠燈照睡妝露濃煙重轉廻廊羅衣歸去染天香　回首京華年少夢悤悤過了好時光羞將潘鬢對花王

瑤臺聚八仙　壬申除夕行健會同人稷園餞歲圖題詞　汪　怡 一厂

鼉鼓催寒驚迅羽光陰今又經年功名休問嗟予兩鬢添斑渺渺征鴻何處是心情暫共夕陽閑棒觥船且開笑口花外憑欄　神州近多事故嘆風雲澒洞無限悲歡擘玉敲棋放眼能不相關殊鄉正逢歲晚恁聚合園林非偶然應留取這天開圖畫好記因緣

和前調　前題　彭心如

日暮天寒無限恨故都又換新年邊笳嗚咽鏡中鬢影初斑媵有園林容嘯傲夜游秉燭且偷閑酒如船未傾先醉倚偏朱欄　指點寒鴉枯木嘆人生如夢幾度悲歡鷄蟲得失吾輩底事相關上林追懷舊雨試回首前塵總悵然須珍重此長圖一幅鴻雪留緣

滿庭芳　稷園白丁香　蔡　璐 端如

第七章　本園藝文金石略　一六七

图34 中央公园艺文金石略刊登张伯驹诗词

（十三）民國二十八年份划船售票數目表

月　別	甲種券	乙種券	丙種券	收款數
4	430	9	0	218.60
5	1218	7	10	613.80
6	1291	20	11	655.70
7	1316	28	0	684.20
8	1216	7	0	610.80
9	498	2	0	249.80
10	254	2	0	127.80
合　計	6253	75	21	3160.70

附註一　甲種券每張售五角　乙種券係連續用每張售四角　丙種券係逾時在三十分鐘以內者補購每張二角
附註二　四月二十二日開幕十月三十一日結束計營業六個月又九天
附註三　開辦時划船八艘　六月添購十艘　八月底去津十艘救災

（十四）本園園名之過去與現在

中央公園　民國三年開辦原名

中山公園　民國十七年九月奉令改稱

北平公園　民國二十六年九月奉令改稱

中央公園　民國二十六年十月奉令恢復原名

第八章　歷年收支概況　一九八

图35 中央公园园名之过去与现在

《拟中央公园记》有过一番记述：中央公园者，民国京都市内首轫之公共园林也……当春秋之交，鸟鸣花开，池水周流，夹道松柏苍翠郁然，中外人士选胜来游，流连景光不能遽去。至于群众之集合，学校之游行，裨补体育之游戏运动，以及有关地方有益公众之聚会咸乐，假斯园以举行……以设置高尚风纪整洁用，能使人民社会交受其利，斯则又非寻常娱乐之场所可比拟者也。

这本纪念册在第十一章《余记》中还具体介绍了民国各界人士在中央公园内举办的各种大型活动。

（一）游园纪念赈灾宣传会：民国3年(1914)国庆纪念庆典、民国4年(1915)新年游园会、民国7年(1918)庆祝欧战协约国胜利而举行的国民庆祝大会、民国8年(1919)英美烟草公司演放气球以助商业宣传会；慈善筹赈会：民国6年(1917)天津水灾筹赈会、民国6年(1917)英国红十字会游园会、民国9年(1920)华北救灾秋节游园助赈会、民国10年(1921)贵州赈灾游艺会、江苏水灾筹赈会、湖南新宁筹赈会、民国12年(1923)河南灾荒赈济会、山西旱灾会、旅京贵州镇远筹赈会等。

（二）展览会：阐扬学艺有民国21年(1932)五月中国营造学社朱启钤社长主办岐阳文物展览会、民国26年(1937)4月举办康南海(康有为)逝世十周年纪念展览等；民国12年(1923)10月香山慈幼院展览该院学生手工作品、民国20年(1931)3月借用本园董事会食堂由中国农工银行主办国货展览等；同时还举办各种演说竞赛及儿童健美赛、俄国大力士角力赛、赛菊会等。

（三）文　包括消夏会和东坡生日会等。

（四）学术和政治讲演会：民国4年(1915)，为抗议日本向中国提出的二十一条，数以万计的北京市民聚集在中央公园，号召抵制日货，募集救国储金，最多一次储金大会参与者达到了30　万人；民国5年(1916)，教育部在园内建成中央图书阅览室，不同于以前的私人藏书楼只向特定人群开放，市民们可以在这里借阅书籍、杂志和报纸；民国23年(1934)7月中国文化协会借用大殿每周讲演学术、民国23年(1934)8月15日中国科学化运动会在五色土设望远镜观看木星并讲演。

（五）哀悼会：民国14年(1925)4月孙中山先生逝世，在园内拜殿停灵公祭，以便北京市民前来吊唁瞻仰；民国25年(1936)段祺瑞追悼会等等。

从《中央公园廿五周年纪念册》刊载的上述政治文化活动来看，中央公园是北京城第一个近代意义上的公园。民国时期，它既是人们表达民族诉求、社会主张的公共平台，又是文人思想交流、情感抒发的特别空间。通过它我们观察到民初北京社会的生活百态，它不仅仅是一个放松身心的休闲场所，更是集娱乐、教育、商业、文化和政治多种内容于一身的社会公共空间，在这个空间里流淌着市民日常生活的细流，也孕育了社会变迁的种子。在这个空间里积蓄着多种力量的角逐，是它们的合力共同塑造了中央公园复杂的形象。

当下，我们纪念朱启钤老先生，重读《中央公园廿五周年纪念册》，或许可以帮助我们更深刻地理解民国初年那段尘封已久的过往历史。由皇家禁地到公共园林，中央公园见证了古都北京城市公共空间成长的历程，也映射了民国初年北京社会的驳杂面相。中央公园一个世纪的风雨沧桑，就像一幅浓缩的画卷，反映了中国的历史变迁。

Exploration of the Central Park in Beijing during the Period of the Republic of China（1914-1939）

民国时期北京中央公园析读(1914—1939)*

贾 珺**（Jia Jun）

提要：1914年，在朱启钤先生的主持下，北京内城的社稷坛被改建为中央公园，是民国时期北京第一座具有现代城市公园性质的大型园林，同时也是近代中国园林设计佳作和古代坛庙环境改造的杰出范例，在文物保护、景观建设和游乐活动方面具有若干开创性的贡献。本文以1939年出版的《中央公园廿五周年纪念册》为基础，参考其他文献资料，对中央公园的营建情况和景致特色进行了分析和探讨。

关键词：北京中央公园，社稷坛，营建，景观

Abstract: Basing on the analysis of the *Anthology for the 25th Anniversary of the Central Park*, the author presents the study on the Central Park in Beijing which was the first park reconstructed from Shejitan (the Imperial Temple of Land and Grain), and tries to explore the characters of the reconstruction and the landscape.

Keywords: the Central Park in Beijing; Shejitan; Reconstruction; Landscape

一、引言

民国初年，朱启钤先生出任北洋政府内务部总长兼北京市市政督办，对北京旧城作了一定的改造，如拆除千步廊，改建正阳门城垣，打通南北长街、南北池子等干道，对现代北京城市格局影响深远。他所主持的重要的工程中有一项是于1914年辟紫禁城西南侧的社稷坛为中央公园，向社会开放，并陆续在其中引水叠山，构筑亭榭，培植花卉，营造出一个景色秀丽的古典风格园林。对此陈宗蕃《燕都丛考》记载道："社稷坛自民国三年朱启钤长内务时代改为公园，辟门于南（嗣又辟门于西，今不用），名曰中央公园，是为北平公园之始。嗣后先农坛公园、北海公园等继之，而终不如中央公园之地位适中，故游人亦甲于他处。春夏之交，百花怒发，牡丹芍药，锦绣成堆。每当夕阳初下，微风扇凉，品茗赌棋，四座俱满。而钗光鬓影，逐队成群，尤使游人意消。逐年以来，建设亦臻完备。"① 1925年孙中山先生在京逝世，曾经停灵于园中拜殿，1928年后此园改称中山公园（1937年曾短期改"北平公园"，后又一度恢复"中央公园"之名），另有别称"稷园"（图1）。

中央公园作为北京第一座具有现代城市公园性质的大型园林，其开放以来一直是北京市民重要的游憩场所，同时也是近代中国园林设计佳作和古代坛庙环境改造的杰出范例，具有很

图1 中央公园大门旧景——引自文献[1]

① 文献[2]，141。

* 本文为国家自然科学基金项目（项目批准号：51278264）的相关成果

** 清华大学建筑学院教授，博士生导师，一级注册建筑师，《建筑史》丛刊主编，清华大学图书馆建筑分馆馆长

高的历史价值和艺术价值，值得今天的建筑史界和园林界作深入研究。中央公园至今保存完好，相关史料十分丰富，自改建以来即多有文献载录，民国时期的文人墨客也常有诗文述及。其中尤以中央公园（中山公园）董事会、委员会、事务所编印的若干报告和文集最为重要，内含许多关于此园兴建、经营的细节记录，类似原始档案汇编，对于我们今天了解园史具有不可替代的作用。而在这些文献中，又以1939年出版的《中央公园廿五周年纪念册》记载更为翔实，因而最富于史料价值。本文即拟对这本重要的民国园林建筑文献进行分析解读，并与其他相关资料相参证，从一个特定的历史坐标对中央公园这一重要园林实例的建造、经营情况进行初步的探讨，以期待今后的进一步研究。

二、营构历程

《中央公园廿五周年纪念册》主要由汤用彤、吴承湜担任主编，中央公园委员会编印，中央公园事务所出版发行于1939年12月。书为铅印本，含序言、编辑述要、相片、正文以及跋文等部分，前后共288页，其文字均用文言。

书前有朱启钤和朱深博所作序言两篇，历述公园营造缘由和主旨；《编辑述要》简要介绍本书的体例和目录；卷首《相片》则刊登了公园历任董事会、委员会的主要成员照片，其中包括朱启钤、朱深博、傅增湘、江朝宗等多位民国名流在内。正文共11章，分述创办之经过、施工次第、章制撮要及人事变迁、本园景物历史的说明、风景摄影、花事节季及花鸟鱼之种类、艺文金石书画、历年收入概况、现势统计、董事题名以及余记。书末有吴承湜所作之跋。

以上为纪念册内容之大要。其中图文并茂，内容充实，从中可以详细了解中央公园1914—1939年的建造始末、园景意象以及经营管理的若干特色。

关于中央公园的创立，朱启钤先生早在1925年的碑记中就陈述道："民国肇兴，与天下更始。中央政府既于西苑辟新华门为敷政布令之地，两阙三殿，观光阗溢。而皇城宅中，宫墙障塞，乃开通南北长街、南北池子为东西长衢，禁御既除，熙攘弥便，遂不得不亟营公园为都人士女游息之所。社稷坛位于端门右侧，地望清华，景物钜丽，乃于民国三年十月十日开放为公园。以经营之事，委诸董事会，园规则取于清严，偕乐不谬于风雅，因当地九衢之中，名曰中央公园。"[①] 时隔14年后，朱深博也在《纪念册》序中回忆道："彼时都人耳目，于公园尚少见闻，朱公独注意及之。以社稷坛旧址，古柏参天，极奥如旷如之至，而地处都市中心，尤为难能可贵。用是披荆棘，辟草莱，经之营之，蔚然为京师首出之游息地，促进文化，嘉会市民。"[②]可见中央公园的创建，与北京旧城改造关系密切。正因为民国初年皇城内一些主干道被打通拓宽，中南海苑墙新开新华门，紫禁城成为古物陈列观光之地，人流密集，需要在此增添一处公园以供市民游息。而社稷坛位置居中，交通便利，加上其中原有许多古树植被，又有较多的空地，基础条件很好，因此选择这里开辟了中央公园。

社稷坛本是明清两代重要的皇家坛庙之一，位于端门之西，与太庙相对，形成"左祖右社"的格局。按《大清会典则例》记载："社稷坛在阙右，北向。坛制方二成，高四尺，上成方五丈，二成方五丈三尺，四出陛，皆白石，各四级。上成筑五色土，中黄、东青、南赤、西白、北黑。"[③]内外坛墙环绕，与内坛墙北辟正门三间，南、东、西三门各一间，中央设坛，坛上覆五色土，并有戟门、拜殿（享殿）、宰牲亭、神厨、神库等建筑（图2）。社稷坛作为"太社之神"和"太稷之神"的国家祀奉场所，地位崇高，但清朝覆灭后即失去了原有的祭祀功能，到1914年时已经非常荒芜，"废置既逾期年，遍地榛莽，兼种苜蓿，以饲羊豕。其西南部分则为坛户饲养牛羊及他种畜类，渤溲凌杂，尤为荒秽不堪。"[④]环境十分恶劣，正亟待改造整治。

兴造之始，由北洋政府总理段祺瑞领衔的60位各界名流发起募捐，半年即筹款4万多元，开辟园门，修筑道路，并利用拆除千步廊的废旧木料对坛内建筑进行维修。之后历

① 文献[1]，131。
② 文献[1]，朱深博序，2。
③ 文献[3]，136引《大清会典则例》。
④ 文献[1]。

图2 社稷坛戟门与拜殿今景

年增葺山水、亭榭、花木，日渐可观。《纪念册》第2章回顾建设过程，称："本园原就社稷坛改建，稷坛本以坛为主，除拜殿外余无宏大建筑。本园开放之后，亦只就原有松柏中辟治道路，就其所宜，添建轩馆亭榭，点缀山石荷池。然至开办至今，亘二十有五年，岁岁改造大而土木建筑小，而花石布置莫不力求进步，令一般游人有月异而岁不同之感。"① 至1939年，公园景致已经相当完备。根据书中所述，其历年所作工程可列表如下：

表一：中央公园1914—1938年建设内容

年 份	工 程
1914年	开辟园门，修路，设事务所、售票所，建茅亭、鹿棚，维修打牲亭，自清河运来云片石300余车
1915年	建唐花坞、大木桥、园后门，移建习礼亭，建六方亭（松柏交翠亭）、投壶亭、碧纱舫，建董事会、来今雨轩、春明馆、绘影楼、扇面亭、乌龙、国华台、大鸟笼、警察所、格言亭、行健会
1916年	挖河堆山，建桥梁、水榭、卫生陈列所、图书阅览所
1917年	建西部商房、水鸟笼、兰亭碑亭、南花洞，堆砌荷池驳岸，建厨房、宿舍
1918年	建孔雀笼、停车场、坛内花洞、迎晖亭，移石狮于南门
1919年	改建球房、董事会南厅及餐堂，建南花洞，增建厨房，建监狱出品陈列处，移建公理战胜坊
1920年	添建花洞、宿舍
1921年	添建球房、仓库、厨房、宿舍
1922年	建园前门罩棚，改建售票所、兑换所，修西部园墙，建西部女厕
1923年	修理拜殿，收回溜冰场，铺墁砖路，建哈定纪念碑
1924年	建过厅长廊、大门内罩棚、井亭、后河墙铁栅栏、宿舍
1925年	铺墁砖路，修后河墙及西部铁栅栏，建营业房，建冰窖，建厕所、花洞、宿舍
1926年	建来今雨轩罩棚、茶炉房，建职员宿舍，修投壶亭，建石灯台
1927年	修石灯座栏杆，运云片石，修河岸
1928年	建水榭南厅、堆山石，镌刻园记及董事题名刻石4块，修整芍药台，修路
1929年	维修拜殿，建花圃、蔷薇廊，建儿童体育场
1930年	修松柏交翠亭，添建宿舍
1931年	建水榭东长廊、桥上过厅，油饰长廊，建网球场、高尔夫球场，移建花洞、孔雀笼，建小六方亭，前井土山堆山石，建荷池东北岸栏杆
1932年	修天安门内西朝房，添建儿童游戏器具，修缸砖路
1933年	习礼亭土山西堆山石，园门前竖旗杆，建熊屋
1934年	修洋灰砖路，建宿舍，孔雀笼内堆山石
1935年	重建水榭过厅，建停车场罩棚，改建暗沟，设铁围栏
1936年	重修唐花坞，改建鹿圈，修洋灰砖路
1937年	修环坛路道牙，添建花洞、牡丹棚，做道牙，建鹦鹉架，修金鱼陈列处，修洋灰砖路，堆山石
1938年	添建花洞、牡丹棚，做道牙，建鹦鹉架，修金鱼陈列处，修洋灰砖路，堆山石，修道牙，完成知乐簃，墁石子甬路，添游船、厕所

25年间，年年有所更进，其中尤以1915年工程量为最大，基本奠定公园大致格局。1916年袁世凯称帝失败，朱启钤去职，但对于中山公园的经营并未停止。至1939年25周年之际，中央公园总面积为362亩，已经是一座山石嵯峨、荷池清雅、亭榭轩敞、花木繁盛的大花园，而且设施完善、游乐项目丰富多彩，取得了很大的成果。

1929年朱启钤创建中国营造学社，在中国传统建筑研究领域做出享誉世界的卓越成就。营造学社的办公场所设于紫禁城端门外西朝房，与中央公园近在咫尺，学社多位成员同时兼任公园董事，时常在园内举办展览、雅集，对园景建设或有参与，进一步提高了公园的艺术品位。

三、景观布置

中央公园的建设，首先致力对原来的社稷坛文物进行积极的保护和维修，对坛墙内的柏、槐、榆等古

① 文献[1]，10。

树也着意维护。朱启钤先生在《中央公园记》中曾强调："（社稷坛）此实我国数千年来特重土地人民之表征。今于坛址力务保存，俾考古者有所征信焉。"①公园董事会后分别对打牲亭、戟门、拜殿、神库等古建筑进行整修，并予以充分利用。

但原有的社稷坛毕竟只是一处空旷的坛庙，很少景观建筑，植物品种单调，也没有假山流水，更缺乏公园所应有的服务设施。因此25年中，经营者在保留原有文物的基础上不断添建改进，这才脱胎换骨，形成了真正的园林景象。至1939年，就景观而言，中央公园实际上以内坛墙为界，形成了内外两重园林空间，格局近于"回"字形。内坛墙之内是原社稷坛的核心部分，其中的历史建筑除必要的修缮外极少更动，主要作了一定的绿化改造，体现了对文物古迹的尊重；而内坛墙之外则兴作较多，一如朱启钤先生《中央公园记》所称："撤西南垣，引渠为池，累土为山，花坞水榭，映带左右。"②陆续新添了很多山水景致以及点缀的亭榭和一些游乐设施，形成了新的丰富景象（图3）。

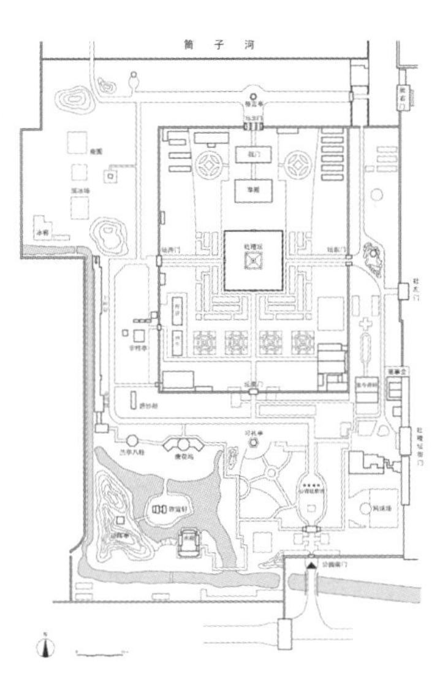

图3 中央公园1939年平面图——根据文献[1]改绘

原社稷坛的内坛墙四面辟门，其正门为坛北门，与戟门、拜殿、社稷坛构成一条完整的轴线，格局严谨规整。公园吸取西方园林的手法，以几何平面形式在轴线两侧的空地设置方形、圆形以及其他形状的花坛、草坪，略有西式园林之趣，也与原来的历史空间较为和谐，成为古老祭坛、神殿的新式衬景。

内坛墙之外，公园在南端开设公园大门，向西拓展了墙垣，还将端门外西庑朝房划归园区，使得公园的面积扩大，北面围墙改为铁栏。在四周的地段上见缝插针，不断新增景物，其中尤以公园南部为多。所筑新景大多仍以中国传统的园林风格为主，曲折优雅，移步换景，富有意境，同时也在局部积极借鉴了一些外国的造园手法，表现出相当的新意。

中央公园的园林建筑、山石、小品有很多是从别处移来的特殊文物，转为此园增色。其中尤以圆明园遗物收藏最多，包括著名的兰亭八柱与石碑、露水神台以及青莲朵、青云片、搴芝石、绘月石四块奇石。兰亭八柱原为圆明园四十景中的"坐石临流"，为石构八角碑亭，其八根石柱上分别镌刻《兰亭序》的8件相关法帖，分别为唐代虞世南、褚遂良、冯承素《兰亭序》摹本，柳公权书《兰亭诗》阙本，戏鸿堂原刻柳本，于敏中补写柳书全字本、董其昌仿写柳本以及乾隆帝本人所临董书柳本；亭中石碑的正反两面刻有明代所绘《兰亭修禊图》以及乾隆帝御笔题诗。兰亭八柱后移建公园西南角，另覆以重檐八角亭，碑也移藏其中（图4）。青莲朵（图5）原为南宋临安德寿宫遗址上的旧物，乾隆十六年（1751年）乾隆帝南巡时一见即爱，后由地方大吏进贡藏于圆明园西南之茜园，

① 文献[1]，132。
② 文献[1]，131。

图4 兰亭八柱今景

图5 青莲朵

图6 青云片

图7 搴芝石

图8 露水神台

乾隆帝有诗赞叹："化石玲珑佛钵花，雅宜旁置绿蕉芽。皇山峭透房山壮，兼美端堪傲米家。"[①]石上曾刻有乾隆帝御笔题名和御制诗，价值最高（此石于2013年移藏于中国园林博物馆）。另外三石也都不同凡品，均刻有御笔题款，十分珍贵（图6、图7）。露水神台是一块圆形石座（图8），雕刻精美，与山石一起运来，曾作为灯台使用。

1915年，步军统领江朝宗曾致信溥仪内务府，称"现在中央社稷坛开拓公园，缺少假山，查圆明园内存有早年经火山石甚多，大半委诸草莽，拟运至公园，叠作假山，即可化无用为有用。又查有园内断圮石柱数根，刻有《兰亭序》，堪供公园点缀，再经日久，若不保存，字迹毕至剥落殆尽，亦拟运至公园。"另一信提及"荷蒙派员会同拣选太湖石五十一块，具徵公意，殷拳感荷之至。"[②]《纪念册》也记载1927年曾"从圆明园继续运云片石一千车"[③]，可见公园中的湖石和青石还有不少来自圆明园遗址。当时圆明园已成废墟，军阀、盗贼偷窃不已，中央公园能够运出部分遗物，使之免于散失湮没，实有抢救保护之功。

此外重要的迁建项目包括1915年移典礼院的习礼亭于园南；1918年南门外所立的一对石狮子为河北大名县古庙文物；1919年迁"公理战胜坊"（原为德国驻华公使克林德纪念牌坊）于南大门内（1952年改称"保卫和平坊"）（图9）。来今雨轩中所存投壶也是某董事所赠的珍贵古物。

新建的园林建筑大多为中国传统式样，且以亭子数量最多，达13座（含移建者）；另有一些水榭、花房、过厅和游廊。总体来说建筑数量并不多，显得较有节制，同时位置合宜，尺度较小，远小于原来稷坛的拜殿和戟门。其中南侧的习礼亭（图10）和北端的格言亭（图11）分别与坛南门和北门相对，强化了原社稷坛布局的轴线关系。唐花坞（图12、图13）实际上是一座温室花房，平面呈雁翅形，中央位置建重檐八角攒尖顶楼阁，两侧翼房屋顶装设玻璃天窗，造型别致，同时又很好地解决了功能问题。来今雨轩（图14）是一座七间歇山顶厅堂建筑，室内空间相对宽敞。春明馆（图15）等建筑沿西墙布置，形式亦有起伏变化。

园林中的新建筑大多拥有匾额题名，雅致贴切，而且多由当时的著名文人书写，体现了深厚的文化底蕴。例如来今雨轩典出唐杜甫

① [清]弘历. 高宗御制诗二集. 卷三十一. 青莲朵. 见：文献[5]。
② 文献[4]，679。
③ 文献[1]，28。

图9 原公理战胜坊今景

图10 习礼亭今景

图11 格言亭今景

图12 唐花坞旧景——引自文献[1]

图13 唐花坞今景

诗句“今雨不来来旧雨”，与春明馆、绘影楼一起均由徐世昌（字菊人）题匾书联；事务所悬“一息斋”额，为朱启钤书写，取“一息尚存，其志不容少懈之义以自励”①；松柏交翠亭为金梁（字息侯）题匾，碧纱舫、新民堂、水榭由恽宝惠（字公孚）题匾，水榭北厅“城市山林”匾为华世奎（字璧臣）书写，迎晖亭由华景颜（字伯泉）题匾；四宜轩位于池中小岛上，取景色“四面皆宜”之意命名，其匾额则先后有华世奎和恽宝惠题写。水榭南厅挂有原圆明园中乾隆帝御笔“蓬岛瑶台”匾。此外店铺名“上林春”，牡丹花台曰“国华台”，也都是上乘的题名。厅堂之中悬挂陈列的名家书画更是多不胜数。

园中假山主要集中在来今雨轩、习礼亭、水榭等处，其中以来今雨轩附近的假山最胜（图16）。《纪念册》载：“此山石为粤中刘姓老人所堆造。刘老人以民国4年来游京师，为人能诗善画，尤长堆垛术。赏本园景物佳胜，请于朱董事长，愿堆此山石以为纪念。今观所作，极玲珑剔透之观，堪称殊胜。旧都堆石名家，咸自谓不及云。”②此外，园西北角的土山高耸，上建方亭，是登临远眺的佳处（图17）。

公园水系的构架是将织女桥一带的御河之水引入园内，“南流东注，逶迤以出皇城”，至1939年时园中共有水面58亩。流水在西南部汇为一池，池中种植荷花，十分清幽。

园中植物除旧有的909株古柏及23株古槐、13株榆树和1株杏树之外，主要增值了松柏槐柳以及一些果木，重点培植了大量花卉，包括牡丹、芍药、昙花、丁香、荷花、梅花、桃花、海棠、玫瑰、黄刺梅、榆叶梅、山兰芝、凌霄花、文官花、太平花、绿萼杏、樱花等等，其中以牡丹和芍药最多，成为中山公园一绝，每逢不同的花期均吸引大量游人前来观赏。更重要的是，从当时的平面示意图上看，不但在内坛墙内设有多处几何式的草坪的花坛，其他局部景区也有花草和灌木组成的西式花坛或草坪点缀，如公理战胜坊一带，明显受到西方园林的影响。

除花木外，中央公园还曾经先后豢养过鹿、熊、金鱼以及孔雀、鹦鹉、皂雕、仙鹤、锦鸡等各种禽类，增添生气。其中的鹿来自避暑山庄，曾有44头之多；园中鱼鸟，则以各种金鱼和五色鹦鹉最为著名。

图14 来今雨轩今景

图15 春明馆旧景——引自文献[1]

图16 来今雨轩东南侧假山今景

图17 公园西北角土山与方亭今景

①文献[1]，90。
②文献[1]，90。

四、游乐设施

中央公园自开放以后，即致力于为市民提供丰富而又健康的游乐项目。其主要游园形式仍体现了中国古典园林的传统游乐内容，如赏景、宴集、品茗、下棋、钓鱼、听乐等等，与其景观环境非常相宜。

中央公园的修建不但得到民国初年北京上层社会和文化界的大力推动，而且成为当时文人重要的诗赋聚会场所，留下了很多描写风景的诗词佳句，《纪念册》第七章中收录了不少。如张朝墉诗："垂杨过雨绿阴多，水鸟含烟蘸碧波。恰似湖桥三五里，定香亭上看风荷。"董大年诗："楼观云开夕照迟，马龙车水各争驰。夜阑游女纷纷去，正是宫门月堕时。"瞿宣颖诗："玲珑一朵芙蓉石，埋没千年德寿宫。青芝岫又青云片，何止移山夺化工。"吴锡永词："东风吹绿长安树，园林好春如许。翠柏参天，高槐夹道，旧是宸游。"①如此不胜枚举。旧京文士还常在园中水榭举行模仿兰亭修禊的雅集，董迁有诗称"修禊名园上巳时，五云楼阁望参差"②。来今雨轩更是重要的饮茶聚餐的场所，崔麟台诗描绘其盛况曰："轩开来今雨，士女各徜徉。列坐恣谈笑，啜茗复飞觞。"③

但中央公园并不是一座纯粹的古典风格园林，从建立开始，其筹划者就以欧美的现代公园为榜样，力图为北京市民创造一个具有现代意义的城市公园，吴承湜在《纪念册》跋文中提及公园建设缘起时曾说过"见东西列邦公园行政之美备，又慨然有礼失求诸野之感"，故而力求要建设"一首善之园林供百万市民游息之需"④，因此其功能远比传统园林更为丰富，在一定程度上兼有现代游乐场的性质。

按照《公园游览规则》，每日自上午6时一直开放到晚上10时，夏天更进一步延长到12时⑤。根据有效期和项目的不同，其游览券共有8种之多，定价不一，普通门券需大洋5分，军人减半。园中现代游乐设施有很多，例如先后于董事会南和园西南角设台球房，辟春明馆为照相馆；为了为游人提供锻炼身体的场所，园中先后设有行健会和儿童游戏场（图18）、网球场、高尔夫球场、滑冰场等等。园中拜殿，一度作电影院之用，1928年改为中山堂。这些内容均属于近现代公园的游乐项目，开旧京园林风气之先，因此受到市民的极大欢迎。

为了与新的时代、新的需求相呼应，中央公园的部分建筑和景观设施进一步借鉴了欧美园林的手法，带有一定的外国风格，体现了公园兼收并蓄的近代作风。如上林春为西式铺面房，俄国侨民瑞金曾捐建喷水池及石雕水塔，园中设铅铁罩棚和玻璃花房数座，所建铁栅栏也为欧式，格言亭采用西式石构圆亭造型，西坛门外还建有东洋式亭子。园中除了传统的石子和墁砖道路外，也利用沥青、洋灰和缸砖等新材料铺路。

为了服务游客，同时也为了筹措部分经费，公园里也设置了一些商业场所，如餐厅、糖果店、西式咖啡馆等等，但都能与园景很好地融为一体，绝无喧宾夺主之意。

更值得称道的是，中央公园不但是游玩的场所，同时还不忘寓教于乐。董事会在原神库中设卫生陈列所，"所以灌输市民卫生常识，凡卫生标本、模型、解剖图表等搜集无遗。"⑥ 并在原戟门中设图书阅览所，开启民智，有近代启蒙教育之风。

1931年3月21—22日，中国营造学社曾在中山公园水榭中举办"圆明园遗物与文献展览"，展出内容包括太湖石、石刻、石构件、砖瓦等圆明园文物，1800多件圆明园样式雷图、18具烫样模型以及工程则例、工程做法、匾额清单、绘图题咏、文献考证、外文记载等各种资料。这是有史以来关于圆明园文物的首次展览，引起很大的轰动，参观者超过万人⑦。

开放以后的25年间，中央公园中除了文物和花卉展览之外，每逢元旦、春节、国庆经常举办一些游园会，同时也是日常的政治、学术演讲场所，还多次为全国各地的灾区举办集会筹集善款，承担了很重要的社会功能。这些都是中国古代园林所不具备的特点，更接近于一座现代公园的性质。

图18 儿童游戏场旧景——引自文献[1]

①文献[1]，159，161，162，165。
②文献[1]，162。
③文献[1]，145。
④文献[1]，跋，1。
⑤ 文献[1]，53。
⑥ 文献[1]，10。
⑦向达.《圆明园遗物文献之展览》，中国营造学社汇刊，第2卷第1册：1-5。

中央公园是一座向公众开放的园林，虽归北京（北平）市公署管理，但其策划建设、经营管理以及经费筹措都由民间承担，具体负责者是公园的董事会。董事会由社会各界人士组成，另设评议部和事务部执行具体工作。北京居民只要捐款50元即可成为董事，各机关团体捐款500元以上也可指定一人担任董事，参与公园的建设和管理决策。董事会每年三月定期开会，研讨大计，日常事务则由常务董事会开会协商解决。所有的董事都是义务工作，并无薪酬，却还要为公园建设四方募捐筹款，可谓热心公益。公园经费，大部分来自于捐款，少部分由经营的商业项目的利润来补充。其财务管理十分严格，公开透明，每年收入大多为四五万元，而支出大体平衡。

在园林建设方面，开始主要由朱启钤先生本人和助手进行设计规划，故《纪念册》第3章载："本园创立之初……惟紫江朱公一人以内务总长地位指挥将作，独运精思，间调员司三五人相助。"①后来则由董事会的领导共同谋划，分期逐步增建，如吴承湜《拟中央公园记》所载："历年当事者之殚智竭虑，测勘形势，考察需要，次第规划，分期建设，乃得有今日之规模焉。"② 中央公园兴建的前25年间，北京政局长期处于动荡之中，但公园建设并未间断，十分难能可贵。

五、结语

最后值得一提的是这本纪念册另有一个特殊之处，即其编印发行时间是1939年，正值敌伪统治北平时期。当时公园董事之中，有不少人已经沦为汉奸，如江朝宗、王克敏、王揖唐之流。但尽管如此，书中没有任何献媚日寇的言辞，而且字里行间，依稀可见借题发挥而宣扬民族精神之处。如朱启钤先生在开篇的序言中就强调："斯园也，乃古之国社。《国语》曰：'观民于社。'《周礼》曰：'祭州社则属其民而读法。'是斯园为我先民奕世精神所寄托，亦已伟矣、重矣，固非以园林视之，徒侈耳目之游观已也。"③其言铿锵，将此园比作中华文化精神的象征，既伟且重，虽山河沦陷，园亭失色，但这种精神不可磨灭。故而这本《纪念册》所隐含的情结也堪为历史的纪念。

《纪念册》印行之后，中央公园依然屡有更作，其中最大的败笔是1942年7月于社稷坛东侧建中山音乐堂，不但破坏了内坛墙中历史空间的对称格局和传统的肃穆气氛，也与原有的建筑风格和园林景象难以协调。新中国成立后公园也曾多次修葺添建，尤其对中山音乐堂作了再次扩建，导致其过于庞大的体量对历史环境产生进一步的压抑之感，颇为遗憾。

现在中央公园（中山公园）建园已经整整100年，依然深为北京市民所钟爱。此后，在北京乃至全国各地都陆续改建和兴建了许多古典风格的市民公园，至今仍是我国公园的一大重要类型。中央公园作为北京最早的一座由古代坛庙改建而成的公共园林，除继承古典造园的优秀传统之外，在很多方面都具有相当的开创性和现代意义，其营建过程和经营、管理方式虽有其历史的特殊性，不可复制，但对今天的园林景观创作以及古典园林的开放利用仍有一定启示作用，理应得到更多的关注和借鉴，而这册《中央公园廿五周年纪念册》也值得今人细加品读和学习。

（原稿于2006年首次刊载于张复合先生主编的《中国近代建筑研究与保护》第5辑，本次重载，对文字和图片作了一定的修订和增补。）

参考文献

[1] 中央公园委员会.中央公园廿五周年纪念册.中央公园事务所发行，1939.
[2] 陈宗蕃.燕都丛考[M].北京：北京古籍出版社，1991.
[3] 于敏中，等.日下旧闻考[M].北京：北京古籍出版社，1985.
[4] 中国第一历史档案馆.圆明园[M].上海：上海古籍出版社，1991.
[5] 奕䜣，等.清六朝御制诗文集.清代光绪二年刊本.
[6] 陈平，王世仁.东华图志——北京东城史迹录[M].天津：天津古籍出版社，2005.

①文献[1]，31。
②文献[1]，135。
③文献[1]，朱启钤序，1。

Zhu Qiqian and the Reconstruction of Zhongshan Park

朱启钤与中山公园改造始末

崔 勇*（Cui Yong）

俯视气势恢宏的紫禁城全景，可以清晰地看到，在故宫的天安门之西、长安街之北，与金碧辉煌的太庙（现在的劳动人民文化宫）相对称的有一处郁郁葱葱的游憩场所即是中山公园。这里原来是明、清时期皇家祭祀天地的社稷坛，与祭祀祖宗的太庙成左祖右社配置的建筑格局。中山公园的历史可以追溯到一千年前的辽、金时代，史载当是燕京城东北郊的兴国寺、元代的万寿兴国寺，明末朱棣永乐九年（1411年）迁都北京，把“太庙”（即祖庙）和“社稷坛”均建筑在紫禁城天安门两侧，每年在这里祭祀土地和谷神，清代因袭明代的遗则。

历史事件的发生往往是必然与偶然遇合的或然结果，时势造英雄也好，英雄创造历史事件也好，其中的缘由每每蕴涵耐人寻思的历史文化意味，中山公园的历史变迁也是这样。由皇家禁地的社稷坛何以在历史的某一转瞬间或然地成为公益性的大众游憩场所？这期间因何而成？又因谁而造就？千秋功绩有史记：“民国肇兴，与天下更始，中央政府既于西苑辟新华门为敷政布令之地，两阙三殿，观光阗溢。而皇城宅中，宫墙障塞，乃开通南北长街、南北池子为东西长衢，禁御既除，熙攘弥便，遂不得不亟营公园为都人士女游息之所。”[①]中山公园因“地当九衢之中，名曰中央公园”，一段时间也称之为“北京公园”。1925年3月12日，孙中山病逝于协和医院，19日移灵于中央公园公祭。1928年，为纪念国父孙中山先生，当时的北平特别市市长何其巩特下令将中央公园更名为“中山公园”，自此沿用至今。为便于管理中山公园而设立董事会，董事会主席是朱启钤，办公地点设在“一息斋”。朱启钤系何许人也？朱启钤乃是历任晚清、北洋、民国三朝政府的达官要员，还是文化事业实干家。

鸦片战争以降，世界各帝国主义侵略者纷纷在中国的上海、天津、武汉、广州等沿江海城市不断地开设租界地，同时把欧洲式的城市文明建设标志之一的公园建造模式传到中国城市租界地，于是一种有别于中国传统园林建造而以植被景观为主体的城市公园开始在中国境地铺展开来。1906年，我国最早的公园之一的“锡金公花园”建成是其开端，随后上海黄浦公园的建造兴起了一波城市公园建设的新浪潮，天津、广州、武汉等城市因之而效法兴建公园。在这样的背景下，朱启钤凭着曾有过将一个“任凭外国人占地瓜分的荒滩渔村北戴河变成公益性的避暑胜地”[②]的经验与教训，于是萌生了将社稷坛改造成为公益性公园以满足城市居民游憩需要的想法，但实诚的朱启钤这一好心好意的想法当时不仅没有赢得好感，竟然引起文

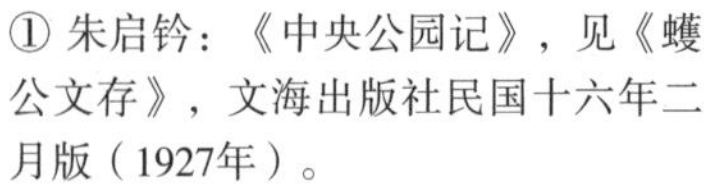

① 朱启钤：《中央公园记》，见《蠖公文存》，文海出版社民国十六年二月版（1927年）。
② 朱北海：《风云变幻的北戴河海滨》，见《蠖公纪事——朱启钤先生生平纪实》，北京，中国文史出版社，1991。

* 中国文化遗产研究院研究员

1918年中央公园南门

1935年公园南门罩棚

化政治界人士的不同议论。说是“坏古物侵官物者有之”、道“好土木恣娱乐者有之”、言“为风水之说而耸动道路者有之”，甚至不少人不可思议地“诽谤四出，非议横生”。朱启钤顿觉悲欣交集、举步维艰，但还是毅然决然地借各种机会多次到社稷坛视察坛内荒芜不堪的情况，同时筹集资金，精心筹划并落实公园改造工程实施方案。好在此前朱启钤因不满于“市政交通动多窒碍，殊不足以扩规模而崇体制”而主持的京师前三门（正阳门、崇文门、宣武门）城垣改造工程，使京城“平治道路，便利交通，点缀风景”[①]的功绩赢得民心。朱启钤因此而踌躇满志，但清室依然驻留在紫禁城内，如何才能将社稷坛名正言顺地腾出来改造？要将荒芜的社稷坛改造为公园，偌大经费从何而来？工程何以实施？朱启钤颇感焦虑。1913年4月24、25、26日，清朝裕皇太后死亡并在太和殿举行公祭，时任民国交通部长的朱启钤承担天安门内外照料指挥事宜，再次目睹社稷坛荒芜境况，更加坚定了改建公园念头，但因客观条件尚不具备而难以立即动手。同年6月、10月，朱启钤先后被任命为国务总理、内务部长。当时国民政府与清廷达成协议，三大殿以南包括社稷坛在内的各处归国民政府管辖，清室改由神武门出入。此时朱启钤正式建议将社稷坛改建为公园，但仍然因种种阻碍而无力如愿以偿。直到1914年，担任北洋政府内务

北门

初夏时的中山公园

① 朱启钤：《修改京师前三门城垣工程呈》，见《蠖公纪事——朱启钤先生生平纪实》，北京，中国文史出版社，1991。

从公园南门进入，首先映入眼帘的是“保卫和平”坊（摄影/陈鹤）

社稷坛棂星门

东坛门东望

东月亮门

总长的朱启钤才开始实行。

民国之前，北京的大型建筑和设施除皇家少数独享外，竟无一处能为普通市民服务。朱启钤积极与逊位的清室交涉，根据民国《优待清室条件》第三款“大清皇帝辞位之后，暂居禁宫，日后移居颐和园，侍卫人等照常留用”。清室为了自己庞大财产考虑，假借颐和园远在郊外，围墙低矮而不安全，企图无限期地占居禁宫。民国初年，社稷坛无人管理，守坛人为谋生起见，便在里面种植菜园，饲养牲兽，致使坛内荒芜。朱启钤提出，清室如暂不搬迁，宫城三大殿以南除太庙外一律归国民政府管辖。清室无奈将外庭交由国民政府处置。朱启钤旋即成立古物陈列所，同时将荒废多年、杂草丛生、断垣残壁、无人问津的社稷坛改由国民政府管辖。随后在《市政通告》中公开对公园规划设计、经费等方面的问题引发广泛讨论，为改造公园造声势。通过多方面的努力，改造社稷坛为公园逐渐达成共识，但经费从何而来?

中山公园的兴建工程浩大，需要数额巨大的资金开支，若没钱将会一筹莫展。朱启钤于从政余暇与幕僚及友人商议琢磨：“园中庶事，决定与董事会公议，凡百兴作及经常财用，由董事会筹集，不足则取给于游资及租息，官署所补者盖鲜”，并动员步军统领江朝宗派工兵营来社稷坛协助清理现场和开路等工程。百名工兵浩浩荡荡地开进社稷坛，按照计划分段清除园内荒芜的杂草丛根，同时又动员和呼吁军政要员、殷实工商实业家、文化名人等捐助。据《一息斋记》载：“第一次募捐列名发起者为段祺瑞、朱启钤、汤化龙、梁士诒、王士珍、萨镇冰、孙宝琦、周自齐、刘冠雄、陆征祥、章宗祥、荫昌、张勋、江朝宗、吴炳湘、施肇曾、萨福懋、叶公绰、荣勋、陈宧、唐在礼、曹汝霖、张寿龄、沈云昌、沈云沛、冯元鼎、治格、沈金鉴、祝书元、陈时利、徐廷爵、赵庆华、孟锡珏、关冕钧、陈威、任凤苞、顾维钧、周作民、孙培、王黻炜、于宝轩、吕铸、许宝蘅、李宣威、林振耀、俞瀛、胡筠、方仁元、马荣、陶湘、张莲芬、胡希林、黄植、杨德森、王克敏、鲍宗汉、邓文藻、金森和金萃等要人，均有不同数目的捐助款，累计募捐40 000余元，其中个人捐款以时任国务卿的徐世昌、长江巡阅使张勋、雍君涛等各捐款1500元，朱启钤亲自捐款千元大洋。第二次捐款公启署名者，除原发起人外，加入许世英、徐绍桢、王占元、熊希龄、潘矩楹、孟恩远、张锡銮、张元奇、靳云鹏、王揖唐、田文烈、蔡儒楷、李纯、雷振春、江庸、傅增湘、段芝贵、徐树铮、陆荣廷、陈文运、帅景色云、曲同丰、陈玉珏、张志潭、吴承湜、阚铎、王景春、权量、华南圭、常耀奎、董玉麟、郑成、金邦平等30余人。如此这般先后筹款数万元。”①

改造社稷坛为公园的资金筹集好了，接下来的实质性的工作是如何在明、清两朝社稷坛旧址基础上按照公园的性质实施改造。社稷坛建成于明永乐十八年（1420年），坛高近1米，16米左右见方。台上分五种土色——东为青色、南为红色、西为白色、北为黑色、中间为黄色。后人又称社稷坛为“五色土”，象征着金木水火土万物本原的五行，五色土则由全国各地贡纳而来，以此寓意“普天之下，莫非王

① 朱启钤：《一息斋记》，见《蠖公纪事——朱启钤先生生平纪实》，北京，中国文史出版社，1991。

“保卫和平”坊后矗立着孙中山像（摄影/陈鹤）

柏树林

后河柏树林

土”。社稷坛中央原有一方形名叫“社主石”的石柱（又名 “江山石”），以示“江山永固”。石柱半埋土中，后来全埋，1950年则移至别处。社稷坛四周建有四色琉璃墙——东蓝、南红、西白、北黑，四面各立汉白玉棂星门一座，显得庄严肃穆。社稷坛正北有950平方米的拜殿（又名享殿或祭殿），明清两代帝王在举行祭祀中途遇到风雨时在此举行，故称“拜殿”。这是保存得完整宏大的明代木构建筑，面阔五间，进深三间，黄色琉璃瓦，单檐庑殿顶，白色石台基，露上彻明造，绘和玺彩画，后更名中山堂。拜殿后面是社稷坛的正式宫门，门内侧原来排列72支镀金银的铁戟，故又称“戟门”，无奈八国联军入侵北京时将铁戟掠走。社稷坛西南建有宰牲亭，社稷坛南有值守房。这些明朝建构社稷坛的基本格局，到清朝仍然沿袭旧制，至今无需改变性能，须尊之。

朱启钤在《重刊园冶·序》中总结前人的园林建筑建造时说：“人主多流连于离宫别苑，而视宫禁若樊笼。推求其故，宫禁为法度所局，必须均齐，不若离宫别苑，纯任天然，可以尽错综之美，穷技巧之变。盖以人为之美入天然，故能奇；以清幽之趣乐浓丽，故能雅。”[①]这也是朱启钤在改造社稷坛为公园过

① 朱启钤：《重刊园冶·序》，见《园冶》，北京，中国建筑工业出版社，1988。

松柏交翠亭一角

投壶亭

来今雨轩饭庄旧景

儿童游乐场

后河溜冰场

春天的水榭

程中贯彻的建筑园林美学观，方案与资金筹备后即实行。

中山公园改造之前，社稷坛内仅有 “五色土坛”和拜殿两处旧址，别无其他建筑与景观。中山公园的建筑、理水、叠石、树木以及相关构建的设计与布局基本上遵循中国园林建筑方式实施，在整体布局上，中山公园庭院的布置完全是按照我国传统的造园艺术，即古代建筑——社稷坛布置在中心，古柏林为背景，就地取景，交错建筑，安置各种亭、台、楼、榭、花圃，用东西蜿蜒的长廊连贯着，古柏参天，绿林如荫。计成在《园冶》中说园林建筑的精要一言以蔽之即在于“巧于因借，精在体宜”。中山公园小巧玲珑的园林建筑与紫禁城里壮丽的宫廷建筑气度相比较，显得幽雅秀丽，自成一种秀丽的景致。园中的古迹有由圆明园移来的湖石、兰亭碑，以及鸿胪寺移来的习礼亭和别处移来的汉空心砖、宋石狮等。园中的风景建筑有唐花坞、松柏交翠亭、投壶亭、四宜轩、来今雨轩、格言亭等。娱乐场所有音乐室、儿童体育场、后河划船、溜冰场等。其他如花卉的栽培、金鱼的饲养尤为园中特色。

改造后的中山公园占地23万平方米，水面面积近4万平方米，建筑、理水、叠石、园林花木配置等园林四要素的巧妙构思以及融娱乐场所为一体的城市公园建构可作如是观：从大门的过厅随长廊向西，绕过金鱼场，蜿蜒向南，跨过水面上的厅桥，长廊的尽头有临水的水榭，水流清澈，从山海经织女河银丝沟导引而来，两岸低垂着杨柳，水内种植荷花，借着对面土山上嶙峋的湖石、青葱的松柏，环境显得非常的清幽。北州上的四宜轩，其前身是清代“奉祀署”的花坛祠，原来供有关帝和观音的塑像。四面土山上的山石融合了绘画和堆石的精髓，显得既玲珑而又含有雄劲的气势，非常生动。四宜轩北面过桥便是唐花坞（“唐花”又叫“堂花”，即暖室培养的花），花坞连贯着左右的长廊形成一个燕翅式，当中主要的一间由一个八角式的双檐亭子构成屋子，屋子的左右两室陈列四时花卉，显得春意盎然。音乐堂在社稷坛的东面，是一座较大的露天剧场，可以容纳四千多人同时观演，这里经常有各种形式的歌舞戏剧演出以及各种群众性的游乐活

社稷坛南门前的宋代文物石狮（摄影/陈鹤）

社稷坛（摄影/陈鹤）

水榭对面唐花坞

动。公园的北端，为紫禁城下的御河横亘着，所以称后河，后河的北岸是紫禁城，东望可以看到故宫午门的“五凤楼”，两边是“九梁十八柱”的角楼以及延河的杨柳，这些建筑与景物成为借景映射在微波荡漾的水中，美丽多姿。此外，社稷坛东门外小山的苍翠松柏中，隐约可见一座琉璃小亭——松柏交翠亭，山上叠石崎崛如同天成，秀媚中含有一种坚韧的气质。中山公园南门入口处伫立着令人记忆犹新的三楼四柱式“公理战坊”。此外，民国政府改建正阳门时，撤除千步廊，留有许多废弃的砖、石、木旧料，也一并供给建造中山公园时再利用，随后陆续添建河岸、铺路以及增加一些附属设施。

1914年10月10日，北京的第一座公园中央公园正式向市民开放。据当时的报刊记载，开放当天，“男女游园者数以万计，蹴瓦砾，披荆榛，妇子嘻嘻，笑言哑哑，往来蹀躞柏林丛中”。安全起见，当时的京师警察厅公园开放期间分派200多名警员来园维持秩序。从前的皇家禁地，人们现在能身临其境地在此游玩、观赏，无不透露出喜悦快

中山堂（摄影/陈鹤）

乐幸福的欢欣感。

中山公园建成后，紧接着又开展许多文化活动，引来不少政界要人和文化名人，如李大钊、鲁迅常来此活动，周作人、钱玄同、刘半农、郑振铎、许地山、王统照、孙伏园、耿济之等也常光临[1]。由皇家禁地到公共园林，中山公园见证了北京城市公共空间成长的历程，显示了社会历史变迁将帝王的禁地改造成公益性的大众娱乐场所是时代发展的结果。自1915年至1937年，朱启钤历任中山公园董事会主席，一直关注中山公园经营与管理、开发与利用的公益事业运作，这当中凸显出朱启钤始终视建筑园林为一综合营造的实践理性精神。

水榭池塘内荷花

① 姜德明：《北京乎·序言》，北京，生活·读书·新知三联出版社，1992。

公园内饲养的动物

喷水池

中山像（摄影/陈鹤）

Architecture of the Imperial Palace (Ⅶ) Fact-checking of the Ancient Architecture in the Imperial Palace
—Findings from Revisiting the Jianfu Palace and the Garden of Qianlong

故宫建筑解读（七）
故宫古建细节求证
——再访建福宫、乾隆花园的收获

刘临安[*] 赵丛山[**](Liu Lin' an, Zhao Congshan)
文溦[***] 杨安琪 李威 张学玲 陆小虎[****](Wen Wei, Yang Anqi, Li Wei, Zhang Xueling, Lu Xiaohu)

图1 刘临安院长（摄影/文溦）

图2 赵丛山

引言：2014年4月1日，北京终于迎来了久违的晴天。清早的阳光倾洒在护城河上，故宫北门透过淡淡的晨雾，倒映在水中。这时的神武门威严而妩媚，本次故宫之行就从这里出发了。在考察队员中，刘临安院长是中国建筑遗产保护领域的知名专家，故宫古建部的赵丛山工程师曾参与了建福宫、乾隆花园等修缮设计（由他做专业讲解），还有一群来自北京建筑大学遗产保护专业的研究生……这里将直播一堂图文并茂的故宫古建筑大课。

Introduction: After so many overcast days, it finally became sunny in Beijing on April 1, 2014. The morning sunshine floated down to the moat which, through the mist, reflected the image of the north gate of the Imperial Palace. This time, the trip to the Imperial Palace started from the majestic, graceful Shenwu Gate (Gate of Divine Prowess). Our research group included famous expert of China's architecture heritage protection and Dean of School of Architecture and Urban Planning, Beijing University of Civil Engineering and Architecture Liu Lin'an, engineer of the Ancient Architecture Department of the Imperial Palace Zhao Congshan, who has taken part in the repairing and design of the Jianfu Palace, *the Garden of Tranquil Longevity* and so on (responsible of professional explaining), and a group of postgraduate students of heritage preservation from Beijing University of Civil Engineering and Architecture.

建福宫花园的复建工程在中国文物学会名誉会长、著名文物学家谢辰生的眼里是一次失去文物的复活。穿越高高的院墙，展现在我们眼前的是富丽堂皇的一座皇家院落，满眼是红色的墙和柱，还有黄色的屋顶，缤纷绚烂的色彩让我们立刻找到了热烈、兴奋的感觉。（图3）

本书编委会曾经在上一期采访中详细介绍了建福宫复建工程的概况和建设的始末，这次故地重游，把关注点放在了复建工程的细节上面。

进入建福宫花园不久，刘临安就问学生们："地上这个井盖上面是什么图案？"我愣住了。原来，这是一个"寿"字（图4）。赵丛山介绍说，建福宫的很多地砖都是原有的，这个井盖是后来复建时新配的。可见设计师们用心良苦。

* 北京建筑大学建筑与城市规划学院院长，博士生导师，中国建筑学会建筑师分会理事（图1）
** 故宫博物院古建部工程师，纽约大都会博物馆访问学者（图2）
*** 《中国建筑文化遗产》副主编
**** 北京建筑大学建筑与城市规划学院研究生

图3 建福宫花园入口处的红墙黄瓦（摄影/刘临安）

图4 “寿”字图案的井盖（摄影/杨安琪）

赵丛山介绍说，建福宫花园是乾隆皇帝最喜欢的花园之一，它建于1742年，毁于1923年，建园的目的是为弥补他的儿时之憾。乾隆小时候没有一个玩耍的花园，婚后的乾隆从毓庆宫移居西五所，之后便登基帝位，建福宫的原址所在就成为“龙潜之所”。为了防止他人沾上“龙”气，后来乾隆皇帝索性将此处改建为花园，并起名建福宫花园（图5）。这个花园占地4 000多平方米，现在经复建以后的面积有2 000多平方米可供参观。

静怡轩（图6）内部的屏风和宝座是清代的老器物，现在它成为一个小型的洽谈室（图7）。透过这两件木质家具，让人依稀可以领略到清代皇宫精致典雅的审美格调。

图5 建福宫（摄影/陈鹤）

图6 静怡轩（摄影/陈鹤）

图7 静怡轩室内屏风和宝座（摄影/刘临安）

刘临安和学生们谈论起屋顶剪边的瓦屋面。他说，论等级，剪边式样瓦屋面的等级比全瓦要低一档。全铺黄瓦是最高一档，下面的等级，有黄瓦青剪边，黄瓦绿剪边等等，都用颜色排序。（图8）

中国建筑最精美的细部特征常常可以在其外檐部分找到。静怡轩斗拱的色彩蓝、绿有序地间隔排列，这叫作蓝绿隔跳。古代建筑讲究配色，斗拱上面的屋顶是黄色，下面的柱子是红色，而斗拱的蓝色和绿色都是冷色，显得比较生动。我们看到静怡轩的椽子也做得十分讲究，它们分为上下两行，上面有方形的“万”字椽头，下面有圆形的“福”字椽头。（图9）

有人好奇地问：“建福宫花园现在挂在外廊上的宫灯是什么做的？”

赵丛山说：“这个宫灯是用牛角做的，是加热后吹成圆形的。”真没想到，牛角可以被加工得薄如纸片，可以透光，而且还这么别致。（图10）

图8 抚辰殿黄顶绿剪边屋顶（摄影/刘临安）

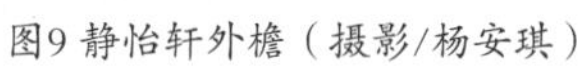

图9 静怡轩外檐（摄影/杨安琪）

图10 仰视牛角宫灯与团龙天花（摄影/李威）

赵丛山参与了建福宫区古建修缮设计。他说，建福宫、惠风亭（图11~13），还有抚辰殿在1923年那场大火中得以幸存，被完整地保留下来，是园子里的宫殿区。建福宫和抚辰殿是建福宫花园的主政宫殿。这个宫殿因为挨着慈宁宫，是乾隆皇帝为其母亲守丧时居住和办公的场所。

抚辰殿室内装饰保持了清代的原状，我们看到了龟背锦墙裙（图14）。古建筑很多都是在岁修中做些下架的油漆粉饰，内檐常常因为保存比较完好，可以看到多年前的油漆彩画。

有同学问："故宫古建筑'四防'是什么？"

刘临安向大家介绍了故宫古建筑的安全保护措施，他说，归结起来有四个方面："人防""物防""技防""犬防"。"人防"是指安全检查和巡逻措施，"物防"是指物理障碍措施，"技防"是指高科技手段进行安全保障的措施，"犬防"是指养狗保证安全的措施。

赵丛山补充道，现在每天下班后，故宫内都有警犬队巡逻。

两个古建筑坡屋顶相交处，排水怎么解决？

这要靠屋顶排水天沟了。登上延春阁，一览故宫建筑群，刘临安告诉我，除了我们常常见到的直线式的天沟，还有这种双曲线排水天沟的做法（图15）。

转角吻（图16）是一种特殊的预制构件，多见于垂直屋脊的交角处。要不是刘临安老师指出，我平时都未曾留意过。刘临安接着说，中国很多建筑的搭接方式都来自木作手艺，有的是劈角（45度镶嵌的做

图11 俯瞰惠风亭（摄影/陈鹤）

图12 惠风亭（摄影/陈鹤）

图13 惠风亭牌匾（摄影/杨安琪）

图14 抚辰殿室内（摄影/杨安琪）

法），有的是榫卯（两构件所采用的一种凹凸结合的连接方式），还有勾搭（上下相扣），甚至石材都用类似的连接方法来建造。由此可见，中国古建筑几乎是最早的一种预制构件形式。

建福宫的窗户多是上支下摘的“支摘窗”。 清代从雍正年就开始在建筑上使用玻璃。

建福宫花园内很多建筑的名字都十分好听，“敬胜斋”“延春阁”“抚辰殿”“建福宫”……故宫的房子传说有9999间半，皇帝怎么能给这么多建筑一一起名呢？（图17）

刘临安说：“古代人起名多要看书，你把‘四书五经’一看，那些名字就油然而生了。皇帝起建筑名字时会选择其中好听、有意义，又没有被用过的名字。”

图15 屋顶排水天沟细节（摄影/杨安琪）

古代建筑有它独到的排水设计。除了排水结构，常常还有蓄水结构。故宫建筑就几百年不会积水。2012年北京经历了历史罕见的“7·21”特大暴雨，北京地区受灾面积16 000平方千米，而故宫却在这次洪灾中安然无恙。赵丛山讲，故宫内部的水，排入护城河，再由西北流向东南，经太庙入御河。

关于故宫的牌匾

杨安琪对文字比较感兴趣，她问在故宫古建部工作的赵丛山：“故宫前面的大殿，如太和殿、中和殿、保和殿的匾额都是汉文，而后面很多宫殿的匾额则是汉文与满文并存，这是为什么？”（图18）

赵从山介绍说：“据我所知，故宫匾额多用满汉两种文字书写，也有满蒙汉三种文字的。后袁世凯登基去掉部分满文，仅留汉文。满族人最初只有语言，没有自己民族的文字，现在的满文是在清朝初年根据蒙文造的。满文是一种拼音文字，它靠着很多个音节拼出了文字。”

走出建福宫花园，我们一路畅聊着满文的拼字方法，正好路过一条笔直的巷道，两侧是高耸的红墙。刘临安问大家：“你们知道，这墙上这些高高低低的东西是什么吗？”（图19）

图16 转角吻（摄影/陈晓虎）

我正在迟疑，便有同学看出了其中的门道："这是屋顶排水口吧？"赵丛山说："对了。在坡屋顶靠墙的一侧，古建筑常常将雨水沟收集到的水从墙上开洞，用石质雨水口伸出墙面引流排出。"我很纳闷地问："为什么排水口会有高有低呢？"赵丛山解释说："我们快到了，高墙里面就是乾隆花园。里面的亭台楼阁高低错落，所以各自的排水口也就高低不同呀。"

乾隆花园正在施工，院子里面十分嘈杂，工匠们正忙碌着符望阁的修复工作。倒是符望阁前叠山上的碧螺亭（图20），立刻引起了大家的兴趣。这个小小的亭子平面呈梅花形，五柱五脊，重檐攒尖顶，上面所有的彩画、雕刻、瓦件，都是以梅花为主题的。据赵丛山介绍，20世纪80年代故宫修缮部门曾修复过这里，建筑彩画原来的绘画材料都是天然矿物颜料，现在也曾使用一些防风化的新产品，但只在局部使用。（图21～23）

关于屋脊小兽

刘临安说，古代屋顶的脊首是有排列顺序的：第一个是骑鹤仙人，后面分别安放着龙、凤、狮子、天

图17 建福宫全貌（摄影/陈鹤）

马、海马、狻猊、狎鱼、獬豸、斗牛、行什，这些小兽的设置有不同的寓意。它们表示着建筑的等级，碧螺亭的屋顶小兽是五个。（图24）

刘临安让大家仔细观察梁头的做法，他说："如果是出角屋顶，工匠们可以把两个椽子做得很深，但圆屋顶就采用了这样的做法。碧螺亭在梁的端头涂抹一些木材防腐剂，然后将预制的龙头构件套在前端，这是此类圆屋顶的特殊做法。每重屋檐下面各有上下双层椽子，后面削尖，集中在一起。这几个枋的做法比较有意思。它是弧形的，它越小越难弄弯，材料怎么制作呢？先做一个弯模子，木料按照模子锯成。所以古代做一个圆形建筑，它的工料比一般方形建筑要多使用40%～70%，工时也比较多。同时，屋面瓦等构件需要特殊烧制，越到屋顶瓦越小，最

图18 存性门满汉文字匾额（摄影/刘临安）

图19 高墙和排水管（摄影/李威）

图20 碧螺亭（摄影/杨安琪）

图21 碧螺亭梅花石栏杆（摄影/文澂）

图22 碧螺亭梅花纹饰梁及雀替

图23 碧螺亭梅花图案天花（摄影/文澂）

图24 碧螺亭屋顶小兽（摄影/文澂）

后就几块小瓦合成一个瓦。因此，中国古代的圆形建筑是很少见的。"

也不知哪位同学提出一个有意思的问题："古代人多不识字，古代建筑手艺怎么能代代相传呢？"

刘临安答道："建筑工匠们的手艺靠的是传口诀。师傅先传授口诀，然后让徒弟看现场，再手把手地实际操作，徒弟就知道了对应关系。师傅总是把其中比较重要的部分，留在临死前才传授给后人，这种'口授手传'的方法，使得中国古代建筑记忆得以世代流传下来。不仅建筑如此，很多非物质文化遗产的传授都是依靠'口诀'完成。"

大家议论纷纷，这可是一节生动的中国古建筑遗产课。虽然我们较多的是在故宫建筑细节上面刨根问底，但仍然能折射出中华建筑文明的大智慧。当代中国的现代主义建筑是以西方20世纪建筑文化为背景产生的，博大精深的中华文明需要找寻它在当代中国建筑领域的内在力量。我们已经并正在克服面临急剧走向现代化、全球化的世界所产生的紧张、困惑、焦虑与进退失据，我们一定能够做到文化兴国,、创造历史，并为全人类作出更大的贡献。（图25、26）

（文字整理/文溦）

图25 建福宫一角（摄影/陈鹤）

图26 建福宫复建连廊（摄影/陈鹤）

Rediscovery of *The Rockery, Socle, and Potted Landscape of the Imperial Garden of the Forbidden City*

《北京故宫御花园的叠山、台石和盆景》的再发现

单士元[*] 令狐荣庠[**] 著 单嘉筠[***] 整理
(Author Shan Shiyuan, Linghu Rongxiang Compiler Shan Jiayun)

编者按：单嘉筠女士近日提供了她所保存的一份关于故宫叠山台石等的珍贵资料。这份资料系1980年左右由著名地质学家令狐荣庠撰写的故宫御花园叠山台石研究初稿，单士元先生欣然作序，意在引起人们对易风化的叠山台石等保护工作的重视。由于各种原因，当年这部稿件没有出版，编委会现特编发这组30多年前的研究成果以飨读者。

Editor's notes: Shan Jiayun recently provided the valuable material about the rockery and socle of the that she has preserved to the editorial office. The material is the initial manuscript of the study of the rockery and socle of the Imperial Garden made by the celebrated geologist Linghu Rongxiang in around 1980. Shan Shiyuan prefaced it with pleasure, with the intention of bringing the importance of the protection work of easily weathered rockery and socle to the attention of the public. This manuscript was not published then due to various reasons. Today, the editorial office is going to publish the research result achieved over 30 years ago in the form of special issue to feast the readers.

《北京故宫御花园的叠山、台石和盆景》序

单士元

北京紫禁城，是中国历史上最后两个封建王朝明代和清代的宫殿区。它是在1406—1420年明代永乐皇帝时期，在元代王朝宫殿废墟上建造起来的。它是总结数千年王朝宫殿的设计思想，由百数十万智慧的工匠营建而成。整体布局是从南到北一条中轴线，纵深伸展，大体区分中东西三部。在中部宫殿即所谓外朝和内廷这些建筑的尽头正对紫禁城后门——神武门，有一座小庭园，明代名为后苑，清代叫御花园，与紫禁城外作为皇宫屏障的景山相呼应。从内廷正宫乾清、坤宁二宫之后，可直达后苑，在东西六宫之后设有琼苑东门和琼苑西门均可到达。这座后苑是帝后妃嫔等日常游息活动之所，这座庭园占地约12000平方米，它有亭阁轩榭，殿堂斋室，这多种类型建筑的组合都是左右对称或东西均衡的宫廷布局手法，而建筑物的形体有圆形的四角的层叠多角的捲棚的楼阁的盖顶的重檐歇山的，单檐硬山的，屋檐彩绘金碧辉煌，真是丰富多彩各尽其妙。加以苍松翠柏异草奇花在红墙黄瓦白玉石台基与衬托在蔚蓝天空片片白云笼罩之下，缤纷绚丽显示皇家庭园气派。它是祖国造园艺术之杰作，是古代劳动人民聪明智慧的结晶。紫禁城御花园非一般私家庭园包括江南著名园林所能比拟的。在这个皇宫后苑它更具有其他园林所不具备的特点，则为所陈设的台石（亦可名之叠石），所以名为台石者即指奇峰异石是置于雕刻精工的台座上，所置之石是珍奇，其下的台座亦珍奇。台上之石有珊瑚石、长城石英岩棱柱石、石灰岩、石笋、石钟乳、“海参”石等。这些奇石年代久远，在地质历史上有千万年的，也有十多亿年的，对于每日上万的参观者或稍顾即逝，或为建筑花木所吸引无暇注意此石。个人由于无专业知识数十年徜徉其间亦同盲目。令狐荣痒同志为地质工作者，一进御花园即独具卓眼猎取于怀，以御花园为公开游息场所，无间寒暑欣赏鉴定摄影传真，

* 文物专家，原故宫博物院副院长
** 地质学家
*** 单士元先生之女及晚年秘书

从地质学上加以鉴定。使亿万年前形成的祖国地质资料在公开游览的花园中发挥它宣传地质科学知识的作用，同时又能教育广大观众爱护这些珍贵的地质资料，热爱祖国的伟大，不仅是使人注意欣赏而已。

关于石座非一般基座性质，它是经过雕琢的雕石艺术品，从雕刻风格看它具备着元、明、清三朝时代的手法。御花园既是宫廷的花园建筑物则多是宫殿式，具有庭园气氛，突出表现在栏板石柱上。这些石刻栏板大都是15世纪雕刻精品。再有卵石路面是御花园中独特艺术之一，非一般园林中的卵石错综铺墁那样。在皇宫中早期卵石路面是先用小瓦组成图案轮廓，在其空隙处填以五色小河卵石，大部分为各色石英质砾石之类组成的图案，有花鸟虫鱼人物故事、树木林、楼台殿阁各尽其妙。其后发展为用细砖雕出轮廓线留下的空间填补各色石英小石构成一幅幅的美丽图案。这种工艺的作家也如画家写生一样，若花卉若虫鱼珍禽，均以写实手法雕刻出轮廓，恰当地填补小石。至于人物如戏曲故事则观察舞台上的艺术，精湛的表演形象表现在路面上，都是栩栩如生。有的还参考古代文献传记和古代绘画作为素材，如御花园中有竹林七贤、十八名士等，都是艺术家们通过辛勤劳动和智慧写下的艺术杰作。

还有叠山，叠山艺术是中国园林一独特的造园艺术，它是用天然造型优美真石，从江湖大山凿取而来，用叠砌手法把大自然风景在庭园中再现，真是巧夺天工。御花园中有一座“堆秀山”山石优美，为宫苑中登高玩赏胜地，再加以中国古老形式的喷泉，是游人留流连忘返的休息地方。在书房建筑养性斋牡丹丛中用少数太湖石叠成山峦，表现出绵远的山峦还有岫有洞，是一幅平远山水画为游人所欣赏。还有太湖石，石林式剑石等不一一叙述了。“图集”选了园内景色之精，故乐为之序。

1980年5月25日

单士元手稿之一

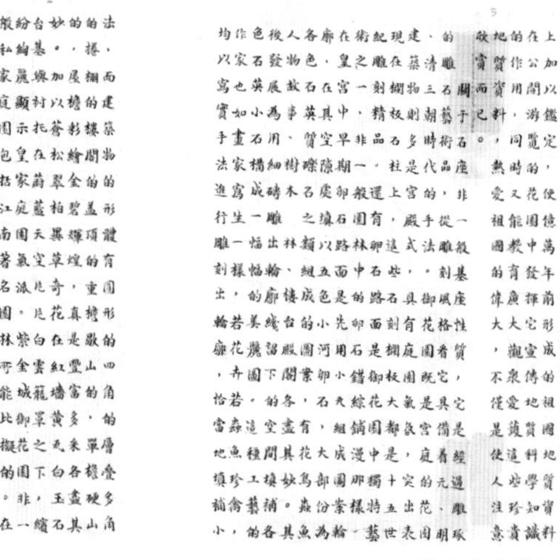

单士元手稿之二

单士元手稿之三

单士元手稿之四

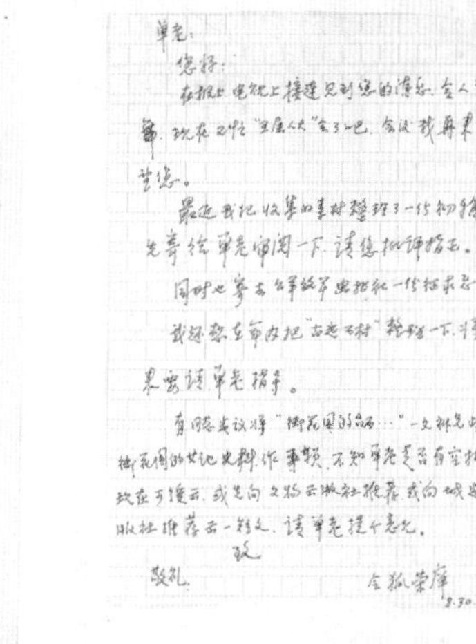

北京园林地质风光

剪影

单士元为令狐荣庠的叠山台石研究所写的说明

令狐荣庠写给单士元的信

北京故宫御花园的叠山、台石和盆景

令狐荣庠

在北京故宫博物院的御花园里，陈列着一组组玲珑剔透，构思独特，用材巧妙且富有浓郁民族传统的叠山、台石和盆景，吸引着无数游人驻足。御花园位于故宫中路的北端，可从景山公园的路南进神武门向南行，或从故官的坤宁门北行进入。进神武门，面向红色的内墙，见紧贴内墙有高耸二亭阁重檐飞角，居中门（顺贞门）的东西两侧，半露其领脊，东侧是玲珑峭拔的御景亭，亭楼高挂于叠石层林和峰峦“堆秀”之巅，仿佛贴上蓝天而幽然肃穆；西侧为二层高楼式的延辉阁。进顺贞门后行人需绕承光门进延和门和集福门再到御花园。园内东侧倚墙平列的是“堆秀山”；山顶上立有御景亭，山下底层正中有一石门，门额上书写“堆秀”的汉文和满文大字。这座叠山因此名为“堆秀”山；门的东侧有清朝乾隆皇帝书写的“云根”石刻，十分醒目。在“云根”的东侧有棵古柏，传说乾隆皇帝下江南时，这棵柏树枯萎又复生，和他在江南时梦境中的树影有某些神话般的巧合，回宫后特赐以“灵柏”之称。这个传说不值一信，不过是旧的封建王朝留在御花园里的一曲无知的趣闻而已。“灵柏”的东面邻接着擒藻堂和凝香亭（明称金香亭）。西侧平列的是延晖阁、位育斋和玉翠亭。在延晖阁和位育斋之间原来是一块院角的空地，新中国成立后，故官博物院仿华南石林风光新添的一景，用稀疏的竹林配上几枝绿色。紫色的砾岩装饰的石林、石笋，再植以牡丹构成，使院角增添景色。御花园的中路是钦安殿，有东、南、西三个门，南门叫天一门，面对坤宁门出御花园。御花园的东厢是绛雪轩；轩前曾种植过海棠，故有绛雪之名，向南接琼苑东门出御花园。西厢有养性斋，明朝为乐志斋，清朝改为今名，是一座二层楼带廊的中西式建筑，西向东立，楼前山石重叠，花木丛生，亭台并列，景色幽静。溥仪的英国人教师庄士敦曾经住在这里。楼的北侧过去年久失修，也是经故宫博物院全面治理，在20世纪50年代添建的又一新景，使这里焕然一新。在钦安殿的左右两侧，对称地排列着西边的千秋亭和澄瑞亭，东边的万春亭和浮碧亭。澄瑞亭和浮碧亭跨水建筑，池水

叠山之一

叠山之二

叠山细部之一

叠山细部之二

御景亭侧的云根石刻

堆秀山石门

中有金鱼和荷花。过去，池水带着金鱼群沿着回环曲折的明沟，从东至西，由北向南循环往复，水上荷叶铺盖，显得生机勃勃。御花园里松柏参天，山光水色幽美，叠石，台石和盆景相置协调，具有我国园林艺术传统中某些独到之处。它原来是明官的后苑，亦称“琼苑”，现有“琼苑东门”和“琼苑西门”尚存。它又是清代的皇家公园，至今已有五百多年的历史，几经变迁园内陈设略有增减，但古园林的原貌并末破坏。

御花园里的盆景和台石共有六十多盆（座），大小兼备，疏密有序，纵横交错，各有特色。散列在绛雪轩、浮碧亭、延晖阁、千秋亭到养性斋之间。其精萃部分集中在钦安殿天一门的南侧，横排竖排共陈列了二十四座，彼此左右相对应又不重复，好似一个小型的自然博物院。台石盆景巧取材、妙构思，造型独特，雕塑的技艺精湛。台石、盆景的主体和底座用的全是石材，在我国园林中利用这么丰富多样的石材装饰成台石和盆景，这算是一个典型。主体的外形有天然产出的石钟乳、石柱、石笋、石“峰”、石“枝”石“塔”、石劈、石人、石兽、鱼池、木化石、“海参”石等。具景物图案的有“孔明拜北斗”“湖光山色”“寿山福海”“走马灯上的雪花石”“振衣千仞”“鹰窥兔惊”“健翁石”“灵璧石”等等。盆座是用洁白的大理石或汉白玉精雕细琢而成，图案型别多种多样，纹饰精致美观，为龙凤纹、云水纹、勾子莲、卷草纹、棉地等传统的纹样。其中有一对珊瑚石，它的底座选用一种杂色的竹叶状石灰岩雕饰而成，颇富有质朴而天然之美。主体选用的石材是各色各样的石灰岩、砂岩、火山质砾岩、变质岩、硅灰华、石英晶簇、珊瑚石等，来自中国不同的山川和原野，巧妙地运用了我国广博的地下资源。大多数是明代，清代的古迹，也可能有元代留下的珍品。

御景亭下的堆秀山

木化石

振衣千仞

鹰窥兔惊

健翁石

兽形台石（溶沟状石灰岩）

火炬形火山质砾岩台石

大型台石太湖石

小型溶沟状石灰岩台石

树型石（溶沟状石灰岩）

小型石灰岩台石

惊蛇石

叠山、台石和盆景是我国传统的一种园林艺术，有悠久的历史，有鲜明的民族特色和优美的造型风格。陆游《盆池》诗句中有："汲井埋盆凿苔破……为添拳石像苔矶。""雨送疏疏响，风吹细细纹。……傍有一拳石，又生肤寸云。""峭峰幽窦相吐吞，翠岭丹崖渺联络。""石不能言意可解。"这些都是描述台石、盆景的造型特色的。所以它能使人获得某些自然景色或艺术上美的欣赏和享受，像一首无声的诗、一幅立体的画那样耐人揣摩和玩味，有的还能使人从艺术观赏中领略一些科学常识，给人们开阔眼界增长见闻。御花园里的这一组组盆景，台石和叠山就具有这样的特色，它可算是我国古代园林艺术高度成就的一个缩影。

（注：据明《日下旧闻考》34载："乾清坤宁二宫告成需石材陈设，滇（云南）中以奇石四十分制佳名以进。曰春云出谷，曰神龙云雨。"御花园留存的石材盆景台石中有来自云南省的。）

树峰藤

"寿山福海"和石子路面图案

石子路面局部，图案有房舍、水井、石磨、囤库，用各色卵石镶嵌而成

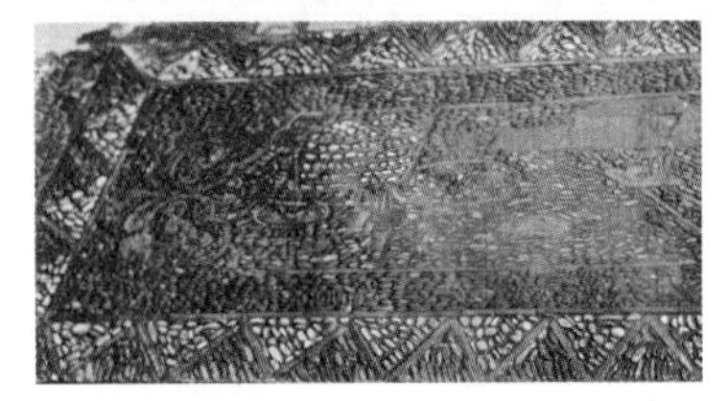
石子路面图景

一、锦绣珍奇的石子路面图景

从琼苑东门或琼苑西门漫步绕行绛雪轩，过钦安殿和千秋亭，到坤宁门北侧，在用砖石镶嵌着彩色石子的路面上，有好几百种图案和上千个图景，五光十色而跃眼夺目。这是御花园里巧用石材的又一杰作。

列举一二供观赏。

绛雪轩前：

盆景下是"奔马""群鹿和盆花"。周围是：

"二人下棋""一人展画"。

"空城计""攻长沙城"。

"柴夫牵驴过桥""鼠食青果绿"。

"一色豹""龙腾""仙鹤""花卉""山水"。

"七仙女手执风筝，持灯下凡"。

"老将二人马上对刀""两书童挑担赶老翁"。

"二美女乘轿在桥后"。

往西走是：

几百种"花卉"图案。成百支"蝴蝶""鱼群""虾或鸟"。

千秋亭侧：

颜色很鲜艳，在3平方米的石面上，镶嵌着八个人的八种神态：有的过桥涉水，有的穿越丛山，有的骑马坐牛，有的挑担平手；有山有水，有人有景，有色调，更富有诗情画意。

还可以看"乐队击鼓做戏""舞樱""顶桌"的魔术武技场面。

内容何等丰富，构思多么深广。这种中国建筑艺术的传统佳作，哪能不看。

二、钦安殿天一门盆景、台石纵观

天一门东侧

天一门西侧之一

天一门西侧之二

天一门西侧之三

钦安殿位于御花园中路偏北，天一门居中，红墙外是修竹紧贴，十二盆台石盆景对称排列，从天一门向南，随便道两侧依次又排列各六对。

从东向西看：

1.珊瑚石。高约0.7米。

2.长城石英岩棱柱石（暂名长城石）。

3.石灰岩。高0.4米。

4.珊瑚石和竹叶状石灰岩。高0.45米，座高1.1米。

5.石笋。1.9米高，0.4米宽，顶部尖形。

6.走马灯上的雪花石（灰华状石灰岩）中间有一对铜兽。

7.走马灯上的雪花石（石钟乳角砾状石灰岩）。主体1.45米高，0.9米宽。

8.石灰岩钟乳石。主体：1.74米×0.5米，盆座：0.9米×0.48米×0.4米。

9.珊瑚石和竹叶状石灰岩。高0.45米，座高1.1米。

10.石灰岩。高1.1米，座高0.65米。

11.火山质砾岩。高0.8米，座高0.37米。

12.珊瑚石。0.74米高，盆座规格：0.82米×1.5米×0.5米。

从北向南看：铜兽之南，东到西数。

1.海参石（石英晶簇）。

2.孔明拜北斗——诸葛仰天石（石英岩）。

3.石柱（石钟乳）。高1.5米，宽0.3米，六角形座高1.1米。

4.石塔（石钟乳）。高1.06米，宽0.2米，座高0.5米。

5.石峰（石钟乳）。高0.72米，宽0.3米，座四角形，高0.4米。

6.花卉盆景。

7.峰石。高2.06米，宽0.6米，座1.1米，规模最大。

西侧为

8.健翁石（石灰岩）。高1.1米，宽0.35米，座高1.1米。

9.花卉盆景。

10.鱼池石——“湖光山色”。

11.花卉盆景。

12.场上健儿（石灰岩）。高1.06米，宽0.32米，座高1.1米。

海参石台石

三、海参石

陈列在钦安殿的天一门前东侧，长45厘米，高42厘米，厚26厘米，近似正方形，无色半透明，表面污染发现黄色，由石英晶簇集合体构成海参状的外貌，一串串交错穿插成一块整石。每个海参石长1~19厘米，多数长10~15厘米，海参石上又有成百个石英小晶体排列组成，表面只露出几毫米到1厘米长的尖锥短柱，近似一个齐面，根部联结在整块石英脉壁上，造型奇特精致美观，是自然界产出的天工巧琢之宝。

海参石细部

按形态取名海参石，有的犬牙交错，俗名马牙石，常用作眼镜的原料。有人又称眼镜石。矿物学叫石英，无色透明的石英叫水晶，由SiO_2组成。含杂质带色而成紫水晶、茶水晶、烟水晶。晶体美观漂亮，成六个棱的锥状柱体，很多单体生在一起叫晶簇，大小不一长短不等，常和其他矿物共生在一起。最大的晶体为1.4米X1.63米X0.8米，一个锥面大0.9米X0.9米。陈列于北京地区博物馆，产于江苏省，最小的晶体不到1毫米，要用偏光显微镜才能看得出，硬度为7度，广泛用于电子工业、光学仪器和玻璃原料。组成石英晶簇的物质来自地下的岩浆，多产在岩石、岩脉的晶洞里。

孔明拜北斗石

四、孔明拜北斗石

又名诸葛仰天石，因石面上有一个拱手人形拜北斗星的图像而得名。石面光滑平整，构图出奇，是一块天然顽石。尺寸大致是45厘米×42厘米×26厘米，微带红色，似圆似方又像楔形，平顶锥底插在底座上，细看有一幅不平常的图像：身着古代红色长袍大袖的老者，双手拱揖，微微前倾，仰望白色的众星点点。这使人联想到《三国演义》中“借东风”里孔明拜北斗的景象。据说，要从海参石的背面孔眼窥望过去，“孔明”的形象才逼真出神。

这块石头含铁质所以显红色，是在海滨沉积的石英砂岩经过变质形成。又从山崖上崩落破碎，多次水流冲刷，日晒夜露，可能还有风沙冰水的侵蚀才逐渐琢磨成现在的样子。从形成岩石到现在已有年，含大量石英矿物，比花岗石还硬，不然，早就碾碎了。

五、湖光山色

湖光山色

陈列在天一门前的西侧，去坤宁门的便道旁，架设在一个长方形的大理石雕底座上，围上金属的栏杆，整体如一壁陡峭山崖下的群湖相联结，古人因此取名“湖光山色”。长1.8米，宽0.5米，高0.6～0.75米；有不规则的凹形小坑“鱼池”十个，每个深10余厘米，直径为0.3～0.4米。最大的1.1米，由灰白色的灰华沉积物构成。灰华是含有大量溶解的SiO_2或$CaCO_3$的热泉流出地面时，由于温度与压力的改变，使泉水中的硅质和钙质物沉积在泉边的一种花状沉积物，以硅质为主称硅华，以钙质为主称灰华，二者兼有称硅灰华。灰白色，留有很多泉水流动沉积时的波状纹，还有很多孔洞串联，像串珠和链条的外形，这是灰华一边沉积一边有水流留下的空隙，每个凹坑可盛水养鱼，又名“鱼池”。

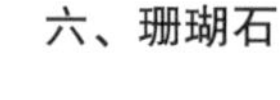

六、珊瑚石

珊瑚石之一

珊瑚石之二

珊瑚石是珊瑚的骨骼。珊瑚虫是海产的腔肠动物。虫体由软体和硬体两部分组成，外形似袋状。顶部中央有椭圆形的口，口周围有许多触手，似菊花，故有花状动物（Anthoza）之称。口的下面有食道直通腔肠，所以属于腔肠动物门中的一个纲。它的体壁底部和边缘的外丕层能分泌灰质和角质骨骼，即形成珊瑚的硬体外观。有单体和群体，大量群体相连便形成珊瑚礁。珊瑚的颜色洁白无瑕或带色，十分美丽，外形各种各样，有的纤细如织，有的技连似雪树霜枝，逗人喜爱。所以，人们用它来陪衬金鱼缸，复其水生情状，引来各色献龙头凤尾浮游于水草玉翠之间，仿佛水晶宫里的仙境缩影，甚是好看。也有的把它作为室内装饰，中国唐代诗人郑遨在《伤农》一诗中就记有“珊瑚枝下人，衔杯吐不歇。”元稹在《连昌宫词》写到：“晨光未出帘影动，至今反挂珊瑚钩。”。把它修琢成园林的盆景尚不多见．这里陈列着四对珊瑚台石，盆景算是珍奇罕见。根据珊瑚虫的形态特征和骨骼类型细分四个目：四射、床板、六射和八射珊瑚，其中六射和八射珊瑚生成于中生代（距今有一亿多年）至现代。珊瑚虫大多生活于温暖和清澈的浅海区，一般温度低于18～ 21° C时就难以生存，水深约在180米。现代珊瑚礁多分布在南北纬28° 间的热带和亚热带浅海区，珊瑚礁的颜色和形态多神多样，非常美观。

七、长城石英岩棱柱石

长城石

长城石是一块白色长方形棱柱状的石英岩，从山岭崩塌后在天然的物理风化作用磨蚀下形成的、略带红色纹理的石块。由石英组成，含微量铁质呈现红色，非常坚硬。这种岩石分布在我国北方万里长城穿越的山岭，在北京平谷、昌平山区也有出露。形成的年代古老，距今有6亿～17亿年。从它的岩性特点推算相当于中国震旦纪的长城系岩层，因此，可简称它为“长城石”。在御花园的所有叠山、台石和盆景石材中，数它形成的年代最早。

八、石笋、石柱、石钟乳

在北京的园林里，用石笋、石柱和石钟乳石材作盆景的不下十处，比较集中而突出的要算御花园了。它大小各异，形态多变，造型别致，独具一格。陈列在天一门前的有五盆，如峰石耸立在养性斋前的还有一处。有的洁白而造型俨如一棵笋尖；有的直圆长1米多，像根奇特的柱子；有的疙疙瘩瘩，一头小一头大，像人工雕琢成的一座石塔；有的小巧别致，石钟乳成螺旋形回绕盘叠，像山道盘旋于塔峰的图景一般。

宝塔形石钟乳之一

它们都产在天然的石灰岩洞中，是地下水从洞顶缝隙流出时，使石灰岩溶于水形成$Ca(HCO_3)_2$的溶液，由于蒸发作用而水分散失，或由于压力减低而CO_2逸散，于是溶液又重新转化为$CaCO_3$的沉淀物附着于岩石的壁上，一点一滴积累而成。立于洞底的笋状圆柱体下粗顶尖似竹笋，称为石笋。悬于洞顶的圆柱体，外形常成乳状重叠，称为石锋乳。石笋和石钟乳往往上下相联结如柱体时就称为石柱。由方解石为主的矿物组成，光泽浸润，色型秀丽，富有自然山景的气息。

中国古代的《本草纲目》中曾记载：“石之津气，钟聚成乳，滴溜成石，故名石钟乳。”对它的地质成因已有所认识。

在北京古迹考中说它是“千年石钟乳，幽穴葆其光。涌脉资银气，成形束玉浆。一朝显山腹，几簇剔岩床”。说明对它的产状和色泽有所观察。

宝塔形石钟乳之二

九、灵璧石

陈列在钦安殿的西门口，主体由灰色的薄板状生物碎屑（格架）石灰岩组成，盆座由一长方形的大理石相衬托，石灰岩的表面上有水溶蚀成的孔眼两个，直径10厘米×8厘米和9厘米×8厘米，构成一个兽头仰天的形象。还有许多圆形雨滴凹坑和生物化石，大小为0.5～1厘米。主体上宽0.85米，下宽1.39米，高1.5米，座长2.08～2.4米，宽0.41米，高约0.5米，因为敲击发响，故名“灵璧石”。含有很多生物化石，以蜓科为主，蜓字是取蜓状之虫的意思，据传由李四光最早用这个名字，又名纺锤虫，是一种原生动物。海生底栖，两端尖中间大，像织布用的蜓（梭），故取名蜓。由原生质分泌钙质外壳保存为化石，开始出现在距今2.7亿～3亿年前，现已绝灭。中心的初房（球形，蜓壳的第一房室）和外壳等组织组成为纺锤形、椭圆形、圆柱形等。

灵璧石

在御花园的叠山台石盆景中，还有几处能见到生物化石。根据生物化石和岩性两者推断，这岩石形成于2亿～3亿年前的海洋，产于华南。

十、走马灯上的雪花石

陈列于天一门的东西两侧，从主体到盆座都是对称的，内容大同小异，主体是一座雪白色的花状钟乳石、灰华和石灰岩。盆座精雕细琢，有龙柱、奔马、狮子（马十二匹，狮两头），花边七格，六边形的走马灯图案，规格为高1.45米，宽0.9米，底座高约0.5米。

（文字录入/董晨曦）

走马灯上的雪花石

The Collating Edition and Notes of Lv Yanzhi's Posthumous Manuscript *Planning Outline Draft on Developing Capital's Urban Area*
—In Memorization of Lv Yanzhi's 120th Birthday

吕彦直遗稿《建设首都市区计划大纲草案》汇校本及说明
——为纪念吕彦直先生双甲子华诞而作

殷力欣[*]（Yin Lixin）

提要：作为中国近现代最重要的建筑师，吕彦直（1894—1929年）先生所设计的南京中山陵与广州中山纪念堂固然是名垂青史的建筑杰作，而他对民国南京市规划的构想，则展示了他对时代精神、传统文化传承等问题的远见卓识。现存《建设首都市区计划大纲草案》《致夏光宇函》等吕彦直遗稿是非常稀有的珍贵文献，本文作者试图通过对此稀有文本的整理、校订，更为准确地把握其思想发展脉络。谨以此纪念吕彦直先生120周岁华诞。

关键词：民国南京规划，民国首都建设委员会，吕彦直，《建设首都市区计划大纲草案》

Abstract: Lv Yanzhi (1894-1929) is the most important architect in modern time of China. His Sun Yat-sen Mausoleum in Nanjing and Sun Yat-sen Memorial Hall in Guangzhou are great architecture masterpieces with eternal glory. Moreover, his urban planning for Nanjing, the then capital of the Republic of China (1912-1949) shows amazing foresight and sagacity of time spirit, inheritance of traditional cultural and so on. Lv's existing posthumous manuscripts *Planning Outline Draft on Developing Capital's Urban Area*, *A Letter to Xia Guangyu*, etc. are very precious documents. The author of this article is aimed to grasp Lv's thread of thought more accurately by systemizing and revising those documents, in memorization of Lv's 120th birthday.

Keywords: Urban planning of Nanjing during the reign of the Republic of China; Nanjing Construction Committee of the Republic of China; Lv Yanzhi; *Planning Outline Draft on Developing Capital's Urban Area*

一、汇校说明

今年是中国近现代杰出的建筑师吕彦直（1894—1929年）先生双甲子（120周年）诞辰。因笔者曾主持编著《中山纪念建筑》一书，几位友人督促笔者著文纪念这位中国近现代建筑经典南京中山陵与广州中山纪念堂的设计者、监造者。我以为，对这样一位远未被充分认识的前辈，最好的纪念莫过于加强对其作品和学术思想的研究。就我个人而言，也很想借此机会对我过去工作中的疏漏向读者表达歉意，并做一点修订和说明，以此为学术界有兴趣于这个课题的朋友们提供一点或许不无裨益的资料支持。

事情原委如下。

1929年《首都建设》（创刊号）所刊吕彦直先生遗作《规划首都都市区图案大纲草案》（以下简称“印行本”）一文，一向被认为是代表其学术见解的世存不多的重要文献。2008年秋，就在《中山纪念建筑》临近送厂印刷之际，笔者从黄建德先生处有幸一睹这份文献的原稿，标题为《建设首都市区计划

* 本书副主编

大纲草案》（以下简称“原稿”）。当时由于时间仓促和笔者自己的疏忽，匆匆将该文本与印行本所载相对照，以为除行文中原稿所用“国家公园”一律改作“党国公园”外，其他并无多少涉及其思想实质的改动，遂简单誊抄，收录于2009年春季印行《中山纪念建筑》之附录中（同时收录有吕彦直《致夏光宇函》、黄檀甫《代表吕彦直在中山陵奠基典礼上的致辞》两份手稿）。当时所做的说明是：“……此份手稿与《首都建设》所刊略有不同：①总标题：手稿题为《建设首都市区计划大纲草案》；②章节标题及序号：手稿“引言”部分无标题及序号；③措辞：已刊文稿中的“党国”一词在手稿中均为“国家”，“先哲祠”在手稿中为“先贤祠”等；④手稿中无“七、建设经费之大略预算”一项……”[①]

此书出版后，我得空将这份原稿与印行本做逐字逐句的汇校，发现二者的差异远非我先前认为的“略有不同”，有些修改之处甚至是与作者的初衷相龃龉的。

其一，印行本除标题改动、加分章序号、用词上以“党国”替换“国家”外，修改后的篇幅比原稿多出近1/5：原稿4 186字（含标点），而印行本则为5 136字（含标点），衍950字。

其二，印行本明显与原稿意见不同者有二处。

（1）“引言”部分。

原稿：“城西自下关以南，沿江辟为工业区，铁道、船坞皆使汇集于是。”

印行本：“中央政府区以东，拟辟为教育区或大学区，及高尚之住宅区。按现在中央大学所在，适位于政治区域之中心，吾国学风，每易受政治影响，必待改进，则徙之于清旷优美之环境，实为至宜。”

（2）原稿“京市区”部分：“至汉西门、水西门外沿江至下关一带，已拟定之工业区亦当设计而布置之（按《建国方略》中已主张，取消下关而发展来子洲为工业区）。”

印行本：“首都或其附近，是否宜设工业区，实为一政治经济的问题，在图案中不易决定。惟南京特别市范围，现已扩大，如有设工业区之必要，可去城市较远之处，或隔江而划定之。盖在思想上宜使首都为纯全之政治及文化中心也。”

其三，改动篇幅最大者有三处。

（1）印行本“一、中央政府区”部分。

原稿：“正中设行政院，位于大经道之中，北望国民大会，南瞩建国纪念塔。其左为立法院及检察院，其右为司法院及考试院。东南、东北、西南、西北之隅，则置行政院之各部。将来须增设之部及其它政府附属机关，皆环此而置之。国府区之西南连接南京旧市区，其东南则拟辟成首都最新之田园市。”

印行本：“其正中之经路及纬路之二宽广，较其它各路特大，略成双十字形。于经路之北端，遥望国民大会，建立中央政府（今国民政府）。与中央政府相连，左方置主席公署、右方置行政院。第一大纬道之两端，左为立法院，右为司法院，相对而立。其经纬路交叉点，扩为园林，建立纪念碑。第二大纬道较短，其两端为考试监察两院，以虚线将五院相联署，则略成五角形，以象五权鼎立之制度。其余经纬路成方井，地址则置行政院之各部各委员会及其它之公署。此国府区布置之大要。国府之各经路，向南延续成半圆形，而相联络。在此圆形之中心，辟极大之广场，中建民生塔，或曰建国纪念塔。此为全图案之焦点，欲表征国民革命建国之目的，彼取此抽象的纪念建筑，此外无他适宜之道也。而于形势上，此处适当全城之中心，用以联系都市各部分而统一于此，于实用可甚宜也。自民生塔之园场，象征青天白日之十二道光芒射出重路十二，连接都中之各要道，正中北向为国府，南向则为国门，其外设置航空苑，为首度将来航空交通之终点。东向设革命纪念馆，西向设露天会集场，其余各路之尽处，均设相当之纪念建筑。环民生塔为公园，公园之外，则为林园市，为都内最高贵住宅区，其管理则属于市政府。”

（2）印行本“二、京市区”部分。

原稿无此段文字：“自今丁家桥中央党部迤东，在现所拟筑之子午路线之中，建立中央党部之纪念建筑巨厦。考中央党部，今为直接继承孙总理国民革命事业之团体，将来革命完成，宪政实现，政权交还民众之时之中央党部，勿论存在与否，其事业要必遗留为历史上一大伟绩，其地位仅次于总理之自身，所以纪念之者，亦必有相当之伟大建筑，而此建筑之地位，统观全城之形势，实以此地为最宜。盖此一隅在革命之历史上，当为国民党工作活动最多之地，而在全部图案上，其与民生塔之联系之形势，适与总理陵墓与民生塔之关系相仿。陵墓位于左，党部纪念位于右，纪念民国创业承基自然之顺序也。”

① 建筑文化考察组：《中山纪念堂》，346页，天津，天津大学出版社，2009。

（3）原稿无“七、建设经费之大略预算”一章约200字。

按吕彦直曾于1928年6月5日致函身兼“孙总理葬事筹委会”与“首都建设委员会”二职的官员夏光宇①，此为该函之附件。当时夏光宇力邀吕彦直加入“首都建设委员会”，但他不肯做挂名顾问，在信函中一面婉拒任职邀请，一面在信中概述对南京建设的意见，一面竟以附件形式呈送了这份私拟的“规划大纲”。

其时吕彦直先生已经重病缠身（癌症晚期），距其病逝仅九个月，而南京中山陵和广州中山纪念堂两工程正值关键，他还在抱病完善设计和工程监理，似乎没有时间对这份“私拟大纲”再事大改；而仔细较这两种文本的措辞风格，也不难从增添文字中看到其与吕彦直惯常文风的明显差异。不排除这些改动有夏光宇等事先征得原作者同意的可能性，但毕竟原稿更能代表吕彦直自己的思想，而印行本则具有了相当多的当时“首都建设委员会”的官方意见，尤其是所增“**七、建设经费之大略预算**”一项，对预计的建设项目竟有了具体的费用预算，似乎也不太可能是个人行为。

客观比较两种文本，印行本也不无精辟见解。如在南京是否设工业区的问题上，吕彦直执行的是孙中山《建国大纲》的思路，而印行本则指出“**在思想上宜使首都为纯全之政治及文化中心**”，至今值得我们借鉴。

不过，在更为根本的规划立意上，印行本的修改文字所强调的是突出作为执政党的国民党的“党国”贡献，而吕彦直原稿的根本思想则纯然服务于其心目中高于党派之上的“国家”。对照印行本改“国家”为“党国”的措辞，以及增建“中央党部之建筑巨厦”、“象征青天白日之十二道光芒射出重路十二”等设想，不难看出：“首都建设委员会”印行本的修改文字，虽也指出将来还政于民时，未必保留国民党，但在时下仍极力突出其“为历史上一大伟绩”，是服务于“军政”“训政”所需的现实功利的；吕彦直先生则在追求更为高远的宪政理想和民族文化复兴理想。由此，尽管印行本修改的道路规划远比吕彦直原稿所见要庞大、复杂，美术意义上也许更趋于完美，但吕彦直原稿的规划却更为适度，也更为惠民。

无党派的吕彦直先生对孙中山救国、治国理念的理解，实际上是远高于这个“首都建设委员会”的。

由此再比较一下当初南京中山陵与广州中山纪念堂两建筑设计竞赛的前三名：吕彦直、范文照和杨锡宗。从后二者日后的设计成就看，其才华、学养也是相当高的，很难说其较吕彦直先生略逊一筹。吕彦直先生之所以能两次在难分伯仲的同侪中脱颖而出，或许正得益于其对中山先生治国理念与中华文化底蕴的深层次理解吧！

以下为笔者对原稿与印行本这两种文本的汇校，相信读者会有比笔者更多的收获。

① 夏光宇，上海青浦人，早年入北京大学攻读建筑学，毕业后曾任交通部技正、路政司科长、广三铁路管理局局长等。1927年4月27日，葬事筹委会第四十五次会议决议：“聘请夏光宇君为筹备处主任干事”（南京市档案馆、中山陵园管理处：《中山陵档案史料选编》，102页，南京，江苏古籍出版社，1986。

获得南京中山陵设计比赛第一名时的吕彦直（黄檀甫旧藏）

彦记建筑事务所时期的吕彦直（黄檀甫旧藏）

吕彦直11岁在巴黎的纪念照卡（黄檀甫旧藏）

保存吕彦直遗稿的黄檀甫先生

吕彦直绘中山陵祭堂正立面图（黄檀甫旧藏）

万木葱茏的中山陵今貌

中山陵一期工程竣工时的中山陵园全景旧影

吕彦直国家公园理想的组成部分——灵谷寺国民革命军将士公墓旧影（殷力欣藏）

二、吕彦直《建设首都市区计划大纲草案》汇校本

汇校说明：

（1）原首都建设委员会秘书处于1929年10月编印《首都建设》中所刊载吕彦直遗作《规划首都都市区图案大纲草案》，其作者手稿标题为《建设首都市区计划大纲草案》（由黄建德先生收藏），行文也与《首都建筑》所刊颇多差异。现将此二种文本汇校一体，以供研究者参考。

（2）简称吕彦直手稿为“原稿”，1929年《首都建设》所刊为“印行本”；本汇校本以原稿为底本。

（3）所增删改动之处，将原稿文字排楷体，印行本文字排楷体置于“【 】”内。

（4）由于未能检索到原1929年10月印行的《首都建设》，印行本文字转抄于卢洁峰女士之《吕彦直与黄檀甫》[2]。待来日得见该刊物原件，再行校雠。

① 卢洁峰：《吕彦直与黄檀甫》，45～54页，广州，花城出版社，2007。

建设首都市区计划大纲草案【规划首都都市区图案大纲草案】

吕彦直

【一、引言】

夫建设根据于计划，计划必基于理想；有邃密之理想，然后有完美之计划；有完美之计划，然后其设施乃能适应乎需要，而其成绩始具真价值。中华民国之建国也，根据三民主义之理想，及建国方略之计划，而以世界大同为其最高之概念者也。首都者，中枢之所寄寓，国脉之所渊源，树全国之模范，供世界之瞻仰。其建设计划之基本理想，当本于三民主义之精义，及建国大纲所定之规制，造成一适用美观、宏伟庄严的中央政府运用权能之地，同时尤须以增进发展都市社会之文化生活为目的。

都市计划，有理想的及实际的，两方面须兼顾并察。就平地而起新都，则可尽理想中至完尽美之计划以从事，如北美之华盛顿是；就旧都而建新市，则必须斟酌实际情况，因势制宜，以逐步更张，如法国之巴黎是。若南京者，虽为吾国历代之故都，但其所被兵燹之祸独烈，所留之遗迹最缺，其有保存之价值者盖尠，全城三分之二，实可目之为邱墟、等诸于平地。故就今日南京状况观之，可谓其兼有法、美二京初设时之情势，则规划之事、理想与实际当兼并而出之，以臻于至善。巴黎之改造也，拿破仑第三以帝主之威力，采用浩士曼之计划，积极施行，更奖励民间之建筑，不数年而巴黎成为世界最美观之都城。华盛顿京城之擘画，成于独立战争之后，出于法人朗仿之手[朗仿，法国建筑师、规划师，今通译“朗方”。——整理者注]，但其后未能完全根据当日之计划，至今二百余年后，乃知其失策。现已由国会派定艺术专会，从事纠正其舛误，以求符合于朗仿之计划。由是以观，建设都市有先定基本计划而后完全依据以施行之必要。吾国首都建设伊始，宜作详审之研究，以定精密之计划，既当师法欧美，而更须鉴其覆辙焉。

就地理之形势、政治之需要、及社会之情状而观之，南京之都市，宜划为三大部分：一曰中央政府区，二曰京市区，三曰国家公园区【党国公园区】。中央政府区，宜就明故宫遗址布设之，依照本计划之所拟，将来南京都市全部造成之时，此处适居于中正之地位。京市区先就城中南北两部改造之，而东南两面，则拆除其城垣，以扩成为最新之市区。夫城垣为封建时代之遗物，限制都市之发展，在今日已无存在之价值。惟南京之城垣，为古迹之一种，除东南方面阻碍新计划之发展，必须拆却外，其北面及西面，可利用之以隔绝城外铁道及工业区之尘嚣，并留为历史上之遗迹。城西自下关以南，沿江辟为工业区，铁道、船坞皆使汇集于是【中央政府区以东，拟辟为教育区或大学区，及高尚之住宅区。按现在中央大学所在，适位于政治区域之中心，吾国学风，每易受政治影响，必待改进，则徙之于清旷优美之环境，实为至宜】。国家公园区自中央政府区至东北，包括现已着手规划之中山陵园【党国公园区，即中山陵园】，拟再迤东，造成面积广袤之森林。各区详细布置、略如下述。

中央政府区【二、中央政府区】

中央政府区，或即称国府区，位于明故宫遗址。地段既极适合，而其间残迹殆尽，尤便于从新设施。按南京形势，东北屏钟山，西北依大江，受此两方之限制，将来都市发展，必向东南方之高原。则故宫一隅，适居于中点，故定为中枢区域，又其要因也。规划此区，首在拆却东南两面之城垣，铲平其高地，而填没城内外之濠渠，以便铺设道路。自太平门向正南划南北向之轴线，作一大经道，改正现在午朝门偏向西南之中道。自今西华门之地点，向东划东西大纬道，分此区成南北两部。北部依建国大纲之所规定，作国民大会之址，为国民行使四权集议之地，乃全国政权之所寄也。国民大会之前，立庄严巨大的总理造像，再前辟为极大之广场，以备国家举行隆重典礼时，民众集会之用。场之东设国民美术院，其西设中央图书馆。国民大会之后，设先贤祠及历史博物馆。凡此皆可以发扬光大中华民族之文化，实国族命脉之所系也。全部之布置，成一公园，北依玄武湖，东枕富贵山，而接于中山陵园，西连于南京市，此为大纬道北部之计划。纬道南部之广袤较北部为大，为中央政府之址。依建国大纲所规定，为中央政府执行五权宪法集中之地，乃全国治权之所出也。全部形作长方，道路布设成经纬。正中设行政院，位于大经道之中，北望国民大会，南瞩建国纪念塔。其左为立法院及检察院，其右为司法院及考试院。东南、东北、西南、西北之隅，则置行政院之各部。将来须增设之部及其它政府附属机关，皆环此而置之。国府区之西南连接南京旧市区，其东南则拟辟成首都最新之田园市。此国府区布置之大要也。【其正中之经路及纬路之二宽广，较其它各路特大，略成双十字形。于经路之北端，遥望国民大会，建立中央政府（今国民政府）。与中央政府相连，左方置主席公署、右方置行政院。第一大纬道之两端，左为立法院，右为司法院，相对而立。其经纬路交叉点，扩为园林，建立纪念碑。第二大纬道较短，其两端为考试监察两院，以虚线将五院相联署，则略成五角形，以象五权鼎立之制度。其余经纬路成方井，地址则置行政院之各部各委员会及其它之公署。此国府区布置之大要。国府之各经路，向南延续成半圆形，而相联络。在此圆形之中心，辟极大之广场，中建民生塔，或曰建国纪念塔。此为全图案之焦点，欲表征国民革命建国之目的，彼取此抽象的纪念建筑，此外无他适宜之道也。而于形势上，此处适当全城之中心，用以联系都市各部分而统一于此，于实用可甚宜也。自民生塔之园场，象征青天白日之十二道光芒射出重路十二，连接都中之各要道，正中北向为国府，南向则为国门，其外设置航空苑，为首度将来航空交通之终点。东向设革命纪念馆，西向设露天会集场，其余各路之尽处，均设相当之纪念建筑。环民生塔为公园，公园之外，则为林园市，为都内最高贵住宅区，其管理则属于市政府。】

京市区【三、京市区】

南京之现状，以下关为门户。城内则有城南城北之通称，其间纵贯南北及横贯东西之干道，虽各有二，然皆蜿蜒曲折，全乏统系。而行政机关，则散布四方，略无连络。今欲改造南京市【全市】，急宜画立市政府行政中枢，以一统摄、而壮观睹。兹拟就南北【城中】适中之处，划地一方，收买其民地，以作市政府之址，为全市行政总机关，号之曰市心。自此以北，地广人稀，当就其地划设宽阔整齐之街衢，成南京之新市区。现在之宁省铁路，则宜取消之，盖按市政经济原理，凡铁路在城中经过之附近，必成一种贫贱污秽之区。将来铁路终点，宜总集于一中央车站，此路势在淘汰之列。其路线所经过地段，乃可发展为高贵之市区。城北迤西一带，山岗之间，当布置山道，作【会】居宅之区域。下关一隅，现仍其为交通枢纽，但其街衢，皆须放阔，从新设施。沪宁铁路终点，现可仍其旧，将来宜延长，【须延长】使经过沿江之未来工业区，以达于汉西门外，于此地设中央总站，实为最适中之点。车站分南北两部，将来由湘粤浙赣自南而来之铁路，皆止于车站之南部；其自沪自北及自西而来之路线，皆须经浦口，或架桥、或穿隧道江底(建国方略中已有此提议)，以直达于中央总站之北。自中央总站向东辟横贯南全城中心之东西大道，连续国府区之大纬道，直通公园区之钟汤路。若此则中央车站之所在，诚全城市交通至便之机纽矣。自市府以南，现所谓城南一带【印行本删此句】，其间屋宇栉比，势必逐渐改造。先就原有连贯继续之孔道放宽改直，惟因于全市交通，及预备发展东南方最新市区计划上之需要，宜即划一斜出东南之大道，经市心而连接向西北至下关斜上之路，完成一斜贯全城之大道【自市中心向东南至复成桥，与民生塔十二路纵横相连，自市中心以北，则按照现在修建之中山路，而完成一斜贯全城之大道（其旧有至下关之孔道，因中山路之筑成，势必就废，可利用作敷设电车铁道之用，使中山路得保留为清洁之康庄大道）】。得此然后南京市之交通系统以立，而市区乃有发展之期望。故此路之开辟，乃市心之划定，实改造南京市计划上根本最要之图也！【自今丁家桥中央党部迤东，在现所拟筑之子午路线之中，建立中央党部之纪念建筑巨厦。考中央党部，今为直接继承孙总理国民革命事业之团体，将来革命完成，宪政实现，政权交还民众之时之中央党部，勿论存在与否，其事业要必遗留为历史上一大伟绩，其地位仅次于总理之自身，所以纪念之者，亦必有相当之伟大建筑，而此建筑之地位，统观全城之形势，实以此地为最宜。盖此一隅在革命之历史上，当为国民党工作活动最多之地，而在全部图案上，其与民生塔之联系之形势，适与总理陵墓与民生塔之关系相仿。陵墓位于左，党部纪念位于右，纪念民国创业承基自然之顺序也。】秦淮河为城内惟一水道，而秽浊不堪，宜将两岸房屋拆收，铺植草木成滨河之空地，以供闹市居民游息之所。至其桥梁，则须改建而以美观为目的。通济洪武门外，预定为最新建设之市区，其间道路自可布置整齐、建筑壮丽。依最新之市政原则，期成南京市清旷之田园市。至汉西门、水西门外沿江至下关一带，已拟定之工业区亦当设计而布置之（按《建国方略》中已主张取消下关而发展来子洲为工业区）【“首都或其附近，是否宜设工业区，实为一政治经济的问题，在图案中不易决定。惟南京特别市范围，现已扩大，如有设工业区之必要，可去城市较远之处，或隔江而划定之。盖在思想上宜使首都为纯全之政治及文化中心也】。交通之系统既定，则依市政上经济原则，分道路为数级，曰道、曰路、曰街、曰巷等等，各依其位置重要及应用之性质而定其广狭。凡重要道路之交叉点，皆画为纪念建筑地，作圆形或他种形势之空场，置立华表碑像之属，以为都市之点缀，而作道里之标识。通衢大道之上，皆按最适当方法，铺设电车轨线。城内四隅，尤须留出空地多处，以备布设市内公园之用。城内不宜驻兵，兵营军校，皆移设江滨幕府山一带。现在西华门之电灯厂及城南之制造局，则须移置于城西工业区【汉西门外】。

国家公园【四、党国公园】

国家公园【党国公园】，包括现规划中之中山陵园，拟再圈入玄武湖一带，并迤西更植广袤之森林，作京城东面之屏藩。中山陵园之设计，大致以中山陵墓为中心，包括钟山之全部，南部则废止钟汤路【则废止中山路】，其中就天然之形势，经营布置，以成规模宏大之森林野园。其间附设模范村，为改进农民生活之楷模。有植物及天文台学术机关，为国家文化事业附设于此者。此外则拟有烈士墓之规定，及纪念总理之丰碑。其余明陵及灵谷寺等名胜遗迹，则皆保存而整理之。按此为总理陵墓之所在，使民众日常参谒游观于其地感念遗教之长存，以不忘奋发砥砺而努力吾人之天职，得不愧为兴国之国民。则其设计宜有深刻之意义，又岂徒以资吾人游息享乐而已哉。

建筑之格式【五、建筑之格式】

民治国家之真精神，在集个人之努力，求供大多数之享受。故公众之建设，务宜宏伟而壮丽；私人之起居，宜尚简约。而整饰首都之建设，于市区路线布置既定以后，则当从事于公众建筑之设计，及民间建筑之指导。夫建筑者，美术之表现于宫室者也，在欧西以建筑为诸艺术之母，以其为人类宣达审美意趣之最大作品，而包涵其它一切艺术于其中。一代有一代之形式，一国有一国之体制；中国之建筑式，亦世界中建筑式之一也。凡建筑式之形成，必根据于其构造之原则。中国宫室之构造制度，仅具一种之原理，其变化则属于比例及装饰。然因于其体式之单纯，布置之均整，常具一种庄严之气韵，在世界建筑中占一特殊之地位。西人之观光北平宫殿者，常叹为奇伟之至，盖有以也。故中国之建筑式，为重要之国粹，有保存发展之必要。惟中国文化，向不以建筑为重，仅列工事之一门，非士夫所屑研探。彼宫殿之辉煌，不过帝主表示尊严，恣其优游之用，且靡费国帑而森严谨密，徒使一人之享受，宜为民众所漠视。至于寺宇之建筑，则常因自然环境之优美，往往极其庄严玄妙之现象【观】，但考其建筑之原理，则与宫殿之体制，略无殊异。今者国体更新，治理异于昔时，其应用之公共建筑，为吾民建设精神之主要的表示，必当采取中国特有之建筑式，加以详密之研究，以艺术思想设图案，用科学原理行构造，然后中国之建筑，乃可作进步之发展。而在国府区域以内，尤须注意于建筑上之和谐纯一，及其纪念的性质、形式与精神，相辅而为用；形式为精神之表现，而精神亦由形式而振生；有发扬蹈励之精神，必须有雄伟庄严之形式；有灿烂绮丽之形式，而后有尚武进取之精神。故国府建筑之图案，实民国建设上关系至大之一端，亦吾人对于世界文化上所应有之供献也。

建设实施之步骤【六、建设实施之步骤】

厘定【印行本删此二字】以上所拟之草案，虽出于理想者为多，而于实情未尝无相当之观察。夫首都之建设，必须有根本改革之基本计划，至今日而益彰矣。首都为全国政治之中心，在在足以代表吾族之文化，觇验吾民族之能力，其建设实为全国民众之事业，为全国民众之责任。工程虽极浩大，要非一地方之问题，是宜由国家经营。关于计划之实施，应由中央厘定完整之方案，以便逐次进行。此则属于行政院范围之事，非此草案所得而及。但对于进行之程序，与夫事之轻重先后，其大较有可言者。首都市计划之根本在道路，则筹设道路自为先务。然在旧市中辟划新路线，困难至多，盖无在而不发生居民反抗之阻力。但此种反抗，自在人烟稠密、建筑栉比之区域。今宜先就城北荒僻之处，力行经营，设法导诱首都新增人口，以展发新市区。同时并将东南方之林园市，积极擘划，则城内旧市之商务，受东南西北之吸收，不难使其日就衰颓。及其已呈残败之象，再进而改造之，以容纳首都有加无已之人口，而一改其旧观。斯时全城之形势，乃可呈现其整齐壮丽之象，南京市之计划，于是全部完成。而绚烂璀灿之首善国都，于此实现矣。

【七、建设经费之大略预算

一、先哲祠及历史博物馆　银五十万两

二、中央党部　银一千万两

三、中央图书馆　银二百万两

四、中央美术馆　银二百万两

五、行政院及主席公署　银八百万两

六、监察院　银二百万两

七、立法院　银二百万两

八、司法院　银二百万两

九、考试院　银二百万两

十、各部分八宅　每宅银五十万两

十一、建国塔　银二百万两

十二、国门　银三十万两

十三、飞机场　银一百万两

十四、道路布置　银四千万两

十五、阴沟　银二百万两

共计银七千九百八十万两　十年工作】

（印行本见1929年10月《首都建设》，原稿由黄建德先生收藏。汇校者：殷力欣）

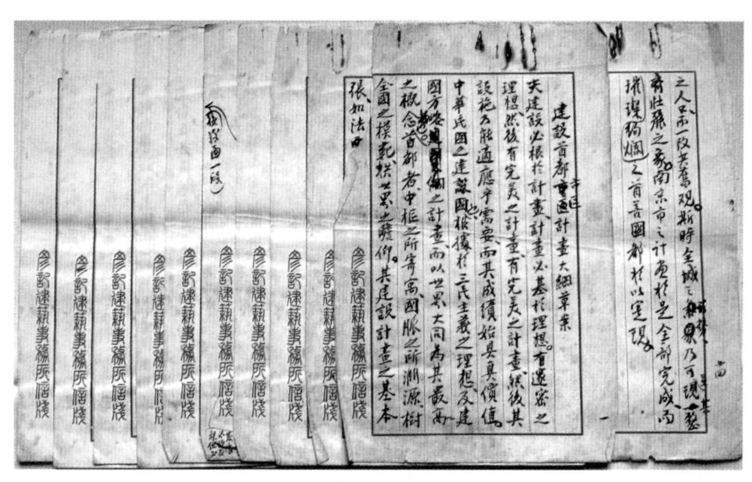

吕彦直《建设首都市区计划大纲》手稿（黄建德藏）

三、附录：二则与吕彦直学术思想相关的历史文献

说明：关于吕彦直学术思想，黄建德先生保存之吕彦直《致夏光宇函》、黄檀甫《代表吕彦直在中山陵奠基典礼上的致辞》二份手稿为重要的文献资料，虽已收录于《中山纪念建筑》，但该书发行量有限，一般难得一见。为此，今特作《建设首都市区计划大纲草案》汇校本之附录刊载，以飨读者。

附录一：《吕彦直致夏光宇函》

光宇我兄大鉴：

奉手书敬悉，南京市府拟组织设计委员会。辱蒙推荐，并承垂询意见，不胜铭感。对于加入市府拟组之专门委员会，因弟于此事意气如所条陈，故此时不能断然允诺。兹先将鄙意分列三款陈述如次。(甲)答复尊函询及各条，(乙)对于首都建设计划之我见，(丙)私拟规划首都设计大纲草案之供献。

（甲）

(1)设计委员会取两级制，当视其职责权限之规定，始可决其适宜与否。因陵园计划委员会之经验，关于规定委员会名称职权，极宜审慎，请于下(乙)款鄙见内陈述之。

(2)建筑设计专门委员会人限及组织问题，根本解决在确定其目的及事务之范围。若其目的仅在拟制首都设计总图案，则弟意以为此项任务不宜采用委员会制度。盖所设总图案者，即首都全市之具体的完整的布置设计（General Schemeor　Parts）。就南京市之性质及地位情状而言，其设计虽包括事项多端，但在根本上已成一创造的美术图案。但凡美术作品，其具真实价值者，类皆出于单独的构思，如世界上之名画、名雕刻、名建筑以至名城之布置，莫非出于一个名家之精诚努力。此种名作固皆为一时代文化精神思想之结晶，但其表现必由于一人心性之理智的及情感的作用。美术作品最高贵之处在于其思想上之精纯及情意上之诚挚，其作用全属于主观。根据此理由，则首都之总设计图，宜出于征求之一道，而决非集议式的委员会所能奏效。悬奖竞赛固为征求办法之一，但需时需费，而因历史国情等人地关系，结果未必可观，特约津贴竞赛似较适用，或径选聘专材全责担任创制，亦最妥之办法。因即使必用委员会制，其设计草案亦必推定一人主持也。且建筑师为美术家，艺术创制之工作可有分工，而不能合作，其性质盖如此也。（此处所言总设计为规模完整的全体布置，全属艺术性质，至于其中之局部详细计划，固为专家分工担任之事，其组织法于下款鄙见中陈述之。）

（3）外国专家，弟意以为宜限于施行时专门技术需要上聘用之。关于主观的设计工作，无聘用之必要。

以上答复尊询各条。次陈述：

（乙）对于建设首都计划之我见

建设首都之手续两层：(一)成立计划全部及分部；(二)筹备及实施。执行此两项任务之机关，即应须成立之各委员会。先就性质上观察之，建设首都为国家建设事业之一，其情形条件与开辟一商埠相似，非一地方之事，故其执行机关之性质为属于中央的，其委员会适用两级制。委员会名称及组织，依弟意见宜有：(一)“首都建设委员会”其职权为决定计划、厘定方针、筹备经费及实施工程。其组织如市府所拟“设计委员会”。委员包括党部国府市府及有关系部长及政务官长。在实际上实施工作之责，属于市府，故此委员会当以市府为中心，盖建设委员会有临时性质(其存在期间实际上固必甚久)，首都建设完成以后委员会终止而市府继续其职务。(二)“首都市政计划委员会”为专门家之委员会，其任务为责计划市政内部各项事业。市政所应包括事项，如交通系统、(街道市区布置)交通制度、(铁道电车水线航空等)卫生设备、建筑条例、园林布置、公共建筑、工商实业等细目。此委员会为永久性质，委员皆责仟职。首都之总设计成立以后，由此委员会制定其内部之详细计划。其组织大要宜为一整个的委员，应包括代表市政各项事业各一人特聘之顾问等。宜设常务委员，并就各项事业之需要附设专门技术委员会或技师以执行计划之实际工作。(按此委员会之性质为Commission含有特设研究之意义，我国尚无相当名称)于此两级委员会以外，有一事应须特别设置者，即中央政府及市府之各项建筑之工程是也。(按吾国名词现未统一，混淆已极，建筑一语意义尤泛，今为便利起见，拟规定建筑当为Architecture之义，至Contruction则宜课曰建造或建设)其次，公共建筑将为吾国文化艺术上之重要成绩，其性质为历史的纪念的。在吾国现在建筑思想缺如、人才消乏之际，即举行盛大规模之竞赛，亦未必即求得尽美之作品。弟意不若由中央特设一建筑研究院之类，罗致建筑专才，从事精密之探讨。冀成立一中国之建筑派，以备应用于国家的纪念建筑物。此事体之重要，关系吾民族文化之价值，深愿当局有所注意焉。依上述组织法列表如次：

以上为弟理想中建设首都之完善计划，其注重之点在求简捷适用而尤贵精神上之统一与和合，与市府所拟微有不同，我兄意见如何?可否请将鄙见提出市府参考应用?前阅报载建设委员会委员李宗黄有设立“市政专门委员会”之建议，未知其内容如何者。

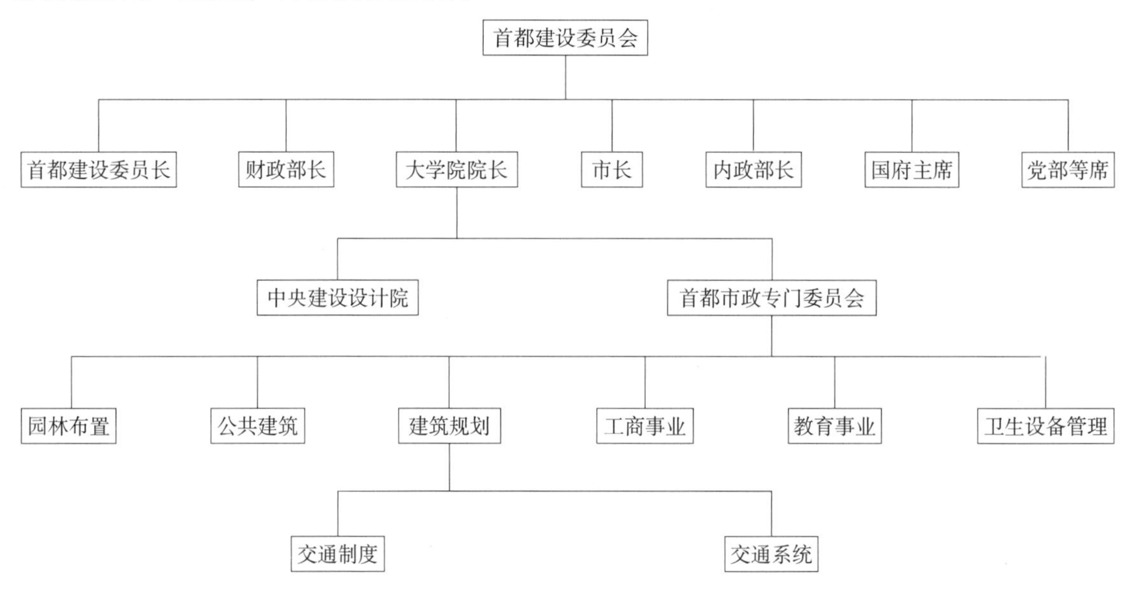

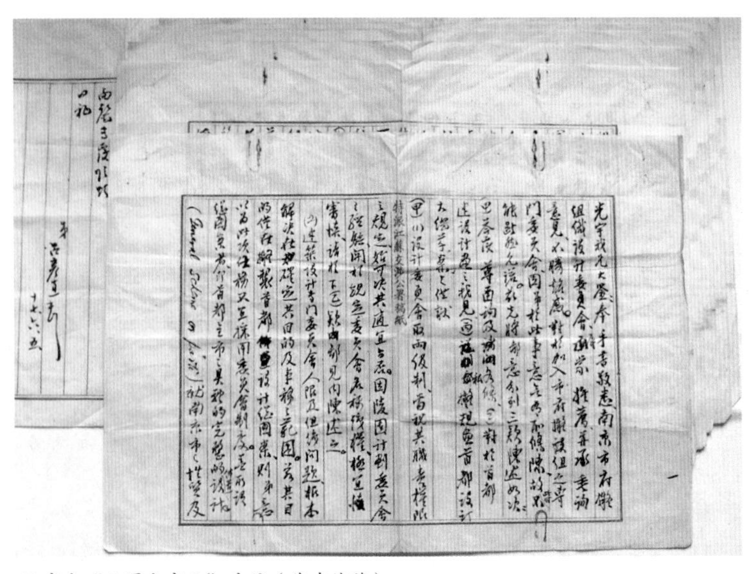
吕彦直“致夏光宇函”手稿（黄建德藏）

(丙)贡献私拟规划首都设计大纲草案

统一大业完成，建设首都之务，于实现党国政策若取消不平等条约及筹备开国民会议，关系至深且钜，其计划之成立，实已刻不容缓。定都南京为总理最力之主张。在弟私衷以为此钟灵毓秀之邦，实为一国之首府，而实际上南京为弟之桑梓，故其期望首都之实现尤有情感之作用。自去岁党国奠都以来，即私自从事都市设计之研究，一年以来差有心得。自信于首都建设之途径已探得其关键，愿拟草就图说至相当时机，出而遥献于当道，以供其研究参用。弟承市府不弃，咨询所及敢不竭鄙识，沥陈下情，请于市长假以匝月之期，完成鄙拟“规划首都设计大纲草案”，进献市府作为讨论张本，然后再商榷征求设计之手续。弟之此作非敢自诩独诣，实以心爱此都深逾一切，且于总理陵墓及陵园计划皆得有所贡献，故于首都设计之事，未尝一日去情，如特因我兄之推谷，蒙市长及当道之察纳使弟一年来探索思构之设计得有实现之一日，则感激盛情于无既矣。言不尽意，余当面

罄。专覆顺颂

日祉

弟 吕彦直 顿

十七、六、五

（黄建德提供）

附录二：《代表吕彦直在中山陵奠基典礼上的致辞》

黄檀甫

今日为中山先生陵墓祭堂行奠基礼之期，鄙人同事者吕彦直建筑师因身体惟和，不能亲来，殊甚可惜。故鄙人此来系代表吕君参与盛典，实深荣幸之至。关于今日在中国时势上及历史上之重要，自有今日执政诸公可以说明，不待不佞辞费。惟不佞今日仍来与诸君一相晤谈者，鄙人代表吕彦直同事欲以借此机会，申达感谢哲生先生及葬事委员诸公膺选吕君图案之盛意，并表示两种感想，及因此而又发生两种之希望。夫陵墓之建造，首在保存遗体，次则所以纪念死者。自来历史上对于丧葬，其欲留存永久之遗迹者，盖无不尽其力之所至。在西方，如埃及之金字塔(GE.PYRAMID)、罗马帝王之陵寝(B.C.28，Mavsoleom Angustas)、各国帝王名人之墓。在东方，如印度最珍贵之建筑曰塔知马哈尔者(Taj.MAHAL AD.1630)；我国今日所存之明孝陵，及北方明十三陵、清东陵等，皆在建筑上具最贵之价值。中华民国以来，十五年中，所失名人亦不少。其所以纪念亡者，亦各尽其宜。惟中山先生之逝世，则非惟民国损失新创造人，即在世界上亦失去一伟人。所以谋为纪念者，亦非惟国人所独具之忱，故应征制先生陵墓图案，其较佳之作，外人反占多数。

今陵墓已动工矣，预定明年此次可以竣工矣。不佞因此乃有第一感想。慨自民国十五年以来，日见争斗之事而无建设之象。中山先生所以革命，其目的在改造中华民族，在建设中华民国。只在外人租界则日见发展，中国人之可痛愧者，莫过于此。今中山先生已为吾人牺牲矣，因此而有陵墓之建筑，此殆可视之为民国以来第一次有价值之纪念建筑物，吾人因此亦不能不勉励，而希望有实用之纪念建筑物日兴月盛。如将来此处之中山纪念大学及民国国家政治机关、社会机关，皆应有相当之纪念物。一国家一民族之兴衰，观之于其建筑之发达与否，乃最确实之标准。盖建筑关于民生之密切，无在而不表示其文化之程度也。故中华民族而兴隆，则中华之建筑必日以昌盛。吾人因此而发生第二种感想与希望。夫建筑者，在在足以表示吾民族之文化矣。然则民族文化之价值，亦将由其所创造之建筑品观之。夫建筑一事，在文化上为美术之首要，其成之者，应用哲学之原理及科学的方法。然其所以为美术，由其具有感发之作用。凡有一价值之建筑，犹之一人必有其特殊之品格，而其品格之高尚与否，则视其图案之合宜与否。若陵墓之图案，必需严肃幽厉，望之起祇敬感怀之心而后得体。其图案之是能兴起此感触，则胥其建筑师之才学矣。

今者，吾国向无需要高上建筑之心理，故不求其图案之合乎美术原理，而关于建筑之学术则无人注意。是以建筑之人才，则寥若晨星，有需较大之建筑；则必假手外人。夫外人之来中国者，其目的完全在求利，彼固不顾其图案之足否、合格否也。将来中华民国入于建设时，其建筑物必成永久的、纪念的、代表文化的，故关于其图案之郑重，可以设想。但以吾国今日建筑人才之缺乏，其势不能不悲观，故今希望社会对此建筑学，无再视其无足轻重，当设法提倡教育本国人才，兴立有价值之建筑物。

今者，中山先生葬事筹备委员会今对于图案之选定，非常郑重其事，可见亦已认定其关系之重要，促共国人之注意，此可为吾国建筑界前途贺者。今此陵墓者，所以为中山先生纪念者也，而为民国第一次之永久建筑。民国者，中山先生之所手创也，将来民国建设时之永久的纪念的建筑日兴月盛，是皆因先生之倡导，亦先生之所希望。则此将来之建筑，皆得为先生之更永久的纪念。

（手稿收藏 / 黄建德）

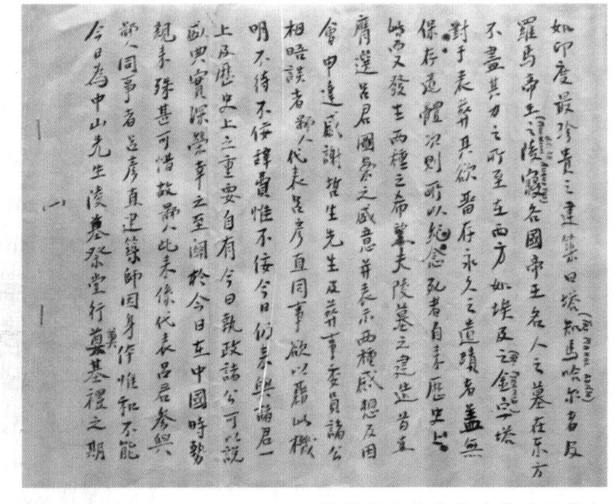

黄檀甫致辞手稿（黄建德藏）

Establishing Authenticity and Integrity of Military Construction Heritage in the View of Military Operation
—Taking the Example of the Western Fort in Yingkou

军事运作角度下的“军事工程”类遗址的真实性与完整性构建*
——以营口西炮台遗址保护为例

沈旸** 周小棣*** 布超**** (Shen Yang, Zhou Xiaodi, Bu Chao)

编者按：本文选自东南大学城市保护与发展工作室研究系列丛书，该丛书是“十二五”国家重点图书出版规划项目，主旨是城市与建筑遗产保护实验研究。由周小棣教授领衔的东南大学城市保护与发展工作室创立于2006年，工作室认为，延续至今的城市与建筑遗产不仅加强了人们日常生活与历史环境的联系，而且是空间历史意象营造的有效途径。可以通过这些特色鲜明、认同感强的空间要素的合理组织，建立起清晰独特的空间意象。这样的操作思路不仅可以使人们在日常生活中建立起与传统文化的联系，也有利于整个社会的良性发展。工作室成立至今，在文物保护规划、建筑遗产的测绘修缮、传统聚落的人居环境改善等方面皆用功甚勤，在实践的同时也十分注重研究总结和提高。2013年底，工作室将近年来的遗产保护与发展的研究实践结集出版，是建筑文化遗产保护领域的重要成果。

提要：本文从“军事工程”类遗址自身的功能特征出发，指出军事运作的视角是认知此类遗址的有效途径。并以全国重点文物保护单位——营口西炮台遗址的保护为例，具体阐述基于军事运作角度的保护规划编制和构建文物真实性与完整性的操作模式。

关键词：“军事工程”类遗址，军事运作，晚清海防体系，西炮台

Editor's Notes: This article was selected from the series of the research books of the "City Protection and Development Workshop of Southeast University". The series is among the national key book publishing project of the 12th Five Year Plan, and features the experimental study of city and architectural heritage protection. The City Protection and Development Workshop led by professor Zhou Xiaodi was founded in 2006. It believes that the city and architectural heritage lasted till today have not only strengthened the relationship between people's daily life and the historical environment, but also provided an effective approach to create spatial and historical image. The reasonable composition of these characteristic spatial factors that give people a strong sense of identity is conducive to the sound progress of the whole society. The workshop has devoted itself in various fields, including preservation plan of cultural relics, surveying, mapping and renovation of architectural relics, and improving the living environment of traditional settlement, with emphasis on both research and practice. In the end of 2013, the workshop published its result of research and practice in heritage protection and development in the past few years, and it has become an important achievement in the field of architectural heritage protection.

Abstract: According to the functional features of military construction heritage, the thesis indicates the view of military operation is an effective approach to conserve this kind of heritage. Taking the example of the Western Fort in Yingkou, it expounds how to compile protection plan and establish authenticity and integrity.

* 2014年度国家自然科学基金青年科学基金项目(51308100)：基于“事件性”的“革命旧址类”文物建筑保护的理论和方法

** 东南大学建筑学院博士，副教授
*** 东南大学建筑学院教授，硕导
**** 北京市建筑设计研究院有限公司

Keywords: "Military Construction" Heritage; Military Operation; Late Qing Coast Defense System; Western Fort

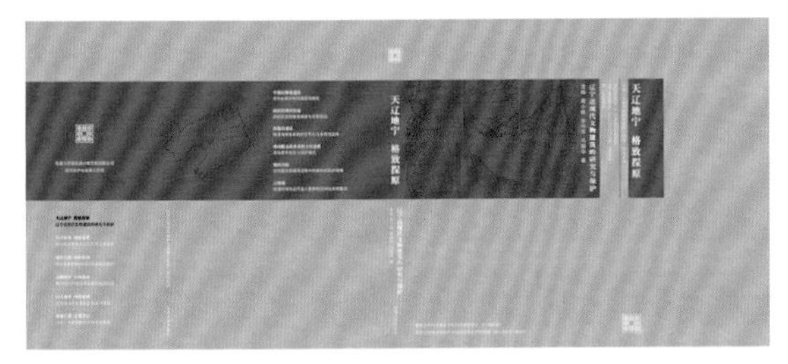

东南大学城市保护与发展工作室研究系列丛书书影之一

东南大学城市保护与发展工作室研究系列丛书书影之二

东南大学城市保护与发展工作室研究系列丛书书影之三

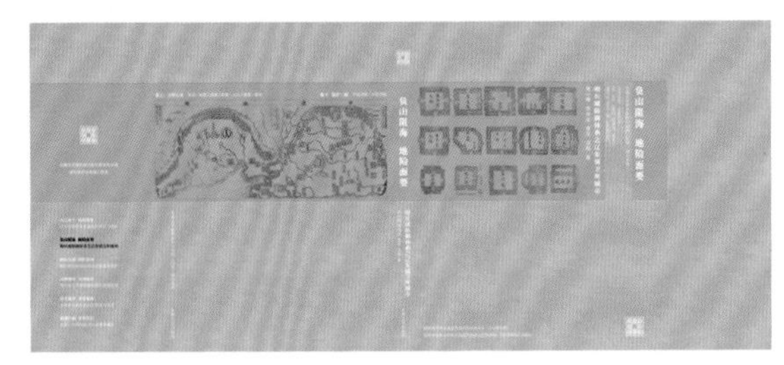

东南大学城市保护与发展工作室研究系列丛书书影之四

东南大学城市保护与发展工作室研究系列丛书书影之五

东南大学城市保护与发展工作室研究系列丛书书影之六

"军事工程"在军事学范畴内的定义为："用于军事目的的各种工程建筑物和其他工程设施的统称。"[①]"军事工程"类遗址和战场遗址是军事遗址的两大组成部分，此概念多用于旅游资源的分类上[②]，而在目前的全国重点文物保护单位中，尚没有"军事工程"类遗址这一专门的类别[③]。基于文物保护工作的类型划分需要，本文将其定义为：用于军事目的而专门修筑的工程建筑物或工程设施的遗址，如军用码头、船坞、港口、要塞、炮台、筑城、阵地和训练基地等，而对于某些临时借用其他建筑设施用以军事目的的遗址未纳入此类[④]。在已公布的六批全国重点文物保护单位中，符合本定义的"军事工程"类遗址就达30多处，涉及古遗址、近现代重要史迹及代表性建筑、革命遗址及革命纪念建筑物等多个类别。

"军事工程"类遗址的突出特点是修筑目的明确，或为进攻，或为防御、掩蔽，皆为军事活动的实效作用；亦即，功能性是此类遗址的最主要价值所在。因此，对于军事运作的深入理解是正确认识和评估遗产价值、制定合理保护规划的首要前提；否则，可能会造成遗址保护中真实性和完整性的背离。如：倘若没有认识到长城的防御运作对于视线的要求及所采取的周边植被控制措施，在保护中就可能对周边地形进行盲目的植被覆盖整治，难免造成对所谓"文物环境"的破坏。作为第六批全国重点文物保护单位之一的辽宁营口西炮台遗址（以下简称"西炮台"），是晚清修筑的海防工程，亦为"军事工程"类遗址。本文即以之为例，从军事运作的角度解读其文物价值，并探讨具体的保护规划策略。

西炮台是晚清海防体系不可分割的组成部分，因此，首先将之置于历史大背景中予以观察，弄清其在整个海防体系运作中的军事地位及相关的设置措施（如选址的军事考虑、与其他海防设施之间的联动等），这也是认清西炮台军事意义的关键所在；再通过西炮台自身的军事运作解读，理解其设计原理、构成内容的功能性特征及之间的互动关系，这有助于完善基于真实性与完整性要求的西炮台文物价值建构，确定保护对象构成，划分相应的等级和层次，并制定恰当的保护措施。

① 熊武一，周家法总编；卓名信，厉新光，徐继昌，等主编：《军事大辞海（上）》，1232页，北京，长城出版社，2000。

② 军事遗址指为防御外来入侵而修筑的军事工程或工程遗址，以及发生重大战争的战场遗址。参见国家旅游局资源开发司编：《中国旅游资源普查规范》，6页，北京，中国旅游出版社，1993。

③ 1988年之前的三批全国重点文物保护单位的分类为：革命遗址及革命纪念建筑物、石窟寺、古建筑及历史纪念建筑物、石刻及其他、古遗址、古墓葬；1996之后的三批对分类进行了调整，为：古遗址、古墓葬、古建筑、石窟寺及石刻、近现代重要史迹及代表性建筑、其他。

④ 如：保定陆军军官学校旧址、侵华日军东北要塞、连城要塞遗址和友谊关、秀英炮台等，均可纳为"军事工程"类遗址；而瓦窑堡革命旧址、渡江战役总前委旧址、湘南年关暴动指挥部旧址等，乃临时借用其他建筑设施，则不归入此类。

一、晚清海防体系运作中的西炮台

晚清帝国着手海防体系建设始于1840年的第一次鸦片战争。囿于重陆轻海、以陆守为主的指导思想，该体系的运作以陆基为主，“水陆相依、舰台结合、海口水雷相辅”①。中国海岸线如此绵长，不可能在所有的位置都修筑炮台等防御工事，清政府选择了在沿海要隘修筑炮台的海口重点防御方式（图1），并形成了三道防线：第一道防线为组建水师舰队作为机动的海防力量，协助各炮台进行防守，负责近海纵深方向的防御；以沿海要隘的炮台为主的海岸防御为第二道防线；同时，在炮台周围设置配合炮台防御的步兵和水师营驻守，组成第三道防线。

直隶乃京畿之地，故北洋防区一直是晚清海防体系的重中之重。清政府先后斥巨资修建了旅顺（有当时亚洲第一军港之称）、威海卫两大海军基地，并在渤海湾沿岸要隘修筑了大量炮台，并配置德国克努伯海岸炮，牢牢扼守住直奉的渤海门卫，拒敌于外洋，构成了北洋防区最为坚固的一道海上防线；同时，加强大沽口一带的防御力量，增筑炮台和防御工事，为捍卫京师的最后一道关键防线。最终，在北洋防区构筑成了一个以京师为核心，以天津为锁钥，北塘、大沽为第一道栅栏，以山海关、登州相连形成第二道关门，再次则营口、旅顺、烟台这一连线，最外为上至奉天，经凤凰城、大孤山等，中联大连，南结威海卫、胶州澳的严密的防守体系；横向来看，则以天津为辐射点，外接山海关、营口、金州、旅顺、大连、烟台、威海卫、登州等辽东和山东半岛的联结点形成一个坚实的大扇面（图2）。经纬交织的防御布置，正如李鸿章所说，可谓是“使渤海有重门叠户之势，津沽隐然在堂奥之中”②。

西炮台是北洋防区的左臂——辽东半岛防御链上的重要一点，位于渤海北岸的辽东半岛中西部，其在晚清海防体系运作中的军事作用，概括如下。

（1）旅顺的后路：旅顺地处辽东半岛最南端，三面环海，与山东半岛隔海相望，是连接两个半岛的最近点，为“登津之咽喉，南卫之门户”，李鸿章对其军事地位给予高度评价：“东接太平洋，西扼渤海咽喉，为奉直两省第一重门户，即为北洋最要关键。”③因此，旅顺一直都是北洋防务的重点，是御敌的前沿，乃兵家必争之地。营口位于旅顺北部的渤海湾西岸，距旅顺200多千米，是其颇为紧要的后路，既可防止敌人从后方登陆包抄旅顺，又可在旅顺遭敌时予以支援。

（2）山海关前沿：山海关是京师北部最重要也是最后一道防线，一旦被破，外敌将长驱直入，直取京师。营口乃山海关前沿阵地，失守就意味着山海关大门洞开。“山海关、营口至旅顺口，乃北洋沿海紧要之区。”④可见，营口是北洋防区中外接旅顺口，内应山海关的关键一环。

（3）辽河的门户：辽河是东北地区南部最大的河流，也是担负物质运输和商业贸易的内河航道。晚清辽河航运业的发达促进了辽南地区经济的繁荣，并在辽河沿岸兴起了大量的近代城市，营口即为代表之一，成为西方列强在东北地区的重要通商口岸⑤，与天津、烟台同为北方三大港口。西炮台就扼守在辽河入海口左岸，是船只由渤海进入辽河的必经之地，具有确保营口和辽河沿岸的牛庄、鞍山等港口城市安全，保护奉天和整个东北地区稳定的重要军事作用。

二、西炮台的军事运作与工程营造

1. 攻击体系

据《南北洋炮台图说》记载：“（营口）南面海口有铁板沙，凡轮船入口，必由东之北。”⑥即，若有敌船来犯，必从东北方向驶入辽河口；又若敌船的进犯路径是经旅顺口、威海卫进入渤海湾，并试图进攻营口，则必是由南而来。统而观之，辽河入海口的左岸是迎敌的前沿地带，而西炮台正是修筑在面向敌船来犯的方向，呈迎头之势。西炮台的选址和布置方式确保了炮台拥有面向海面的开阔视域，使炮台火力能够以最大范围覆盖敌船的行进区域，争取到尽可能开阔的作战空间和充裕的攻击时间（图3、4）。

西炮台地处平原地区，地形平坦，无法利用山势地形构筑不同高程的多层次火炮工事，形成较大范围的立体交叉火力网，就必须通过构筑大炮台来居高临下地观察和射击远、中、近目标，其他如大沽口炮台（图5）、北塘炮台等，皆如此。西炮台共建有炮台5座，主炮台居中，两侧各有1座小炮台辅之，在东南和

图1 晚清海防体系中的炮台分布（图中地名均为晚清时期称谓。据杨金森，范中义．中国海防史[M]．北京：海军出版社，2005：187图7重绘）

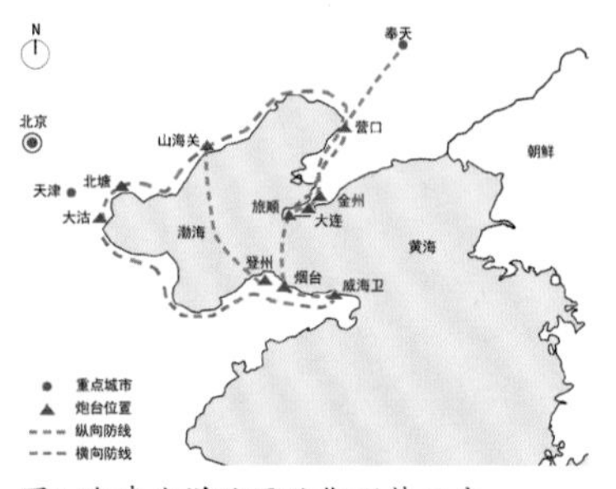

图2 晚清北洋防区防御形势示意（图中地名均为晚清时期称谓）

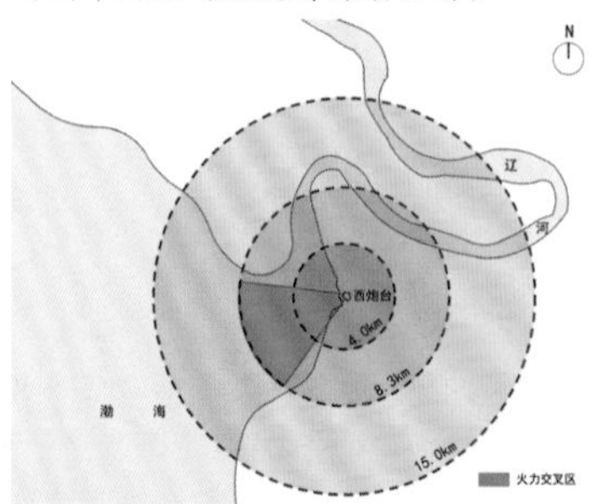

图3 西炮台对辽河口的火力控制(图中火力覆盖半径据所置火炮的有效射程确定)

① 卢建一：《闽台海防研究》，57页，北京，方志出版社，2003。

② 于晓华：《晚清官员对北洋地理环境的认识与利用》，38-39页，青岛，中国海洋大学，2007。

③（清）李鸿章：《李鸿章全集》，三册，卷四十六，1783页，北京，时代文艺出版社，1998：。

④（清）李鸿章：《李鸿章全集》，四册，卷五十一，北京，时代文艺出版社，1960。

⑤ 1858年清政府与英法等国签订《天津条约》，原定牛庄为开埠城市，后因其交通不便，改为营口。

⑥（清）萨承钰：《南北洋炮台图说》，一砚斋藏本，后人影印本，非正式出版物，49页，2008。

图4 西炮台南望海滩

西北两隅又各建圆炮台1座。主炮台是整个西炮台的构成主体，配置了两门口径最大、射程最远的21厘米德国克房伯海岸炮；其他小炮台作为主炮台的辅助攻击力量，配置的海岸炮口径为15厘米和12厘米。主炮台上的火炮射程远，但若敌船临近则不易攻击，就需要小炮台上射程较近的火炮加入战斗，且左右对称的布局可以形成火力交叉，提高攻击的命中率和打击强度；此外，主炮台围墙下还置有暗炮眼8处，以隐蔽消灭敌人。火炮皆可360度环射，不仅能纵射辽河下游河身，也可向东、南、北三面陆上射击，这样就构成了一个多层次的交叉火力网。同时，各炮台之间还通过围墙的马道相互联系，战时既能独立作战、集中火力，又可相互支援和掩护，机动地多方打击敌人，有效扼守住辽河入海口。

图5 大沽口炮台
［费利斯·比托（Felice Beato）摄于1860年英法联军攻陷大沽口后，引自http://imgsrc.baidu.com/forum/mpic/item/5bd030d3aaa927303af3cfbb.jpg。］

2. 防御体系

来敌进攻炮台时，常采取船炮和步兵登陆作战配合的方式，船炮负责在远处集中攻击炮台，同时派小艇运送步兵登陆，绕至炮台背部或侧翼发动攻击，鸦片战争初期的很多炮台就因抵挡不住陆上攻击而被攻陷。西炮台作为晚清海防体系中建造较晚的军事工程，充分吸取了以往的经验教训，除配备强大的攻击武器外，还具备完善的陆上防御系统，就工程营造而言，表现在修筑围墙、护台濠及吊桥等。

围墙是西炮台的主要屏障，全长850米，环抱炮台，西面随辽河转弯之势呈扇形。围墙上炮位多集中在南北两侧及东侧面海处，显然是为了防止敌人从侧面包抄和从正面登陆。墙上设平坦马道，低于挡墙1米多，为战时回兵之用。西炮台南北两侧又各筑有土墙一道，既可用于战时增兵防守，又起到防止海水涌浸的作用[①]。整个围墙为三合土版筑，亦为军事防御所需：早期炮台多为砖石所砌，看似坚固，然遇炮弹攻击，砖石崩裂易伤士兵，而三合土则不易崩裂，可有效避免不必要减员[②]；且三合土的材质颜色与西炮台周围的海滩芦苇相近，利于隐蔽和伪装。

护台濠筑于围墙外侧，濠中设置水雷（周边滩涂亦埋有地雷），濠沟之上又设吊桥，平时放下以供通行，战时收起[③]。护台濠、水雷、吊桥共同构成了围墙外的防御系统，可在战时拦阻迟滞敌人的攻击，为守军组织防御和攻击争取更多时间，提供更大的作战空间。

通过这些防御措施的设置，西炮台形成了有前沿、有纵深、相互之间互为犄角的防御体系，为守备作战提供了持久和坚韧的物质和运作条件。

3. 保障体系

后勤保障是维持炮台正常运行不可或缺的部分。据《南北洋炮台图说》记载，西炮台共有营房208间，皆为青砖砌筑而成[④]。其中，兵房多建于围墙内侧临近处，既有利于驻守官兵快速地登上围墙进行战斗抵御，围墙的遮挡还能降低兵房被炮弹击中的几率。弹药库则建于炮台两侧，有效保证弹药的及时运达。

西炮台内南北两侧还各有水塘一处，约700平方米，内蓄淡水，一般认为是炮台驻兵的生活水源[⑤]。两个水塘皆临近于小炮台的马道末端，这种布局特点可能与小炮台上设置有旧式火炮有关：晚清自己生产的旧式火炮在连续发射时会由于炮膛内温度过高而导致炸膛，需要大量的储备用水对火炮进行降温[⑥]，水塘设于小炮台附近，恐还担负火炮降温的职责；反观大炮台，设置的德国克房伯海岸炮无须降温，水塘亦无

① 丁立身主编：《营口名胜古迹遗闻》，57-60页，沈阳，辽宁科学技术出版社，1991。转引自孙福海主编，营口市西炮台文物管理所编：《营口西炮台》，166页，营口：辽宁省能源研究所印刷厂，2005。

② “以大石筑炮台，非不美观，然大炮打在石子上，不独码子可以伤人，其炮击石碎，飞下如雨，伤人尤烈。”参见林福祥，平海心，等. 中山大学历史系资料室藏抄本：《论炮台事宜第十二》。李鸿章奏折中也曾提到：“窃查大沽、北塘、山海关各海口所筑炮台，均系石灰和沙土筑城，旅顺口黄金山顶炮台仿照德新式，内砌条石，外筑厚土，皆欲使炮子陷入难炸，即有炸开，亦不致全行坍裂。”参见故宫博物院选编：《清光绪朝中日交涉史料，卷十六》，1932：2-3。以上史料皆转引自施元龙主编：《中国筑城史》，305页，北京，军事谊文出版社，1999。

③ 孙福海主编：《营口西炮台》，出版信息不详，17页。

④ 东南向居中建官厅五间，又连建官房八间，两旁各建官房五间，西北向居中建官房五间。西南向炮台后左右共建兵房十一间，西北隅建兵房十间，西向建兵房二十一间借建子药库三间，东向又建兵房二十五间，营墙下环建兵房九十八间，营门后左右又建兵房六间。参见（清）萨承钰：《南北洋炮台图说》[M]，49页。

⑤ 孙福海主编：《营口西炮台》，出版信息不详，17页。

⑥ “中国军事史”编写组：《中国历代军事工程》[M]，230页，北京，解放军出版社，2005。

设，可为佐证（图6）。

西炮台正门外还设有影壁一座。影壁是中国传统建筑的重要组成部分，不仅可以界定建筑内外的过渡，丰富空间序列，也是传统社会风俗和文化的重要体现。西炮台虽为军事工程，但在一定程度也遵循了传统的营造理念（图7）。

图6 不同产地的火炮

［（左）21厘米口径德国克虏伯海岸炮，为广州博物馆展览的1867年德国造，引自http://pic.itiexue.net/pics/2009_2_17_96084_8796084.jpg；（右）晚清自制旧式火炮，引自http://www.mice-dmc.cn/proimages/200872217551114.jpg］

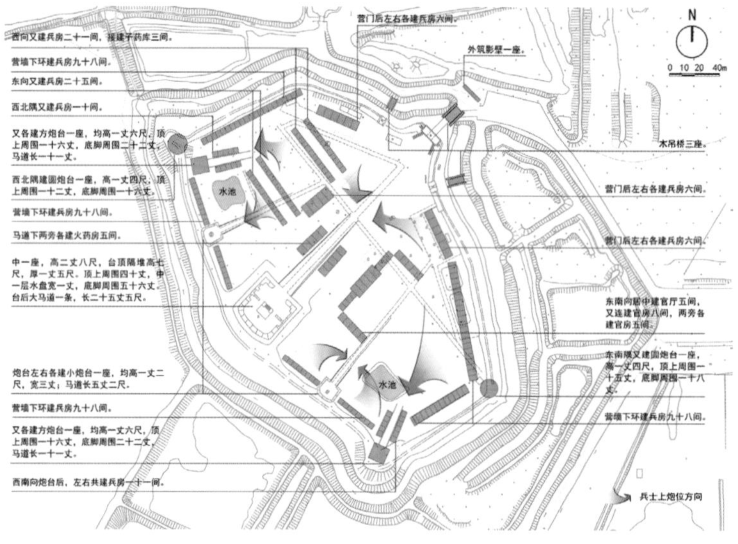

图7 西炮台布局结构推测

［据（清）萨承钰. 南北洋炮台图说[M]：49；（清）杨同桂. 沈故[M]；孙福海主编. 营口西炮台[M]：16-17，162-167推测］

三、基于军事运作角度的保护策略

“军事工程”类遗址的文物价值首先取决于其军事功能，军事运作的解读是对其做出深刻认识和理解的有效途径，主要涉及历史环境、布局结构和构成要素等；再综合现状评估，确定保护对象构成、保护区划划分和制定保护措施等，进而达到文物保护中真实性与完整性的构建（图8）。

保存现状
历史研究
历史环境
布局结构
构成要素
军事“运作”
保护规划
保护对象
保护区划
保护措施
真实与完整

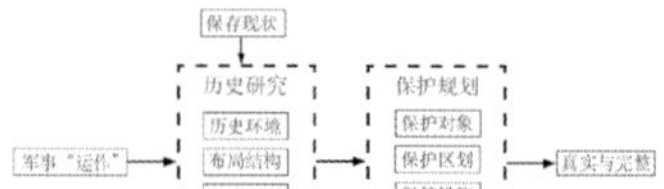

图8 基于军事运作的保护规划策略

3. 历史环境

晚清海防体系由南至北分布的大大小小的炮台中，因地形和环境影响而面貌各异；即使在地形相似的情况下，炮台形制也因具体环境差异而不尽相同。基于西炮台军事运作的条分缕析，结合考古发掘和文献记载，可以明了炮台营造与周边环境的密切关系，并对历史环境的保护做出合理的规划。

（1）作战视域：由于当时尚不存在超视域作战技术，炮台必须等目标进入其视域范围之内方可实施攻击，因此，开敞的视域对炮台来说至为关键。西炮台的视域保护主要是通过划定保护范围和建设控制地带予以保证：西侧保护范围以外的滩涂、水域划为禁建地带；建设控制地带划分为三级，除对可建建筑高度进行分层次控制外，又由南侧小炮台东边界中点向南作一南偏东20° 的射线，对该区域建筑高度作特别控制，以保证视域的开阔（图9）。

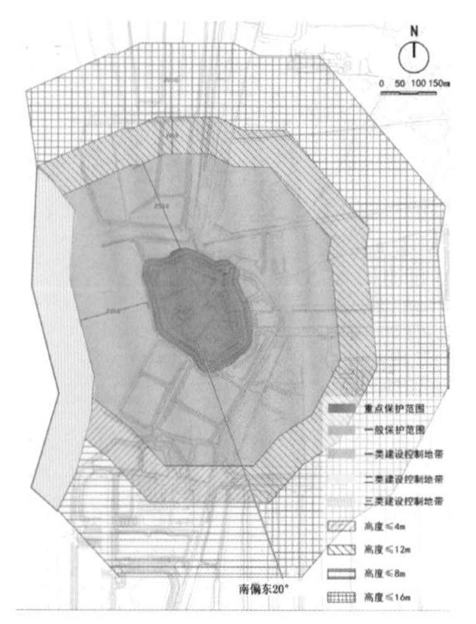

图9 建筑高度控制

（2）滩涂植被：西炮台为露天明炮台，又建于河流入海口开阔地带，很容易招致炮火集中攻击。而周边滩涂的丛丛芦苇，正是极好的掩护，加之炮台自身的夯土材料与芦苇颜色相近，具有保护色的作用，可使炮台隐匿于芦苇丛中（图10）。据此，本案特别提出对炮台周边芦苇进行强制性保护，并建议将南侧的大面积鱼塘恢复为滩涂，并大面积种植芦苇，以营造已渐渐褪去的历史环境氛围。

图10 掩映在芦苇丛中的西炮台

（引自http://imgdujia.kuxun.cn/newpic/977/836977/1.jpg）

图11 人工造景的前后对比

（左图：原有的炮台景观，引自 http://www.ykxpt.com/pic/200695105341.gif
右图：改造后不符合历史氛围的人工化景观）

图12 西炮台东望城市

（3）内部景观：西炮台目前内部景观为规整的人工造景，有悖于这一军事工程的原有环境氛围，故建议对其进行调整以还原历史风貌。通过削弱现有人工草坪面积过大、过整的效果，增加砾石或砂石铺地，烘托气氛，重现炮台较为雄壮、厚重的沙场气息（图11）。

（4）缓冲地带：现在的营口城市扩张已经威胁到西炮台的生存空间，渤海大街直抵其前（图12），历史上“出得胜门外远瞻（西炮台）形势巍峨，隐隐一小城郭”[①]的影像早已荡然无存。本案建议在西炮台南侧和东侧种植高大乔木，一者遮挡现代城市天际线；二者可使土黄色的炮台身躯隐现于绿树婆娑，吸引原来观者，在一定程度上回应历史图景（图13）。

图13 西炮台与城市之间的缓冲（底图引自谷歌地图2008）

2. 布局结构

西炮台是一座功能完备、组织严密的海防工程，布局结构是其作为军事工程系统性的最直接物质表征，也是本案编制中最为切实紧要的部分，只有保证了布局结构的完整，才能正确呈现西炮台军事运作的功能特点和特有的文物价值。

图14 护台濠上的钢筋混凝土桥

历经100多年风雨侵蚀，加之中日甲午战争和日俄战争中侵略者的蓄意破坏[②]，延续至今的西炮台遗址虽总体格局尚属清晰，但存在着不同程度的历史信息缺失（表1）。如：

西炮台的营房是反映炮台驻兵生活的重要载体，外围的两侧土墙是防御体系的重要组成，现俱已不存，应对其实施考古发掘并予以展陈；在此工作尚未全面展开的情况下，则预先通过军事运作分析其可能埋藏区，并纳入保护范围，为考古发掘提供条件。西炮台周边的滩涂为地雷埋设地，虽不属于炮台建筑本身，但仍属于防御体系的组成部分，亦应划入保护范围。

西炮台护台濠上的吊桥亦已不存，取而代之的是一座钢筋混凝土桥（图14），原真性受到严重破坏，亟待在广泛收集图像资料、文献记载的基础上，结合相关历史时期炮台吊桥案例，本着严谨的历史研究态度对西炮台吊桥予以复原设计，使之符合或反映历史原状，并拆除现有钢筋混凝土桥。

表1：西炮台军事运作体系构成及现状评估

分类	构筑物		功能及形制	保存状况及主要破坏因素
攻击体系	炮台	主炮台	西炮台主要攻击力量，构成主体，配置的火炮射程最远，威力最大。大炮台居中，东与正门相对，台通高8米，分两层。下层长52米，宽54米，高2米；上层长44米，宽43米，高4米。台顶四周筑有矮墙，高2米，宽1米。墙内的南北接筑3条东西排列的短墙，相互对称，战时为掩体	受破坏严重，墙皮脱落，后经过修补，原状基本保存。历史上的人为破坏，海风侵蚀及大雨冲刷，深根植物破坏
		小炮台	主炮台的辅助攻击力量，攻击范围较近。台长16米宽14米，高4.7米	

① 《大同二年（1933）民国营口县志》，转引自孙福海主编：《营口西炮台》，出版信息不详，163页。

② 1895年日军向营口西炮台进犯，乔干臣率部用火炮、地雷同日军展开激战，日军伤亡多人。后日军由埠东偷渡潜入，干臣“度不能守，亦退兵田庄台”。营口失守后，炮台、营房和围墙都遭日军破坏。后在1900年庚子之战中，俄、日围攻营口，在胡志喜、乔干臣率领下，经过6个小时激战，终因寡不敌众，海防练军营官兵104人阵亡，127人受伤，俄军死伤200余人。俄军侵占营口后，炮台又遭损毁。参见孙福海主编：《营口西炮台》，出版信息不详，164页。

		圆炮台	辅助攻击，负责较近区域防御。东南、西北隅各置1座	
		暗炮眼	设置隐蔽，不易被敌人发现，可发动突袭，可控制范围较近，主要防止敌人登陆。主炮台墙下周围设暗炮眼8处	
防御体系	围墙	南段围墙	西炮台主要的屏障，保证炮台安全，提供守备作战的依托。周长850米，环抱炮台，西面随辽河转弯之势呈扇形。墙高3～4米，宽2～3米，其外围陡低2米多，内有平坦马道比外围墙低1米多。	受破坏严重，墙皮脱落，后经过修补，原状基本保存。历史上的人为破坏，海风侵蚀及大雨冲刷，深根植物破坏
		东段围墙及城门		受破坏严重，墙体多处坍塌，裂缝严重，墙皮脱落。海风侵蚀及大雨冲刷，深根植物破坏，动植物洞穴造成墙体灌水，进而加速墙体坍塌
		北段围墙		原城门已不存在，围墙有豁口，现城门为20世纪90年代以后复建，围墙豁口及残毁部分用新的夯土修补，新旧材料区分明显。海风侵蚀及大雨冲刷
		西段围墙		西段围墙存在几处缺口，剩余部分保存较好。人为打断，风雨侵蚀
	护台濠		隔断敌人的进攻路线，延滞敌人的进攻。护台濠距围墙外周8.5～15米，随围墙折凸而转绕一周，长1 070米。护台濠上口宽7米，底宽2米，深2米	原护台濠已淤塞，后经1987年和1991年两次清理挖掘，并重新修葺。新修的护台濠宽度比发掘实测尺寸明显偏大，且护坡为石砌，与历史不符。保护不当造成破坏，自然老化
	吊桥		保证炮台与外部的交通联系，战时收起以便防守。1（或3）座，设于正门外，横于护台濠上	现已不存
	土墙		用于增兵防守，抵御敌人炮火，掩护兵员。还可起到防潮之用。南北两侧各筑土墙一道，长10余里。基宽10米，顶宽5米，高2米	现已不存
保障体系	营房		日常生活保障。208间，青砖砌筑	遗址在过去发掘中曾部分发现，但尚未进行全面考古发掘。埋于地下，受破坏因素不得而知
	弹药库		提供炮台的弹药支援。3间	
	水池		日常用水和战时火炮降温用。南北各有1处，约700平方米	受扰动少，保存较好。自然老化
	影壁		传统建筑营造理念的体现。1座	仅存基座。历史上的人为破坏

注：西炮台军事运作体系构成据孙福海主编《营口西炮台》，16–17页，162–167页整理。

3. 构成要素

构成要素是体现布局结构的基础，只有做到真实全面的保护，才能向公众传达正确的历史信息，体现文物保护的意义。就西炮台的构成要素而言，主要问题集中在围墙和护台濠。

围墙是西炮台防御体系的最重要构成，三合土的版筑方式更是晚清海防体系后期炮台修筑特点的实物见证，是典型的军事运作角度下的功能性建构。在长年的风雨侵蚀下，部分墙体进水坍塌，破坏严重；保存相对较好的部分也面临诸般自然威胁。本案针对围墙受损的不同程度和原因，分别制定相应的保护措施（图15）。而护台濠虽得新修，却比原有尺度明显偏大，且护坡为石砌，看似“美观”，实则歪曲了历史

病害种类	破坏现象	破坏原因	主要措施	备注
A 浅根植物影响	植物无组织生长，破坏墙体土体。	未及时清理墙体附着的植物。	清除附生在墙缝中和墙顶上的植物乱根。	
B 深根植物影响	植物乱根深入墙体裂缝，撑破墙体。	未及时清理墙体裂缝中生长的植物，导致植物乱根深入裂缝，撑破墙体。	清除墙顶杂树、乱根。建议使用 8% 铵盐溶液或 0.2%~0.6% 的二氯苯氧醋注入树根处理，腐烂后加入三合土夯实。	可采用化学试剂清除植物根系，但应经过试验，确保不对夯土造成破坏。
C 墙体塌陷	墙体部分塌陷、倒塌。	墙体臌胀、开裂、起壳、下沉状况没有得到及时维修，导致破坏加剧严重，出现部分墙体坍塌。	采取加固和确保安全的措施，使用原材料、原工艺补夯墙体。	应保证补夯的土色与原夯土色有显著区别，以确保可识别性。
D 墙面空蚀	墙体立面出现臌胀、开裂、起壳、空蚀。	夯土风化、酥碱。墙体结构材料老化，抗力降低。	清理破坏表面，补夯内侧墙体。对墙体表面的损伤，封堵裂缝。局部重要部位表面损伤墙面，可根据试验结果，采用敦煌研究院开发的 PS 加固剂或北京大学开发的丙烯酸树脂非水分散体加固剂等土遗址补强制剂，配合锚杆、竹钉予以拉结、修补，防止进一步破坏。	整片墙面膨胀、隆起、扭曲、大角度倾斜，并可能在近期内失稳的，应以安全为第一原则，予以拆除，并使用原材料、原工艺进行补夯。
E 墙体缺口	墙体被打断，或部分缺失。	人为打断墙体。	使用原材料、原工艺补夯。	应保证补夯的土色与原夯土色有显著区别，以确保可识别性。
F 降水冲沟	顶面、侧面浸泡、冲蚀。	年久失修，战争或其他人为原因破坏。	埋设 PVC 管等排水构造，解决墙顶排水问题，并经常清扫围墙顶面，清除排水障碍。墙体顶面排水构造之上可种植草皮。	

图15 围墙保护措施

原貌，应尽快采取整治措施：缩减濠宽至原尺度，拆除石砌护坡，并种植芦苇等湿地植物恢复自然护坡（图16）。至于西炮台正门外的影壁，现仅存台基，而门内伫立的影壁则为新建的景观设施，并且造成了不必要的历史信息错乱。应予以拆除，而在原址的台基基础上进行复原。

图16 护台濠现状及整治措施

四、结语

功能性要求作为“军事工程”存在的最直接动因，决定了“军事工程”类遗址的文物价值首先在于其军事运作的体现；而军事运作的解读，不仅有助于把握此类遗址的设计原理和构成内容，形成系统性的认知，更是制定有效而具有针对性保护规划的必要前提，并以此达到构建真实性与完整性的文物保护目的。

（摄影/相睿）

Save Industrial Heritage in Urban Centre
—Preservation of Fujian Xinhua Printing House

抢救城市中心区工业遗产
——福建新华印刷厂工业遗产保护探索*

季 宏**（Ji Hong）

摘要： 地处福州市中心区的福建新华印刷厂是福建省重要的印刷业工业遗产，通过历史沿革、价值评估等科学、体系的基础研究，探索工业遗产的合理保护方案，并推荐最具实施可能的分区保护方案，针对可能采取的异地保护方案提出保护建议。

关键词： 工业遗产，福建新华印刷厂，历史沿革，价值，保护

Abstract: Located in the urban centre of Fuzhou, Fujian Xinhua Printing House is an important industrial heritage of printing in Fujian Province. A reasonable conservation scheme is being explored and developed through historical evolution, value evaluation and other scientific systematic fundamental researches. In-situ conservation is recommended since it is the most feasible, while putting forward protection advice on possible ex-situ conservation.

Keywords: Industrial heritage; Fujian Xinhua Printing House; Historical evolution and reform; Value; Preservation

福建新华印刷厂（图1、2）位于福州市福新中路42号，企业始建于1956年，1957年7月宣布建厂，1958年开始生产。随着福州市中心城区工业企业的外迁，新华印刷厂将于今年停产，待搬迁完成后建设福州新华文化城，用地性质按规划也将由工业用地转变为商业居住综合用地。中国建筑设计研究院副总建筑师曹晓昕2014年3月28日的一条微博，引起了建筑界与文化界对福建新华印刷厂的关注①，微博写道：“作为近现代工业遗产应保留下来，这些记忆对于一个有历史的城市太重要了。”

在其后的3个月里，笔者对新华印刷厂的8座工业历史建筑与工艺流程动态信息进行抢救性记录，并在福州市城建档案馆购买了历史图档，理清了企业的历史沿革；研究了新中国成立后我国印刷业的发展历程，理清了工艺流程的发展、机器设备的演变和工业建筑的改建、扩建与重建之间的互动关系；在对工业遗产充分研究的基础上进行价值评估，对新华印刷厂的认识达到了《关

图1 新华印刷厂鸟瞰图之一

① 除曹晓昕外，同济大学的张松教授对于福建新华印刷厂将要拆除一事在微博中表示“应该向有关部门反映一下”，同时，不断有业内人士联系笔者并询问福建新华印刷厂工业遗产的情况，如《建筑学报》杂志社的孙晓峰编辑、同济大学的巨凯夫博士等等。

* 国家自然科学基金（51308122）、国家社会科学基金（12&ZD230）、福建省教育厅基金（JB12001）、华南理工大学亚热带建筑科学国家重点实验室开放课题（2014KB15）共同资助

** 福州大学建筑学院讲师，天津大学建筑学博士

图2 新华印刷厂鸟瞰图之二

于工业遗产的下塔吉尔宪章》要求的“工业遗址的保护需要全面的知识，包括当时的建造目的和效用，各种曾有的生产工序等。随着时间的变化可能都已改变，但所有过去的使用情况都应被检测和评估”。与此同时，笔者通过各种渠道呼吁对福建新华印刷厂工业遗产的保护①，与开展福州市近现代工业遗产的普查、认定。

从区位看，新华印刷厂所处的地理位置早已是城市建设的核心地带，土地价值可谓寸土寸金。因此，新华印刷厂工业遗产的去留将反映城市建设与文化延续的二元关系，是福建伴随着海西经济区建设的提速成为中国文化遗产保护前沿地带所面临的众多保护案例中的一处，有待面对与研究。在上述背景下，工业遗产整体保护似乎并不现实[1]，能做到“抢救性保护、保护性再利用”[2]已是不易。尽管如此，笔者尝试了整体保护、分区保护、孤岛式保护等多种方案，以应对不同的情况。目前，笔者的呼吁与建议已经受到关注，保护方案正围绕原址保护与异地保护两种不同定位展开讨论。本文作为阶段性成果，介绍了笔者如何通过历史研究与价值评估的科学方法确定工业遗产保护对象的过程，介绍了现实背景下面对取舍关系时如何优化保护方案，还介绍了工业遗产基于学术研究的保护与再生模式与商业开发模式的差异，提供了除工业遗产保护与再利用的商业模式外更科学的方式，也必将成为工业遗产的发展趋势之一。

一、福建新华印刷厂的历史沿革

查阅福州市城建档案馆中福建新华印刷厂的历史图档可知，企业总体格局的演变大致可分为初创（1956年）、大规模扩建（1968年）、小规模扩建与功能调整（1975年）、生产功能重新部署（1982年至20世纪90年代）几个阶段。

1. 新华印刷厂的初创（1956年）

1956年，福建新华印刷厂选址福州东郊的浦下乡，企业占地50亩。从总平面图看（图3），新华印刷厂用地范围的东、南、北三侧均

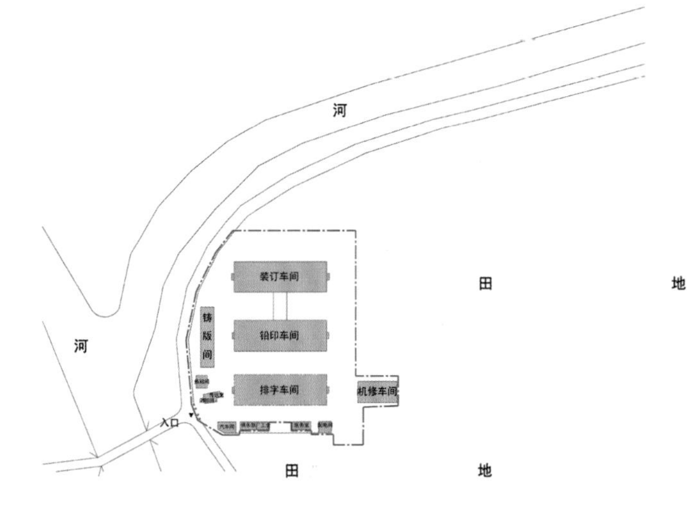

图3 福建新华印刷厂1956年总平面图，图片来源:福州大学建筑历史研究所《福建新华印刷厂工业历史建筑测绘与保护建议》，摹自福州市城建档案馆

① 4月3日，笔者接受东南电视台专访，指出福建新华印刷厂的工业遗产保护与城市开发能够双赢；4月13日，《东南快报》做了《福大建筑学院：我们用自己的方式“保护”老厂房》的报道，介绍了笔者的记录与研究工作；4月22日笔者在福州一套《关注》栏目的采访中展示了刚绘制完的保护方案，包括整体保护、分区保护、孤岛式保护等多种方案以应对不同的情况，并将其与全部拆除后进行全面开发的方案比较，推荐了分区保护方案，将保护对象落实到具体建筑；5月22日，笔者将《福建新华印刷厂工业历史建筑测绘与保护建议》提交给新华印刷厂；5月24日，笔者见到由福州市规划设计研究院编制的《福州新华文化城项目选址论证报告》，用地范围内的工业历史建筑将无一保留；5月29日，中国文物协会工业遗产委员会成立，笔者有幸成为委员之一，在张廷皓先生的帮助下，谢辰生、张廷皓、吕舟、黄星元、刘伯英、费麟、杭侃、黄克忠、王丹华、徐苏斌、刘松茯、朱永春、陈伯超、左琰、陈洋、杨晋毅、冯铁宏、李匡等专家学者在笔者起草的《福建新华印刷厂工业遗产保护建议》上签名；6月3号，笔者将保护建议送往福建省文物局；6月4号，笔者将保护建议寄往福建省委宣传部；6月17日，笔者在福州12345市长信箱平台上提交了保护建议；6月21日，《东南快报》做了《福大教师呼吁保护新华印刷厂，20名专家签名支持保护老厂房》的报道……

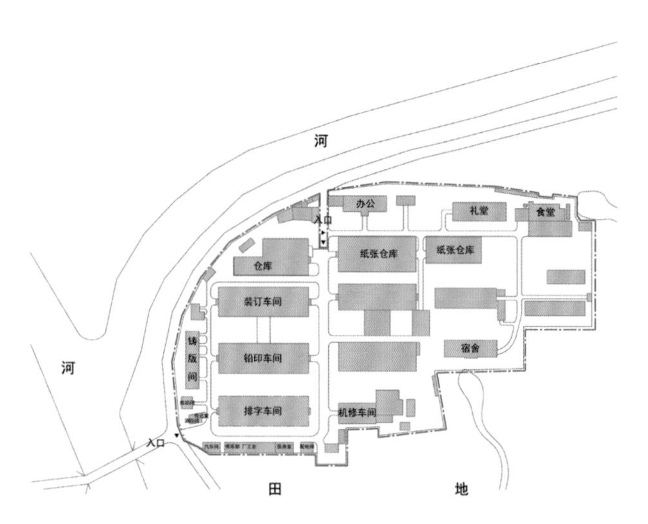

图4 福建新华印刷厂1968年总平面图，图片来源：福州大学建筑历史研究所《福建新华印刷厂工业历史建筑测绘与保护建议》，摹自福州市城建档案馆

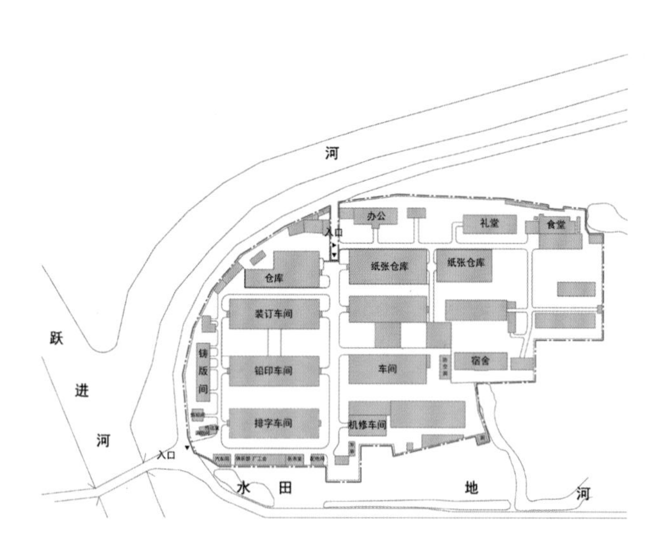

图5 福建新华印刷厂1975年总平面图，图片来源：福州大学建筑历史研究所《福建新华印刷厂工业历史建筑测绘与保护建议》，摹自福州市城建档案馆

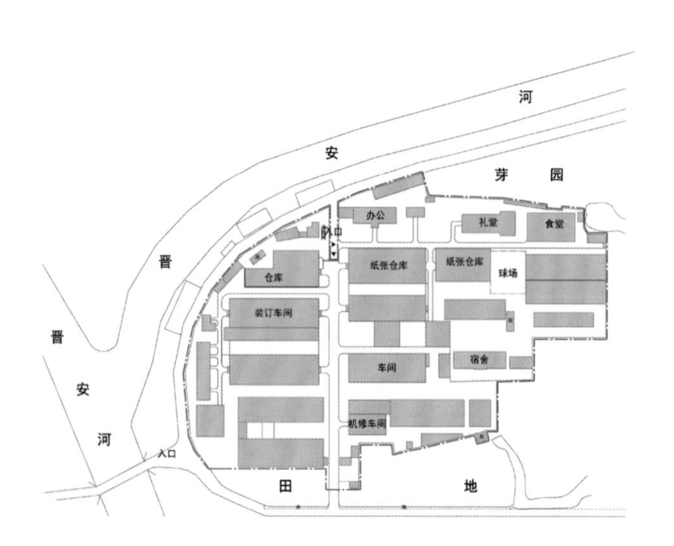

图6 福建新华印刷厂1982年总平面图，图片来源：福州大学建筑历史研究所《福建新华印刷厂工业历史建筑测绘与保护建议》，摹自福州市城建档案馆

临田地，西侧为临河的田间小路。印刷厂西南角辟门，企业修建跨越晋安河的木质大桥以便大货车与大型设备进出，并与市区取得联系。

工业建筑的规划与设计随生产工艺展开，并伴随着生产工艺的演变不断改建、扩建与重建[3]。近现代印刷工业的生产由三大核心工艺构成——制版、印刷与装订，新中国成立初期印刷工业的制版尚采用传统的人工铅字排版工艺，分为炼铅、铸版、排字等生产环节，称为“铅与火”的时代。新华印刷厂内的排字车间、铅印车间与装订车间三大主要生产车间居中，由南向北依次排列，炼铅间与铸版间位于三大车间的西侧，辅助生产的机修车间位于排字车间的东侧，汽车间、俱乐部、厂工会、医务室、配电间等配套服务设施位于厂区的南侧。

从总平面图还可以看出，印刷厂在初创阶段仅建设了企业生产所必需的车间，仓库等重要生产辅助用房与办公、宿舍、食堂等配套服务设施尚未进行建设，企业功能有待进一步完善。

2. 新华印刷厂的大规模扩建（1968年）

从1957年7月新华印刷厂宣布成立到1968年，企业进行了大规模扩建（图4），这次扩建使企业规模扩大、功能完善。首先，增设了北入口；其次，装订车间北侧增设一座仓库，机修车间进行了扩建并在其北侧增建3座仓库，两排并列布置的8座厂房形成了今天印刷厂生产区的主要格局；再次,生产区东侧增设了相当数量的宿舍，生产区与宿舍区北侧增设了办公、礼堂与食堂，三座建筑由西向东呈“一”字形排列；最后，在印刷厂用地边界及生产车间之间的空地增设小体量的配套服务设施。

3. 新华印刷厂的小规模扩建与功能调整（1975年）

新华印刷厂于1975年进行了小规模扩建与功能调整（图5），印刷厂东南角的用地范围有所扩大，机修车间的北侧进行扩建，车间东侧1968年的扩建部分拆除重建。

4. 新华印刷厂的生产功能重新部署（1982年至20世纪90年代）

1982年，印刷厂的排字车间及其南侧的汽车间、俱乐部、厂工会、医务室、配电间等拆除，原址建设两座书刊车间，均为三层厂房，之间由连廊联系，呈U字形平面，炼铅间与铸版间成为杂物间，其后逐渐荒废，这是企业主要生产格局改变较大的一次（图6）。此时，激光照排技术正使中国的印刷技术“告别铅与火，迈入光与电”，印刷业全面进入数字时代，工业建筑也必然会改建或重建以适应生产工艺的发展，排字车间的拆除与炼铅间、铸版间的荒废就是直接的反映，它标志着新华印刷厂的转型已经开始，生产功能的重新部署正逐渐展开。

从此之后至20世纪90年代，印刷厂的建筑功能变化、重建与扩建较之前几个阶段为多（图7）。首先，印刷厂西南角的入口取消，在两排主要生产车间之间的主路南侧增设入口；其次，主要生产车间由两排并列布置的厂房构成的格局基本没有改变，但每排建筑由4座增加为5座，而建筑功能也有所变化，西侧一排的功能由南向北依次为两座书刊车间、机械装订、装订、平板纸仓库与化学仓库，东侧一排的功能由南向北依次为办公、切纸仓库与机械车间、彩色印刷、成品仓库与复检、卷筒纸仓库，其中原机修车间南侧的办公楼为扩建建筑，北侧彩色印刷楼为重建建筑，各个建筑之间的空地搭建临时仓库；最后，原本位于印刷厂北部的办公、礼堂与食堂拆除后建设宿舍楼，形成东部与北部两个生活区。

综上所述，印刷业由“光与电”取代“铅与火”的过程中，新华印刷厂整体格局的演变适应了生产工艺的发展所带来的一系列变化，仓库的数量不断增加、功能的规划进一步完善，居住面积的增加使企业职工的居住环境与生活条件随之改善。

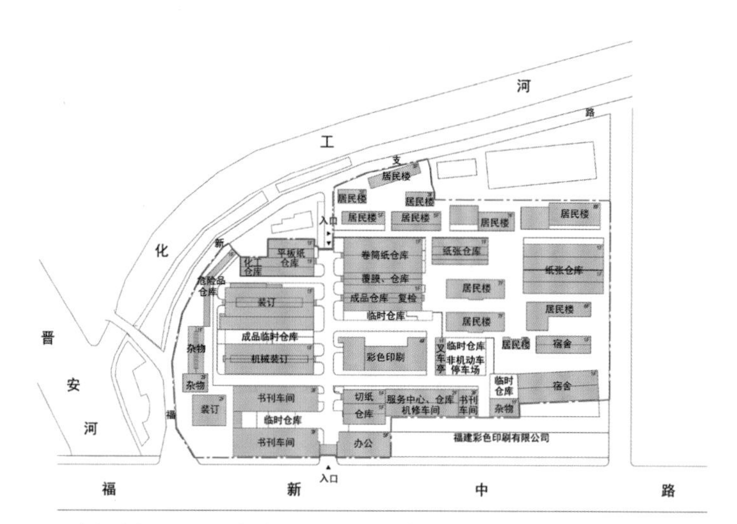

图7 福建新华印刷厂2014年总平面图，图片来源：福州大学建筑历史研究所《福建新华印刷厂工业历史建筑测绘与保护建议》

二、福建新华印刷厂工业遗产的现状

1. 新华印刷厂的工业历史建筑

新华印刷厂的工业建筑遗存中，建成五十年以上的工业历史建筑共计4座（图8），这4座工业历史建筑的功能变迁与保存现状见表1。除此之外，建成三十年以上且具有明显工业建筑特征的一般工业建筑遗产4座，其中成品仓库与复检的屋架类型与4座工业历史建筑中的机械装订车间基本一致（图9），屋架编号亦为SK-S-W.fr（无柱），仅年代略晚，其中成品仓库与复检的跨度为18.2米，机械装订车间的跨度则达到了20.75米。

表1：4座工业历史建筑的功能变迁与保存现状

现状名称	原始名称	保存现状	屋架编号	建筑横剖面图	照片	备注
装订车间	装订车间	较好	SK-S-W.fr（双柱）			使用中、室内未做改变
机械装订	铅印车件	较好	SK-S-W.fr（无柱）			使用中、室内增设隔墙与吊顶
仓库	机修车间	较好	R-W.t（双柱）			闲置、室内未做改变
杂物	铸版间	较差	无法进入			外部乱搭建、室内不详

2. 新华印刷厂的机器设备

象征“铅与火”的时代人工铅字排版工艺的机器设备，福建新华印刷厂并没有保存下来，而该厂20世纪80年代“迈入光与电”后激光照排技术的机器设备保存完整，主要机器设备及其分布见图10、11。

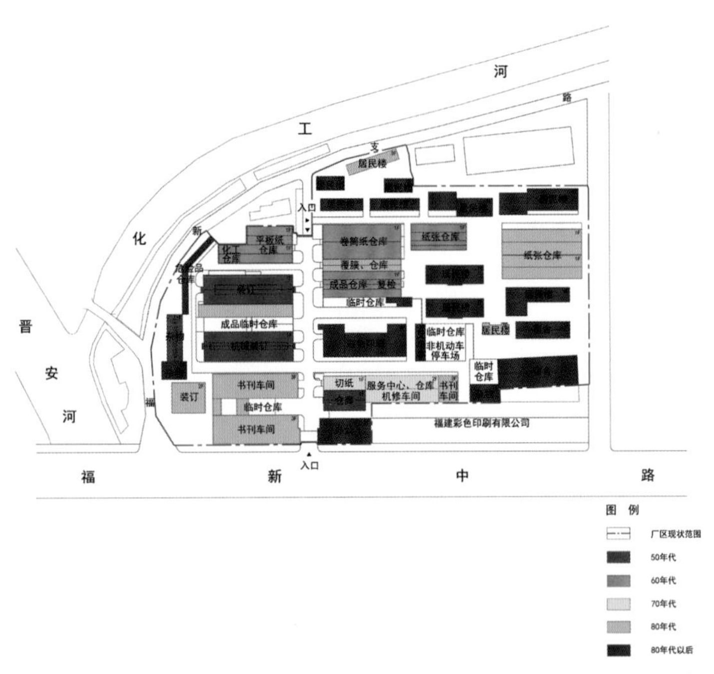

图8 福建新华印刷厂现状建筑年代图，图片来源：福州大学建筑历史研究所《福建新华印刷厂工业8史建筑测绘与保护建议》

图9 成品仓库与复检车间屋架横剖面测绘图，图片来源：福州大学建筑历史研究所《福建新华印刷厂工业历史建筑测绘与保护建议》

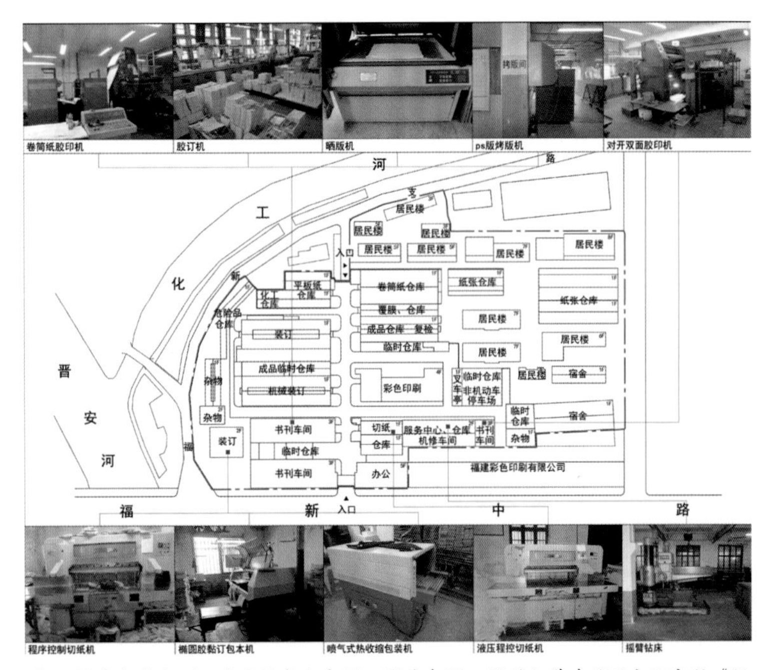

图10 福建新华印刷厂主要设备分布图，图片来源：福州大学建筑历史研究所《福建新华印刷厂工业历史建筑测绘与保护建议》

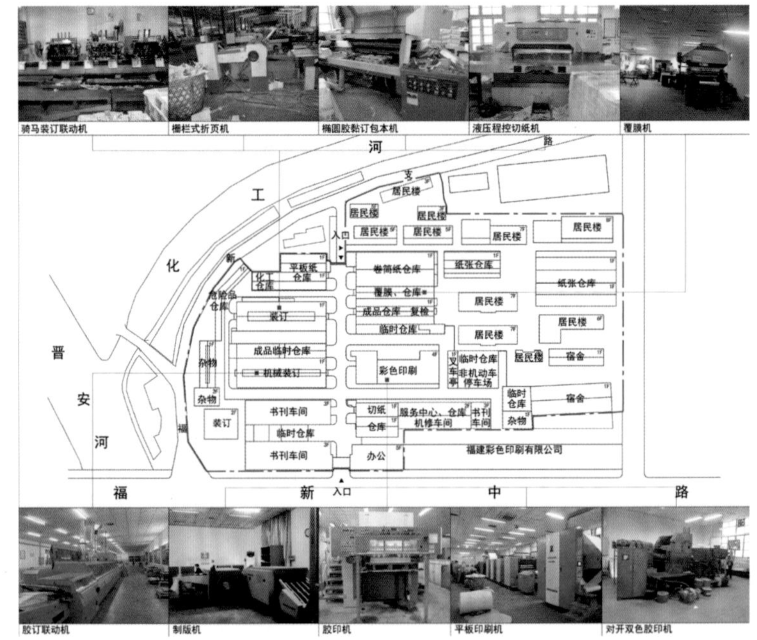

图11 福建新华印刷厂主要设备分布图，图片来源：福州大学建筑历史研究所《福建新华印刷厂工业历史建筑测绘与保护建议》

三、福建新华印刷厂工业遗产的价值

新华印刷厂工业遗产的价值要点可概括为以下几个方面：首先，新华印刷厂建厂50余年来承担了福建全省的教科书印刷，具有重要的社会价值；其次，新华印刷厂虽然随企业的发展规模不断扩大，但其历史格局的演变轨迹清晰，建厂初期的5座工业建筑完整地保留下4座，历史格局较完整、工业历史建筑保存现状较好，历次演变的建筑功能与工艺流程能够得以复原，是福建印刷工业从“铅与火”发展到“光与电”的重要例证，具有较突出的历史价值；最后，新华印刷厂是新中国成立初期自主建设的现代工业，工业历史建筑的木构桁架类型特色突出，具有鲜明的时代特征，这些工业历史建筑在福州地区已是罕见，是福州具有类型典范价值的工业历史建筑，是我国工业建筑发展的见证。

四、福建新华印刷厂工业遗产的保护方案与保护建议

笔者针对福建新华印刷厂工业遗产所做的保护方案是优先考虑原址保护背景下的尝试。

方案一，整体保护方案。由于福建新华印刷厂工业遗产并非各级文物保护单位，因此保留40年以上历史的8座工业建筑的整体保护方案（图12），由于开发难度大、容积率远无法达到开发强度而不具备可能性，更无尝试工业遗产“活态保护”的可能性[4]。

方案二，分区保护方案。分区保护方案是笔者所推荐的保护方案（图13），保护对象包括建厂初期建设的装订车间、铅印车间、铸版车间、化工仓库与平板纸仓库，虽然化工仓库与平板纸仓库并非建设于1956年，但这四座建筑集中于同一区域内，具备分区保护的可能，并建议在原排字车间的位置利用切纸仓库平移或其他拆除一般工业建筑的材料“复原”出与排字车间相同规模的工业“历史”建筑，使建厂初期格局的历史信息得以延续，让参观者对“铅与火”时代的人工铅字排版工艺流程有更充分的感悟。此外，从工业建筑屋架类型分布图（图14）可以看出，分区保护方案还能够最大数量的地保留不同工业历史建筑的木构架类型，工业历史建筑的技术价值能够得以最好的延续。

分区保护方案形成东侧的工业遗产区与西侧的可建设用地，可建设用地范围相对独立、形态完整，采取容积补差的方法，提高可建设用地的容积率，可以达到保护与开发的相对平衡。

方案三，孤岛式保护方案。孤岛式保护方案（图15）则是抢救性保护最有价值的工业历史建筑，是迫不得已的情况下采取的方案，保护对象为原装订车间与铅印车间，两座工业历史建筑年代最久远、结构特色最突出、构成“铅与火”时代印刷工艺流程中的主要生产车间，价值最大。

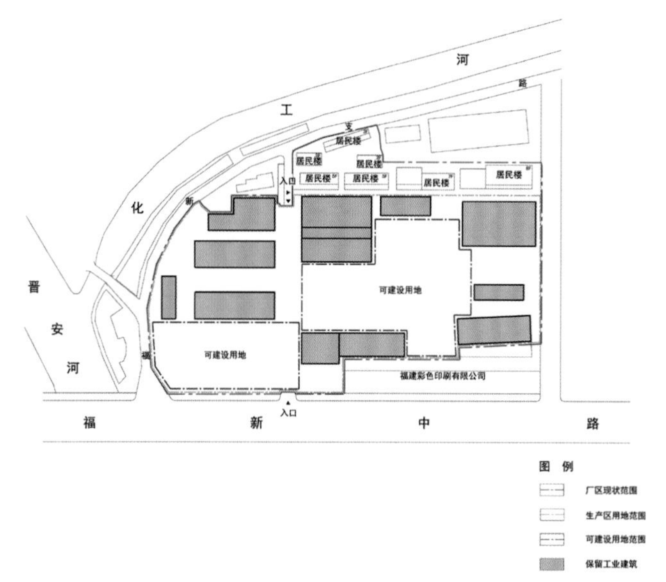

图12 新华印刷厂工业遗产整体保护方案，图片来源：福州大学建筑历史研究所《福建新华印刷厂工业历史建筑测绘与保护建议》

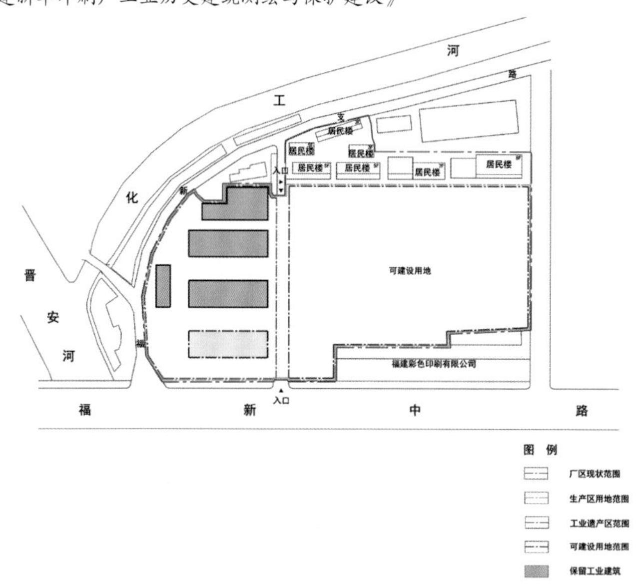

图13 新华印刷厂工业遗产分区保护方案，图片来源：福州大学建筑历史研究所《福建新华印刷厂工业历史建筑测绘与保护建议》

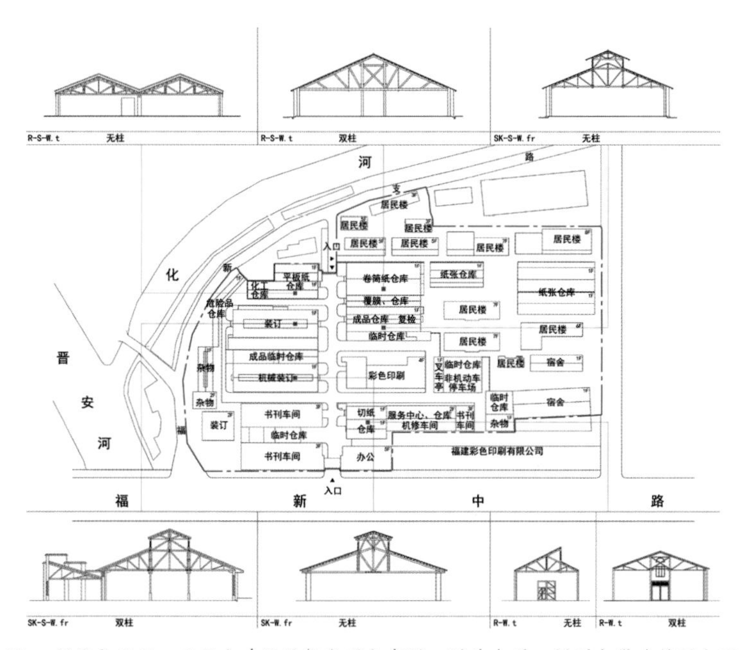

图14 新华印刷厂工业历史建筑屋架类型分布图，图片来源：福州大学建筑历史研究所《福建新华印刷厂工业历史建筑测绘与保护建议》

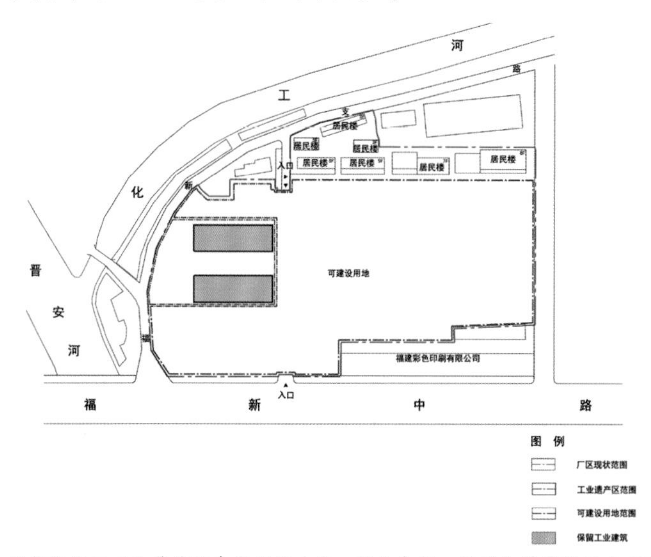

图15 新华印刷厂工业遗产孤岛式保护方案，图片来源：福州大学建筑历史研究所《福建新华印刷厂工业历史建筑测绘与保护建议》

除此之外，该项目的设计单位正尝试异地保护的方案①，以建筑创作的方法解决文化遗产保护的问题，是突出地块的商业价值[5]与彰显新建筑特色的方案，无视工业遗产的价值与真实性[6]。

由于福建新华印刷厂工业遗产现状的真实性与完整性很好（图16-图20），笔者建议应优先选择原址保护与再利用的模式，因此强烈推荐分区保护的方案，异地保护仅适用于可建设用地范围内的一般工业建筑。

① 6月24日，用地所属集团的相关负责人在看到东南快报的报道后来到福州大学建筑学院与笔者商讨保护事宜，提出异地保护的两种方案：第一方案是利用工业历史建筑拆除后的材料复原，将其“迁移”到用地旁的化工河两岸，建成商业街的保护与再利用模式；第二方案借鉴崔愷的德胜尚城与朱小地的哈德门饭店重建方案，将拆除后的工业历史建筑复原在新建的新华文化城的屋顶、广场平台或空中平台。

参考文献：

[1]季宏，徐苏斌，青木信夫.工业遗产“整体保护”探索——以北洋水师大沽船坞保护规划为例[J].建筑学报，2012（S2）：39-43.

[2] 单霁翔.从“文物建筑”走向“文化遗产保护”[M].天津：天津大学出版社，2008：253.

[3]季宏，徐苏斌，青木信夫.工业遗产科技价值认定与分类方法初探——以天津近代工业遗产为例[J].新建筑，2012（02）：28-33.

[4]季宏，王琼.“活态遗产”的保护与更新探索——以福建马尾船政工业遗产为例[J].中国园林，2013（07）：35-41.

[5]季宏，徐苏斌，闫觅军.从天津碱厂保护到工业遗产价值认定[J].建筑创作，2012（12）：212-217.

[6]李飞，谢辰生.文化遗产的保护要有真实性和完整性[J].艺术与投资,2006（07）：102-103.

（感谢徐苏斌教授、刘伯英教授与张廷皓先生在中国文物协会工业遗产委员会成立大会上给予的帮助，感谢所有支持福建新华印刷厂工业遗产保护的专家、学者、媒体与新华印刷厂的工作人员。参与福建新华印刷厂工业历史建筑测绘的人员有福州大学建筑学院教师季宏、张孝惠、王琼与2010级建筑学专业学生赵杰、李越、程威、黄斯、李倩、刘翔、吴吉鸿、杨元传、杨庄维）

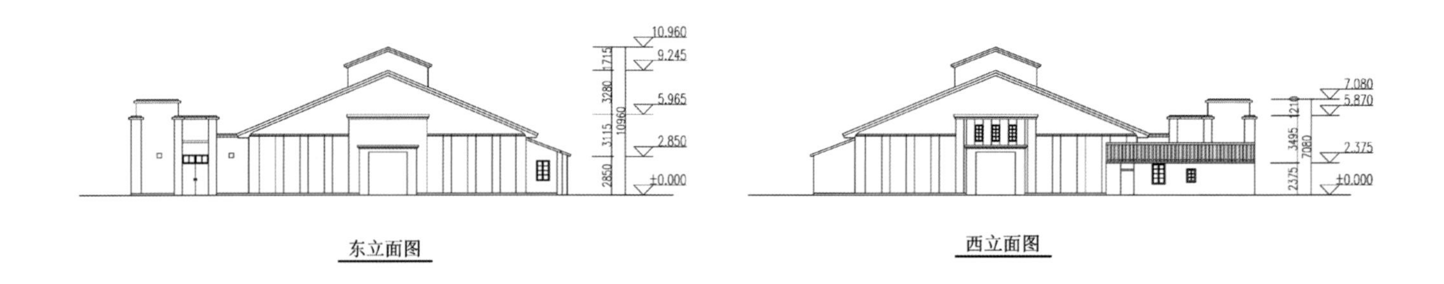

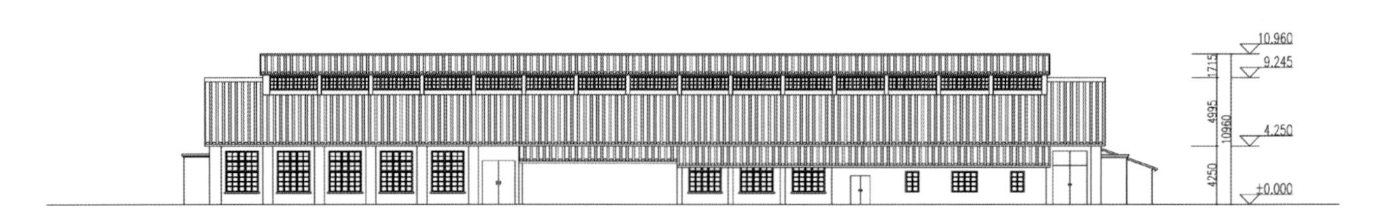

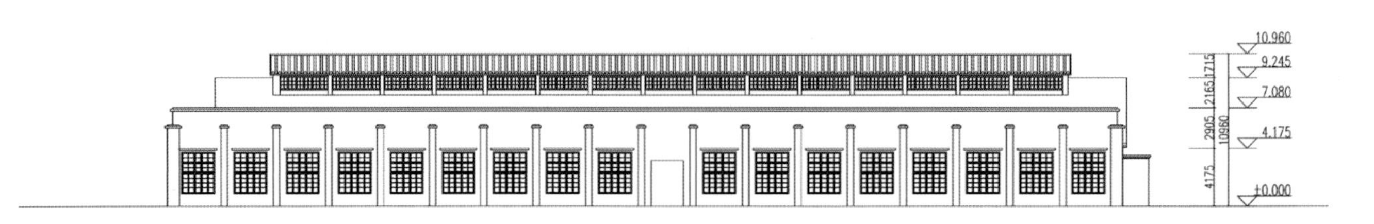

图16 装订车间测绘图，图片来源：福州大学建筑历史研究所《福建新华印刷厂工业历史建筑测绘与保护建议》

图17 装订车间室内

图18 装订车间屋架细部之一

图19 装订车间屋架细部之二

图20 成品仓库与复检车间屋架

Museums: New Views to the "Boundless Universe" and Profound Meanings of "Improved Quality"
—Reviews of Shan Jixiang's Two Books on Museums in a Broad Sense

博物馆："大千世界"新视野 "质量提升"深内涵
——单霁翔关于广义博物馆二书读后感言*

金磊*（Jin Lei）

引言：2014年5月18日的"国际博物馆日"的主题是："博物馆藏品架起沟通的桥梁"。该主题的含义在于它强调博物馆应是根植于现在、保存与沟通过去的鲜活机构，不仅将全世界各地的观众、隔代人与他们的文化紧密相联，更在于要让现在和未来人更好地理解文化遗产传承的根源。围绕该主题，国际博协至少22个专业委员会还针对自身特点精心设计了各自的活动，如国际城市博物馆藏品与活动委员会（CAMOC）拟研究"工业遗产、可持续发展与城市博物馆"议题；建筑与博物馆技术专业国际委员会（ICAMT）希望通过研究"在历史之巅——遗址博物馆"，发现活态化历史记忆的机遇和挑战；英联邦博物馆协会（CAM）主题是"将博物馆带到街道上"。由此可见，在博物馆宏大主题下已辐射出的丰富多彩的议题。2014年2月26日是中国营造学社的开创者朱启钤（1872—1964年）辞世50周年纪念日，建筑文化考察组一行来到东城区赵堂子胡同参观，朱启钤百年前对文化遗产的"眼力"，让我们在敬重这赵堂子胡同3号的建筑时，更多了些许联想：这里当年曾经是中国营造学社的办公室，但今日故居现状令人悲哀，传承数千载中国传统建筑何其代表的胡同文化，已处在当代商业开发的强大挤压下，这哪里是文保单位，有谁还知道朱启钤，这分明已成为蜗居着几十户人家的"贫民窟"。我们不敢想朱启钤和梁思成、刘敦桢等人若在天有眼，他们该会怎样地悲伤至极！
据此，我在阅读单霁翔院长于三年内连续推出"广义博物馆"姊妹篇时，心情格外沉重和异样。北京，已丢失"乡愁"的北京哪还有博物馆的模样？大千世界在哪？朱桂老，一位20世纪出现的中国文化遗产保护的"舵手"级人物，本应拥有博物馆般的故居，何以如此这般，在这里还怎么谈"质量提升"？单霁翔著"关于广义博物馆的思考"二书，即《从"馆舍天地"走向"大千世界"——关于广义博物馆的思考》（天津大学出版社 第一版 2011年2月 51.2万字 定价59元）和《从"数量增长"走向"质量提升"——关于广义博物馆的思考》（天津大学出版社 第一版 2014年1月 56.6万字 定价66元），恰恰从文化传承的不同大思路入手，在将文化元素注入城市发展肌体时，也用文化基因决定城市特质并给出高质量发展建言。

Introduction: The International Museum Day on May 18, 2014 themes "Museum Collections Make Connections". It stresses the function of museums should focus on present while connecting with the past. Museums should not only closely connect people of generations with their cultures, but also let contemporary and future people better understand the origin of cultural heritage inheritance. With this theme, more than 22 professional councils from the worldwide community of museums (WCM) design their own activities based on their own features. For example, the International Committee for the Collections and Activities of Museums of Cities (CAMOC) plans to research on "Industrial Heritage, Sustainable Development and the City Museum"; the International Committee for Architecture and Museum Techniques (ICAMT) hopes to research on "On Top of History, Site-Museums" to explore the opportunities and challenges in the remains of historical memories; Commonwealth Association of

*《中国建筑文化遗产》主编

Museums takes "Taking It to the Street" as its theme. In this sense, the great theme of museums has sparkled diversified topics. On February 26, 2014, the architecture culture research group visited the Zhaotangzi Hutong (Lane), Dongcheng District, Beijing in celebration of the 50th death anniversary of the founder of the Institute for Research in Chinese Architecture (IRCA), Zhu Qiqian (1872-1964). Mr. Zhu paid attention to cultural heritages as early as a century ago. While visiting the building on 3 Zhaotangzi Hutong, we cannot help thinking about many things: Zhu's former residence used to be the office of IRCA, but now it is in such a poor condition. Hutongs, once the representation of China's traditional architecture over thousands of years, now have to squeeze themselves against the pressure of modern commercial development. This residence looks like anything but a cultural relic unit. With Zhu's name few known to the public, it becomes a slum housing dozens of families. We do not even want to imagine how sad Zhu, Liang Sicheng, Liu Dunzhen and so on would be if they saw this scene!
So I feel very upset when reading Shan's series of books on "museums in a broad sense" in the past three years. How can you find a museum in Beijing where the past has been forgotten? Where is the diversified world? Zhu Gui used to play a leading role in China's cultural heritage protection in the 20th century. Naturally he should have had his former residence kept like a museum. However, the fact is never like this. How can we improve the quality of museums? Shan's two books on "museums in a broad sense" include *On Museums in a Broad Sense: From Houses to a Great World* (Tianjin University Press, Frist Edition, February 2011, 512,000 characters, RMB 59 yuan) and *On Museums in a Broad Sense: From Quantity Increasing to Quality Improving:* (Tianjin University Press, Frist Edition, January 2014, 566,000 characters, RMB 66 yuan). From the unique views of cultural inheritance, they instill cultural elements to urban development, define a city's specialty with its cultural heritages and actively advice to the quality urban development.

一、广义博物馆：展示“大千世界”的新视野

2011年4月25日笔者和首都博物馆郝东晨馆长主持了时任国家文物局局长单霁翔的《从“馆舍天地”走向“大千世界”——关于广义博物馆的思考》出版座谈会，来自全国各地的20余位博物馆馆长及文博大家谈了对该书的阅读体会，其有价值的观点集中表现在：单霁翔的书号召要从博物馆出发，归回社会；该书实质上是讲述如何面向国民普及文化遗产知识，完成从文化殿堂到大众课堂的过程；博物馆是城市文化进步的积极力量，文化的传播有显性有隐性，但恰恰博物馆的作用可将二者相结合，影响大众及社会等。笔者在主持发言中将这本书的阅读给出了定位的三句话：这是一部以学者的方式开启文化遗产新方向并体现启蒙教育的书；这是一部以博物馆为载体传承中外城市文化演变理念的书；这是一部让业内外人士都可阅读、且有所发现、同时引发持续思考的书。2012年6月在《中国建筑文化遗产》总第6辑上，笔者撰写了《文化遗产学格局构建的学术根基——单霁翔博士文化遗产观点评介》，它纵论了单霁翔文化遗产著作系列（五书），将《从“馆舍天地”走向“大千世界”》一书定位在启蒙教育之作，主要评价了该书的博物馆教育功能。今日从“大千世界”的新视野出发，我以为他精准定位的博物馆是“精神家园”，是“文化的绿洲”、是“知识的殿堂”、是“城市的客厅”、是“文明的窗口”，但更是唤起记忆与责任的文化“空间”。在世界博协的文献中，博物馆的定位是一个不追求盈利、为社会发展服务、向公众开放的永久性机构；它以研究、教育和赏析为目的，对人类和人类环境的见证物进行博集、保存、研究、分析和传播。在英国流传着这样一句话，博物馆迷在伦敦，一个人若不在家，肯定在去往博物馆的路上。可见，博物馆今天已是我们生活中不陌生也不遥远的事物，据统计全球202个国家共拥有超过5.5万家博物馆。博物馆的英文名称起源于拉丁文，从其词根可发现与缪斯的关联，而缪斯是希腊神话中的文艺保护神，所以博物馆从始至今就是为研究和从事文化艺术传承而开辟的特殊空间。托勒密一世在亚历山大城建起了人类历史上第一座博物馆（当时也是图书馆），如今凡有作品进入博物馆即意味着得到了社会的认可，所以单霁翔关于从“馆舍天地”走向“大千世界”的视野观似乎在说：博物馆不单纯是陈列馆及展览中心，它一定是

《从“馆舍天地”走向“大千世界”》封面

聚集城乡文明和时代魅力的基地，是一种社会价值的彰显和普照，是一种无形的文化力量，是一种可延伸的国家影响力。

单霁翔《从“馆舍天地”走向“大千世界”》指出，从1905年实业家张謇创办第一座近代博物馆南通博物苑起，博物馆事业走过了百年历程，其展示空间从馆舍到市区、从城市到乡村、从地上到地下、从国内到国外，已将文化遗产与自然遗产至于博物馆的重要范畴之中，创造出类型不同、地域不同的博物馆文化。若从“大千世界”的新视野出发，其现有类型发展极为丰富，有旧址型、遗址型、生态型、社区型、数字型，若从“设计的遗产”及传承设计师思想的视野看，中国与国外相比差距较大的是尚无一个真正意义的设计博物馆，这无论如何也是一个新学科、新领域乃至国家设计品牌对博物馆类型发展的新需求。在英国已将设计博物馆视为可放大成为城市乃至国家文化影响力的议题，仅伦敦可圈可点的实体设计博物馆即有艺术设计史博物馆（维多利亚及阿尔伯特博物馆，即V&A）、面向年轻人的新颖博物馆（泰特美术馆）和有设计界“奥斯卡”权威地位的伦敦设计博物馆等。

二、广义博物馆：展示“质量提升”的深内涵

《从“数量增长”走向“质量提升”》封面

用批评之思做些审视并梳理，倡导建筑文化遗产保护的担当意识、忧患意识和戒惧之心，如通过城建与文保的“两难”抉择所凸显的真问题，畅言反思的研究视角，不仅在于提升建筑遗产保护各方的意识与观念，更在于开始为建筑遗产保护界引入学术批评的新风气。事实证明，一个行业的繁荣与发展，离不开“毁人不倦”的批评家，无论中国还是外国，真正的科技与文化大家并非会在批评家的“打击”中毁灭，反倒会在刺耳声中，变得强大和更优秀。对建筑遗产保护与传承而言，批评是一种责任、批评是一种发现、批评是一种管理方式、批评更是一个提升素养的过程。对此，工程院院士程泰宁说：“飞速发展的城镇化进程、复杂多变的文化背景等，构成了研究当代中国建筑设计发展战略所必须面对的现实语境。理想与困惑并存、挑战与希望同在，明确的目标与严重滞后的理论和制度建设使我们得出结论：价值判断失衡、跨文化对话失语、体制和制度建设失范，已成为制约行业进一步发展的瓶颈。”要承认迄今不少建筑师、规划师及文保专家回避谈理论，从发达国家规划设计的历程看，如果说没有自己的价值判断，不重视自己理论体系的建构，中国建筑设计与传统建筑遗产保护工程很难摆脱当前的“乱象”，要走出文化“失语”态，找回自己并闯出新路将极其困难。

单霁翔的广义博物馆理念强调的第二个观点是“质量提升”，无疑只有做深文化才能实现该愿景，因此需要从文化地理学上思考文化的源流及特征。物质文化是在物质产品中融有意识文化的要素。建筑与园林等物质产品都有文化内涵，在不同程度上都是意识文化的载体，如中西建筑在平面布局上有明显差别，中国建筑的平面布局是外实内虚，西方建筑则是外虚内实，实指房屋和围墙等建筑物，虚指庭院和绿地没有建筑物的开敞空间。欧洲建筑物在中央、绿地在四周，外虚内实。上至皇宫，下至民居，均没有严密的围墙，私家绿地和整座城市的绿地融成同一景观，体现开放与共享性，居民尤其喜欢在窗台、门旁栽置花木。中国建筑的外实内虚具有封闭性和内向性，体现开放和共享性，走进胡同，看到的是很少窗户的四合院的墙，庭院虚体被墙和房子包围着。而中西园林：中国园林遵守宛自天开原则，西方园林突出人的力量；中国园林强调依山傍水，西方园林一般以建筑为主；中国园林求曲忌直，西方园林圆直平展；中国园林重观赏，而西方园林重休憩和娱乐。从地理学上看，中国文化复杂性有明显差异：秦岭淮河以北的北方，秦岭淮河以南的南方，青藏高原等。在南北地域差异背景下，中国文化的地域差异尤应关注。优秀的文化，好似天空中的氧气，自然界的春雨，飘飘洒洒，润物无声。历史地看，国人在西方工业文明的催逼下才“睁开眼睛看世界”，具有了启蒙和现代意识，有了魏源那本作为“文化地理”的《海国图志》，才有了严复翻译的《天演论》和他自己写的《原强》，中国近代意义上的“进化论”历史观才有了萌芽，于是有了陈旧与现代、进步与落后的变革、先锋、新潮等等文化发展的态势，中国地域文化特征意义上的演变为博物馆建设的质量提升奠定了良好基础。地域文化不同形成的特点，正是“质量提升”的依据，从而对形成不同的纪念空间、纪念主题及遗址均有帮助。

单霁翔的《从“数量增长”走向“质量提升”》一书全面归纳了国内博物馆发展的态势，同时深刻地

表述：每一座城市都必须清醒地认识到，博物馆建设的质量才是博物馆事业的生命力所在。1993年国际博协前主席A.O.科纳雷告诫说“我们不应为迎合公众对博物馆兴趣的增长而放弃研究和保管工作……”无法设想，一个没有扎实起码考证工作的博物馆可以从事知识传播活动。全书第一章分别从国际及国内两大层面分析了博物馆的发展历程，他指出：“博物馆是一种社会文化现象，在其漫长的发展过程中，经历了古代、近代、现代和当代的不同阶段……文艺复兴是近代博物馆产生的第一个推动力，博物馆学产生于17世纪的英国，是以一批博物馆藏品目录问世为代表，以博物馆志的出现为标志。”因此可以说，大英博物馆是全世界第一个对公众开放的大型博物馆；法国罗浮宫艺术博物馆是法国大革命的产物，它成为许多国家博物馆的典范；而1870年建立的大都会艺术博物馆是继美国史密森学会成立后又一大博物馆，它除了研究、收获、展示职能外，对公众的文化遗产教育广泛而深远。虽然19世纪末至20世纪初，中国博物馆已有萌芽，最早见到博物馆的是福建人林箴，他曾在《西海纪游草》中论述了1874年在美国参观博物馆的感受，但中国最早出现关于博物馆的论著是康有为出访欧洲后写就的《意大利游记》一书。1905年以藏历史、美术和天产之物为主的南通博物苑正式创办，它是我国现代文化史上的一座丰碑，开辟了中国博物馆事业的新纪元。如果说张謇早年创办大生纱厂等企业，旨在抵御帝国主义的经济掠夺，那么他倡办的南通博物苑则是为抵御列强文化占有的壮举。1925年，“办理清室善后委员会”通过“故宫博物院临时组织大纲”，在推荐董事和理事机构后，于10月10日在乾清门广场举行盛大的故宫博物院成立大会。至此，故宫博物院成为一所集历史建筑群与宫廷珍藏为一体的综合性古代文化艺术博物馆。单霁翔从国外到国内在全面展示博物馆发展脉络后，分别从科学管理水平、馆舍建设质量、藏品保护环境、科学研究水准、展览陈列内涵、社会服务理念、文化传播功能、市场营销效果八个方面深化着“质量提升”的内涵，渗透并展现出对博物馆文化的炽热情怀。

单霁翔对博物馆馆舍建设质量的提升上用笔颇多，整个章节都充满对博物馆建筑文化精准的解读。他在分析博物馆建筑文化的时代进步及以大量个案为标志的博物馆建筑文化的创新实践后，归纳了有效改善博物馆基础建设与文化创作的十方面问题，重数量增长，轻质量提升；重领导意志，轻科学论证；重施工营造，轻使用要求；重重点项目，轻基层改善；重建设速度，轻功能保障；重馆舍规模，轻长远发展；重新奇造型，轻地方特色；重建筑工程，轻陈列展览；重硬件投入，轻管理支撑；重表面文章，轻人文精神。对此两院院士吴良镛认为：“博物馆建筑设计要能够表述历史背景、艺术表现和建筑造型等意图，在江宁织造博物馆设计时，前后经过六轮反复修改才开工建设。”博物馆作为一个城市的标志性建筑不在它的高度及体量，而在与能否在所处的环境中显示出独特的气质，判断博物馆的价值越来越多地不是看建筑本身，而要看它真正能为城市、为公众的文化生活带来什么。据此，单霁翔还论述了博物馆建筑与历史责任、博物馆建筑与永恒价值、博物馆建筑与文化特征、博物馆建筑与科学精神、博物馆建筑与社会期待、博物馆建筑与生态环境、博物馆建筑与服务职能等重大理论命题。

再如博物馆的展陈设计是确保该馆品质提升的要素。博物馆的陈列展览成功与否，不仅体现在所获得的观众数量上和宣传报道数据上，更为重要的是通过开展一系列服务和教育，把对历史的思考深度、对美的追求传递给公众，满足人们日益增长的需要。今天的观众，不再满足于干巴巴地获取知识，他们喜欢听故事，希望从情节中读懂博物馆内涵。英国国家海滨博物馆的陈列展，不仅仅停留在简单的展品摆放与文字说明，而是通过新技术手段再现300年前工业革命时期威尔士人的生活，通过屏幕可感受踏在石板上的马蹄声，感受那些老街与老房的情景。美国波士顿儿童博物馆有一段耐人寻味脍炙人口的名言：“我听了，可忘了；我看了，记住了；我动手了，明白了！”这是对因人而异提升展陈质量多么好的解读呀！

初读单霁翔的“广义博物馆的思考”二书的百万文字，我仿佛步入了博物馆的学习之旅，不禁有种深层次的信仰，更感到精神的境界在空灵中显得高尚，这分明是一种展卷捧读后的标语和感言。如果说博物馆是一位学养深厚的“文化巨匠”，那我真的感到单霁翔的著述是一个求真务实的智慧之旅，其要义至少在于：单霁翔笔下的广义博物馆从历史学与文化学视角出发，发现了求索并践行悟道的路；单霁翔的广义博物馆之思，在充分挖掘文化资源的同时，找到了塑造文化城市的国家发展之径，因为博物馆的作用很远大，一为传承民族记忆，二为纪念并国民之教化。

Re-establishment of Historical Architecture Debris —On Comprehensive Renovation Design of South Gate, Xi'an

碎片化历史空间的现代重建 ——关于西安南门综合提升改造设计的思考

赵元超*（Zhao Yuanchao）

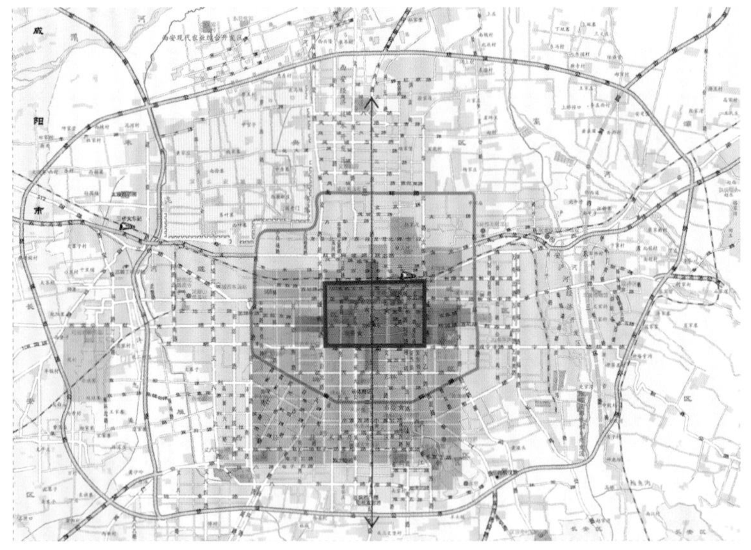

图1 西安历史文脉地图

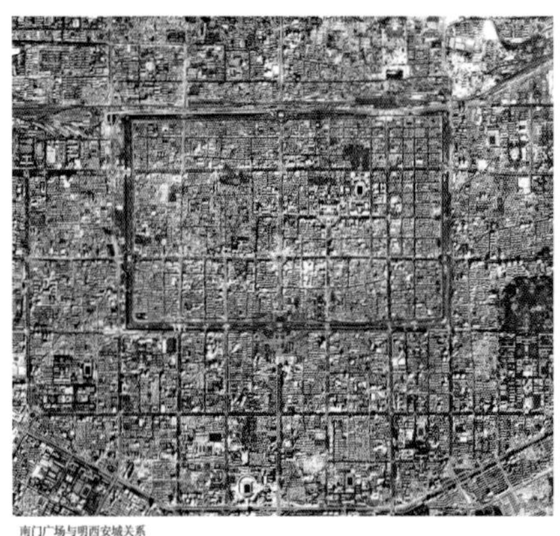

南门广场与明西安城关系

南门广场卫星图

图2 西安南门广场于西安老城区位置关系图及南门区域卫星图

引言：西安南门广场位于缘起于钟楼，北至张家堡广场，南到电视塔的长安龙脉的核心部位。（图1）这一轴线串联起汉、唐、明、清、现代等不同历史时期的文化遗存，也是西安城文化、旅游、商贸、交通的核心区域和重要城市节点。南门广场自古便是西安城最正式和最重要的入口，它的形制和规模，它的古朴和沧桑，记载着这座城市不断繁荣发展的光辉历史。

近年来，随着社会的进步和经济的发展，南门广场区域也逐渐暴露出一系列问题：交通混杂组织无序，广场环境品质低下，可达性不强，景区服务设施陈旧破败不敷使用，区域周边不同时代建设的各式地标建筑形态各异，风貌不同。南门广场亟待通过全局性、立体化的整治提升，以适应国际化、现代化的发展需求。（图2）

南门综合提升改造项目是城市核心区域立体化、集约化和复合化的综合改造设计，是集交通改造、环境提升、旅游开发、城市更新和文物保护与一体的的复杂工程，是在老城中所作的一项心脏搭桥手术。对图与底、多与少、繁与简度的推敲，对内外关系、新旧关系、人车关系的处理；对传统与现代、经典与时尚、保护和发展关系的协调，是我们贯穿始终的设计原则。（图3~6）

面对纷繁复杂的工程现状，笔者从以下几各方面给出一些工程设计的思考。

South Gate Square, Xi'an is located near the Bell Tower, stretching from Zhangjiabao Square in the north to the Television Tower in the south which is central to Chang'an. This axle wire connects cultural heritages in different historical periods from Han Dynasty, Tang Dynasty, Ming Dynasty, Qing Dynasty and modern time of China. Moreover, it gathers culture, tourism, commerce and traffic together and works as an important urban node. The South Gate Square has been the most official and important entrance to Xi'an since the ancient time. Its structure and size, simpleness but vicissitudes record the history of booming and development of the city.

In recent years, with the social and economic development, the South Gate Square is gradually encountered with a series of problems: mixed and orderless traffic, deteriorating square environment, poor accessibility, obsolete and inadequate service facilities in scenic spots,

* 中国建筑西北设计研究院有限公司总建筑师

and distinguished surrounding architecture style. South Gate Square awaits integrated, three-dimensional renovation in order to meet the development requirement of internationalization and modernization.
The South Gate Renovation Project centers on comprehensive design of three-dimension, intensification and complex of urban core. This complex project combines traffic transformation, environment improvement, tourism development, city upgrading and preservation of cultural relics together, just like a coronary bypass operation in an old city. From the very beginning, our design should pay attention to the relations between the drawing and the practical situation, much and few, complex and simple, internal and external, old and new, pedestrians and vehicles, modern and tradition, classic and fashion, preservation and development.
In response to complicated project status, the author proposes several thoughts about engineering design from the following perspectives.

图3 南门广场东南向鸟瞰透视图

图4 南门广场西南侧全景鸟瞰

图5 南门广场西侧——松园全景

图6 南门广场东侧——苗园方向夜景图

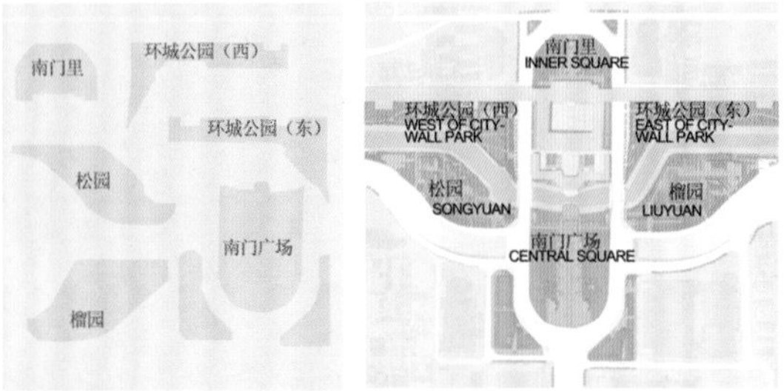

碎片化的历史环境

缝合各个地块成为城市开放空间

图7 南门广场现状，各地块被分割为互不连通的个体

一、缝合

中国的历史街区和建筑遗址，随着20世纪的城市现代化建设，大多处于一种碎片化的历史环境，它们被现代交通割裂为一个个“孤家寡人”，古建筑本身成为僵硬的标本。（图7）城市建设者的责任在于重新缝合这些碎片化的历史空间，重新唤起传统建筑的价值，通过一系列连接手法，让历史建筑焕发新的青春，使碎片化的历史空间成为积极的为所有人服务的城市开放空间。

本次南门广场共新建、改造了4组地下人行通道，建立了人车分流系统，从而使南门广场内外，东西公园形成一个全步行化的网络系统，车通人畅，由这些人行通道和下沉广场所组成的酒吧街，真正把城市空间还给了人。(图8~10)

同时，月城与翁城之间本次改造加设了电梯，既方便了残疾人，也连接了月城和瓮城，它们之间也形成完整的旅游环线。

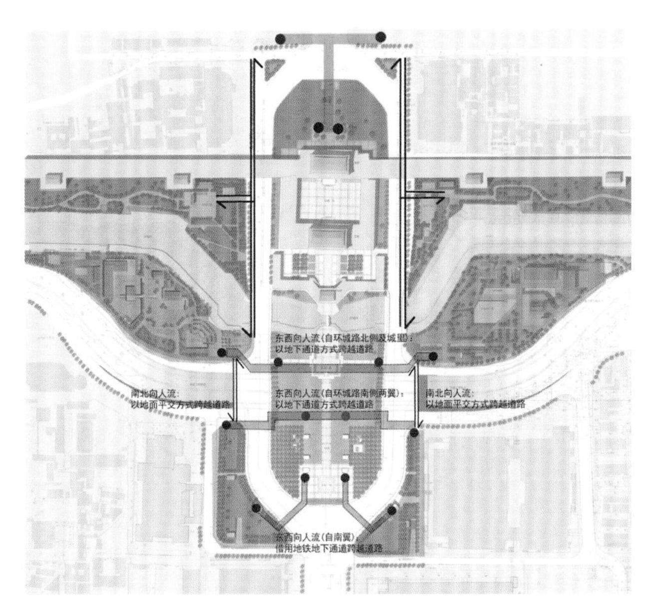

图8 南门综合提升改造新建的地下人行交通流线

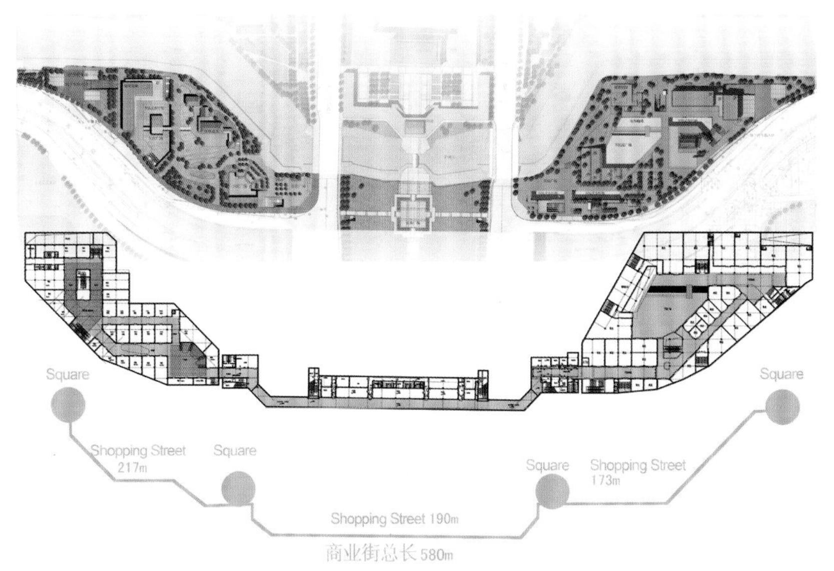

图9 连接松、苗园的地下人行通道是构成南门外广场完整地下商业街区的重要构成部分

图10 南门外广场地下商业街区剖透视

二、围合

任何伟大的广场都是有边界和围合的。不幸的是南门广场四周由于急速的建设，建筑杂乱无章又各自为政。

我们通过视觉分析，在60度范围内为了突出南门箭楼，广场不做任何建筑，在120度范围的东西端部各设计一个L形建筑与南侧环形的高大树林共同围合广场。这是南门广场第一层级的围合。

东西榴园和松园，通过绿化进一步围合小环境，园林化的环境突出自然和郊野的氛围，彰显古老城楼的存在，这是围合的第二个层级。（图11、12）围合的第三个层级是下沉广场和街道，在此人们能感受老西安的宽街窄巷，通过这些空间回望时间，回忆过去的人和事件，加深西安印象。（图13、14）

图11 松园西南侧俯瞰

图12 苗园东南侧俯瞰

图13 苗园下沉广场连续的商业界面围合成宜人的公共空间

图14 苗园下沉广场局部

图15 松园新建建筑、改造建筑、城墙敌楼构成相似性协调

三、融合

《威尼斯宪章》指出：历史古迹的概念不仅包括单体建筑物，而且包括能从中找出一种独特文明、一种有意义的发展或一个历史事件见证的城市或乡村环境。南门广场的所有新建的所有建筑或小品都以“底”的方式衬托“图”的存在，坚持以白当黑，以无衬有、以少胜多。共融于历史环境之中，并按格式塔心理学的整体原则进行设计，分别采用相近、相似和简单原理对不同部位的建筑进行设计。达到形合、意合和神合。（图15~18）

四、叠合

南门广场在空间上立体叠加着不同的空间，也承载着不同的功能。在文化上也叠合着不同时代的文明，它既是明城郭的城外，同时也是唐长安兴道坊、务本坊的位置，我们在下沉广场中建有表现了唐

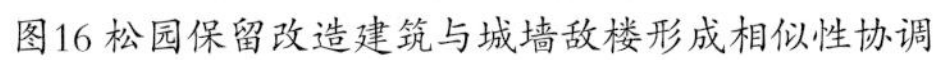

图16 松园保留改造建筑与城墙敌楼形成相似性协调

图17 环城公园西侧服务用房与城墙文物古迹的对比性协调（效果图一）

坊河坊墙的历史景观，体现出不同文化层在历史空间上的交织，并在松园完整保护了20世纪80年代的仿古建筑，表现了对城市不同历史时期建筑的尊重，在此我们可以看到不同时期文化的叠加和城市变迁的年轮。（图19~21）

五、复合

现代城市空间是立体的，功能是复合和多样的。城市是为人服务的聚集地，对文物古迹的最大的保护是在于利用，整个南门广场地下空间提供了近700辆的停车空间和近2万平方米的旅游配套、商业服务空间，为老百姓及游客提供了可驻足的空间环境。（图22）建筑遗

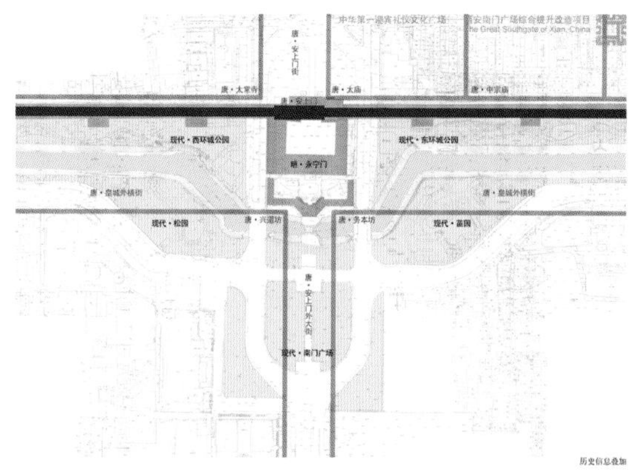

图19 南门区域叠加了唐、明、清等时代众多的历史文脉

图18 环城公园西侧服务用房与城墙文物古迹的对比性协调（效果图二）

图20 南门外苗园——下沉广场空间景观设计反映了对唐-务本坊历史空间的尊重

明代城墙、城河文化遗存

唐代坊墙、坊河文化追忆

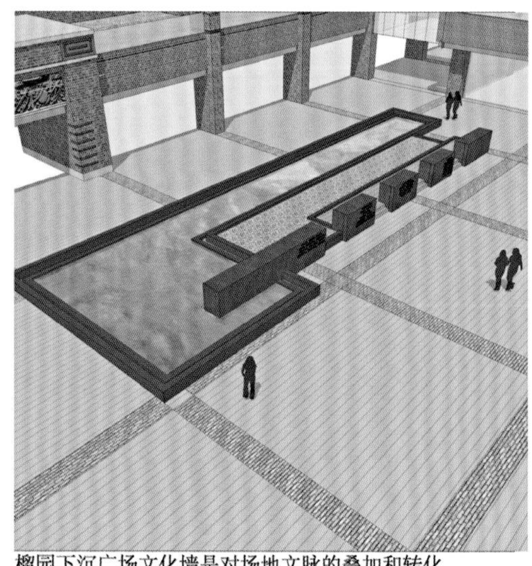

榴园下沉广场文化墙是对场地文脉的叠加和转化

图21 南门外苗园——下沉广场空间景观设计是对历史文脉的转译

图22 南门广场东南向剖透视：南门区域是多功能多层次的复合空间

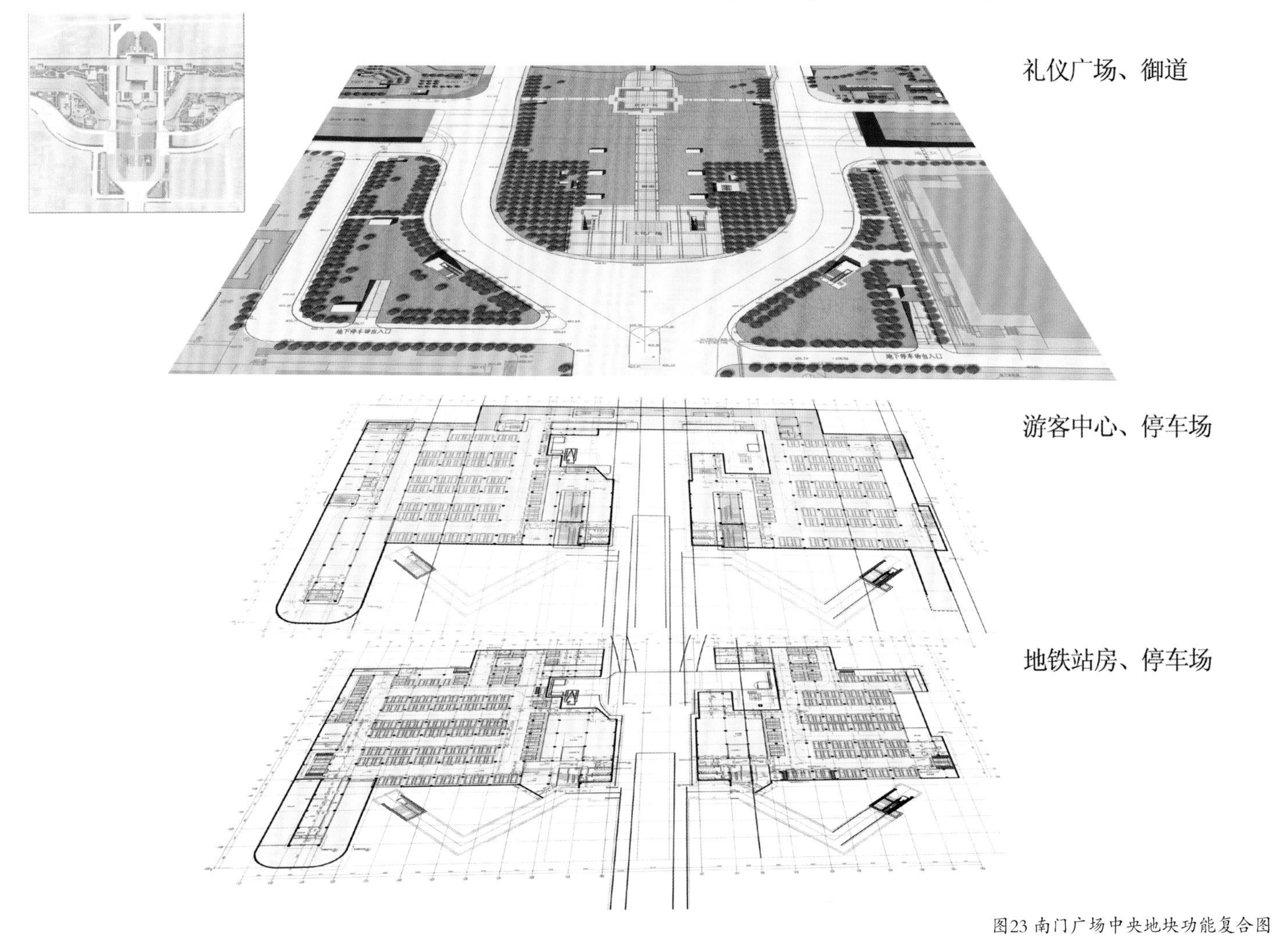

图23 南门广场中央地块功能复合图

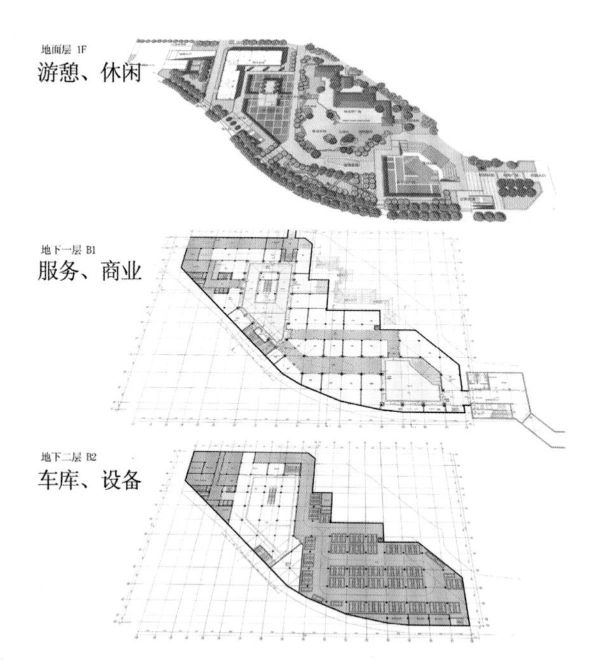

图24 南门广场——松园地块功能复合图

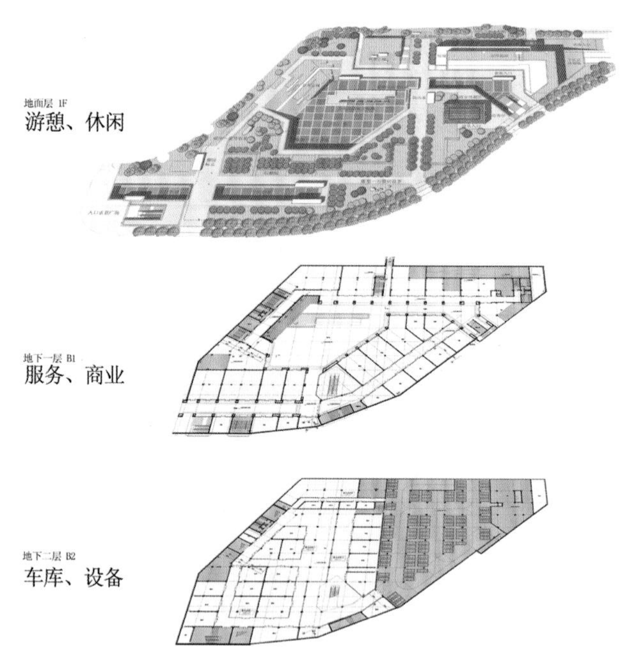

图25 南门广场——苗园地块功能复合图

产不仅是文化遗产，而且是文化资源，关键在于恰当的利用，使遗产枯木逢春，焕发青春，激发出新的活力。使古代遗产融入现代生活，使交通孤岛变为城市开放空间，使僵硬的历史遗产成为富有活力的文化资源。“复兴的目标是在保护和发展之间建立适当的平衡”。（图23~25）

六、整合

整合是兼顾不同的专业考量，平衡各方诉求的方式。南门工程汇集了文物保护、市政交通、水利环保、地下隧道、城市规划、建筑设计、文化艺术等不同部门，更要在城市道路、地下轨道交通畅通无阻、正常运行的情况下，统筹设计、谨慎施工。（图26、27）工程技术难点高，协调难度大，时间紧迫，设计、施工过程中积累了许多建设城市的宝贵经验。

南门作为城市的客厅、中华礼仪之门还承载着西安共同的乡愁，一段170米长的御道空间、两分钟即可走完的距离，我们三年内进行了数轮的研究讨论。对于南门要整合各界的智慧，满足各方面对老西安的共同印象，可见整个南门设计的难度和艰辛。

以上六个“合“的关键词，实际上表达了六合和和合的概念，它是中国的一种哲学概念，一种意境。缝合主要在于城市的交通空间和城市的历史与未来；围合着眼于广场空间和环境氛围；融合主要指建筑风格和尺度；叠合是文化的多元和包容；复合是功能的完善和现代设施的配套；整合则体现了思想和文化的共识。美丽城市一定是多元、丰富和集约的城市，现代与传统共存、经典与时尚共生、自然与人工共融的状态，你中有我，我中有你，互为因果，互为表里。美国著名学者SOM的菲利普-恩奎斯特先生在其最新论著里提到21世纪城市设计的九项原则：可持续性（对环境的承诺），可达性（通行便利性），多样性（保持多样的选择性），开放空间（更新自然系统，绿化城市），兼容性（保持和谐性和平衡性），激励政策（更新衰退城市与重建绿地），适应性（促进完整性与积极的改变），开发强度（搭配合理的公共交通，设计紧凑城市），识别性（创造和保护一种独特和难忘的场所感）。这些原则与和合的城市保护和发展理念殊途同归，不谋而合。

西安南门如同悬挂在优雅客厅中的黑白照片，历久弥新。南门综合提升改造还是一次开端，也是一次探索。目前工程正在紧张的施工中，预计2014年10月全面建成开放。

（图片提供/赵元超 实景摄影/陈鹤 职朴对本文亦有贡献）

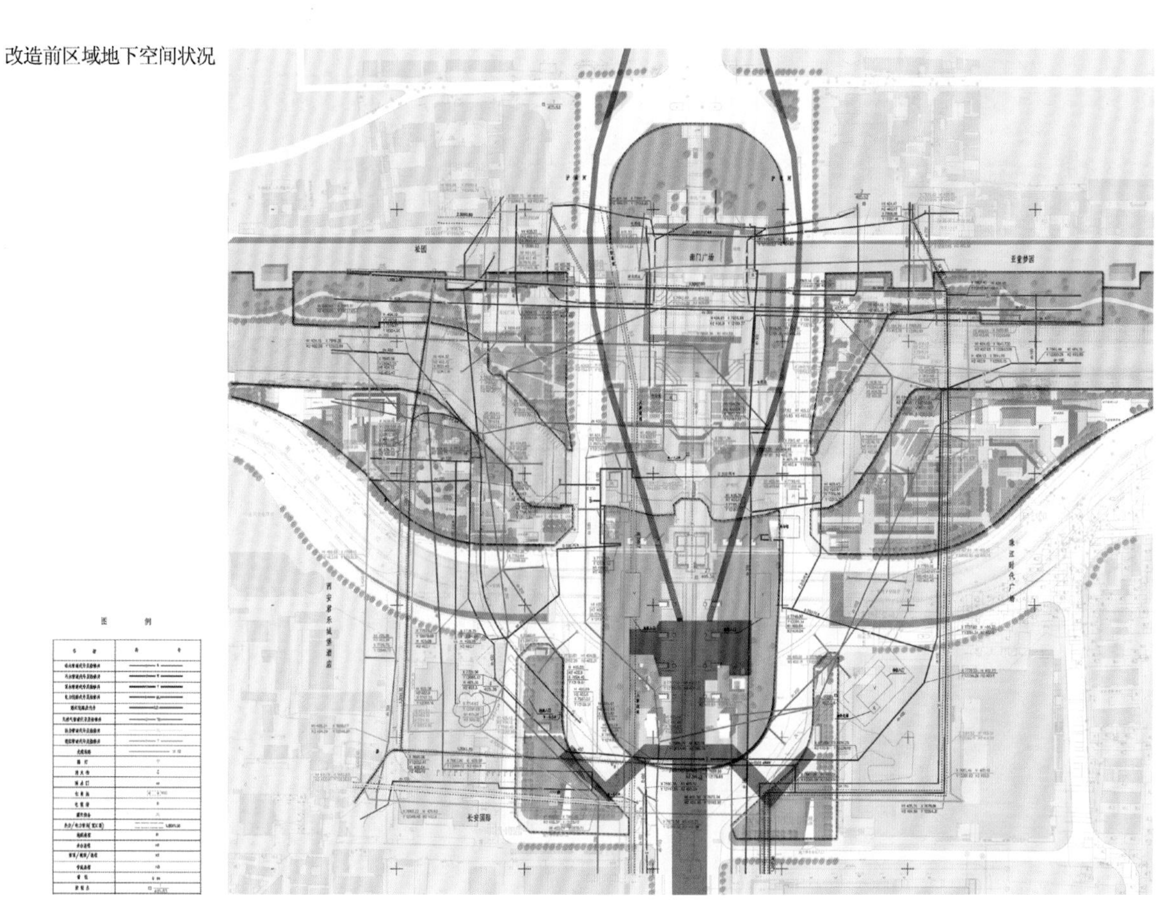

图26 改造前的南门外广场地下空间

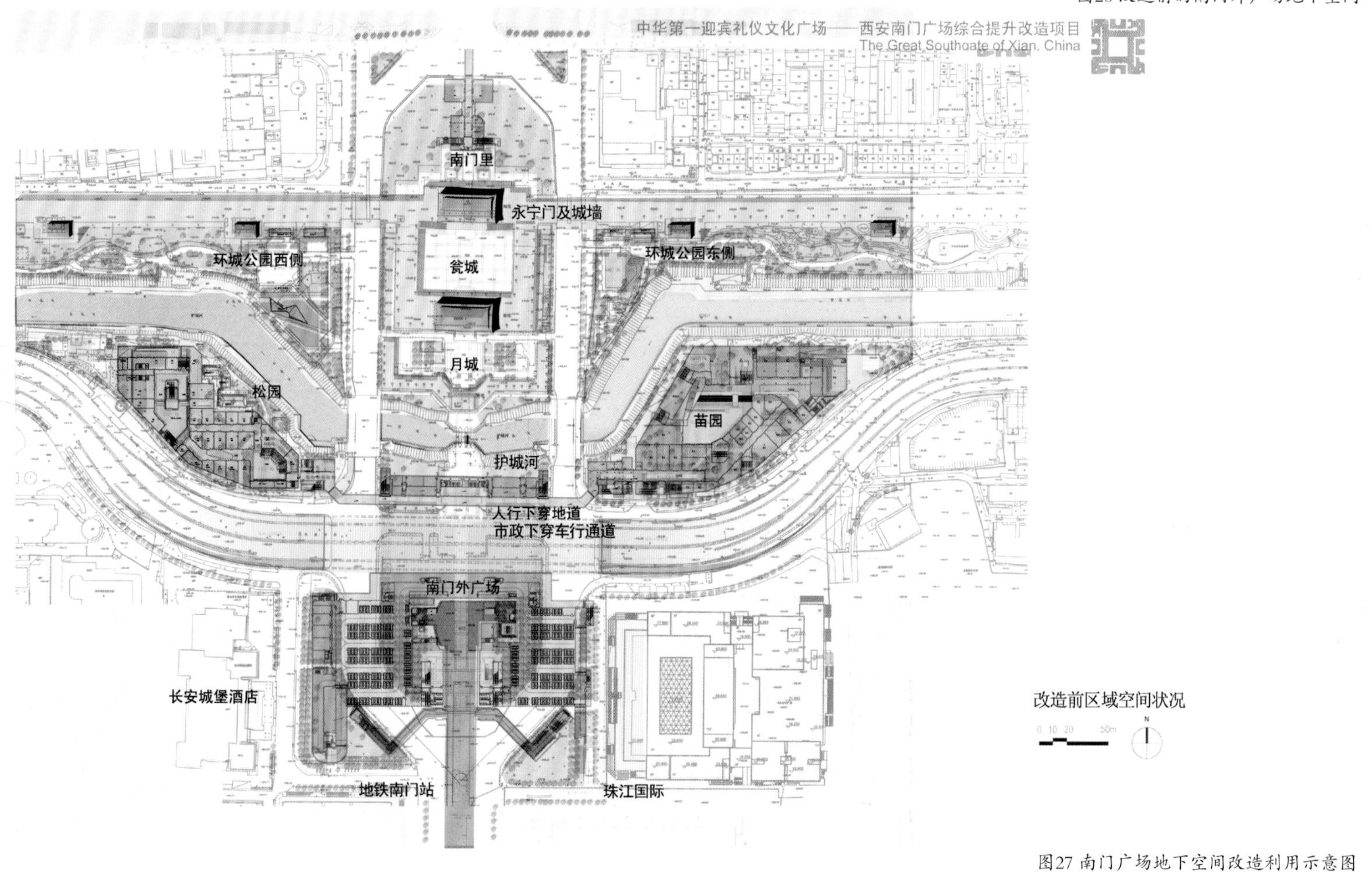

图27 南门广场地下空间改造利用示意图

Architecture Cultural "Heritage" in Chongqing
—Research Summary of Architecture Heritage Investigation Team
巴渝拾"遗"
——重庆建筑遗产探访记

苗淼*（Miao Miao）

编者按：2013年10月24日—27日，在重庆市历史文化名城专委会主任、原重庆市人民政府副秘书长何智亚、重庆市设计院院长李秉奇及地方政府的大力支持下，由《中国建筑文化遗产》编委郭玲女士、《中国建筑文化遗产》主编金磊、重庆市设计院建筑文化研究室主任舒莺博士和刘志伟先生、张家港凤凰镇党政办主任李新等一行八人组成的 "建筑文化遗产考察组"远赴重庆市郊区县开展建筑遗产专项考察调研活动。此次考察活动旨在深入了解重庆地域建筑文化特色，调研建筑文化遗产保护在城镇化中的作用。考察组辗转1200多千米，探访了万州、云阳、开县、奉节等"四县一区"，深入考察当地20世纪建筑遗产、工业遗产、古遗址及区县（村镇）保护的进程。考察组还特别探访了巫溪县凤凰镇并与镇领导进行了深入交流，为"凤凰联盟"平台的搭建又奠定了新基础。此次活动，考察组掌握了大量第一手珍贵资料，为进一步梳理重庆建筑特色、研究中国城镇化发展等课题提供了全新的思路。

Editor's Notes: From October 24th to 27th, 2013, an investigation group formed by editorial board member Guo Ling, chief editor Jin Lei of China Architectural Heritage, Dr. Shu Ying, Liu Zhiwei of Architectural Research Office, Chongqing Architectural Design Institute, Li Xin, director of the Party and government administration office of Fenghuang Town, Zhang Jiagang, and other three people, carried out researches on architecture heritage in the suburban areas of Chongqing, with the support of He Zhiya, director of Special Committee of Historical and Cultural Chongqing, former deputy secretary general of Chongqing People's Government, and Li Bingqi, director of Chongqing Municipal Design Institute as well as the local government. The aim of the investigation was to deeply understand the regional architecture characteristics in Chongqing and how the protection of architecture cultural heritage benefits urbanization. Traveling for more than 1,200 kilometers, the group visited four counties and one district including Wanzhou, Yunyang, Kaixian and Fengjie. They were determined to investigate the protection process of architecture heritage, industrial heritage and ancient heritage in the rural areas in the 20th century. The group also deeply communicated with the township leaders in Fenghuang Village, which laid a new foundation to the establishment of "Fenghuang Alliance" platform. Through this activity, the group got a great number of precious first-hand materials. So it is possible to come up with a brand new idea of further sorting out the architecture features in Chongqing, and researching on China's urbanization and other topics.

2013年10月24日 晴

10:20，考察组一行乘坐的飞机准时降落在万州机场。走出机场就看到广场悬挂的横幅"弘扬三峡移民精神，共创库区美好明天"。为了建设头顶"世界最大水利枢纽工程"光环的三峡工程，究竟已有多少古建筑、20世纪建筑遗产淹没在浩瀚长江之中？已经整体迁移的古文物是否已经得到妥善保护与修缮？文化遗产的保护在"库区美好明天"的蓝图中究竟分量几何？带着隐隐的担忧和疑问，我们开始了此次考察之旅。

* 主编助理

西山公园钟鼓楼

在万州区颜泽林副馆长的陪同下，首先驱车来到万州区西山公园，不为逛园怡情，只因这是万州地标——西山钟鼓楼的所在地。西山公园比邻万州体育馆，由四川军阀杨森于1924年修建，比重庆中央公园历史还要悠久，曾留下朱德、冯玉祥、周恩来等众多历史名人的足迹。这是一座西式钟楼，雄伟壮观，据陪同专家介绍，西山钟鼓楼建于1930年，整楼共12层，高50.2米与上海海关钟楼齐名。楼顶双层盝顶，呈八角形，底层为厅，有螺旋形铁梯直上楼顶。钟鼓楼最大的特色是底厅矗立着一座高达5米、四面各宽1.3米的巨大石碑。2013年，历经八十余年风雨沧桑的钟鼓楼褪去斑驳，在当地文物部门主持下，进行了主体翻新。 考察组沿着螺旋铁梯爬上钟鼓楼，站在最高层凭窗远望，万州山城风光尽收眼前。在顶层阁楼，悬挂着一座大钟，上面刻着“MANUFACTURED BY CHEN CHONG FACTORY SHANG HAI CHINA FRANCE”。我们决定站在钟边等到整点响起，12点整，耳边传来钟声，但大钟纹丝不动——鼓楼已经改为电子报时装置了，心里不禁有些遗憾。

考察组在钟鼓楼顶交流

钟鼓楼顶层悬挂的大钟

钟鼓楼底座矗立的巨大石碑

西山公园钟鼓楼

流杯池中的黄庭坚雕像

西山碑拓片

西山碑

西山碑，重庆市文物保护单位，位于重庆万州区高笋塘，这里保存着北宋书法家黄庭坚于北宋建中靖国元年（公元1101年）撰文并书写的摩崖石刻《西山碑》。《西山碑》即其书法风格变化后的行书名迹，笔势纵横奇倔、刚劲豪放，历来为书家所推重。在考察前期调研时，考察组就将西山碑作为重要一站，可当来到西山碑坐落的流杯亭时，我们不由得心中一惊：流杯亭身处闹市，四周高楼林立，车水马龙。流杯亭前池塘名为流杯池，池前有一小块绿地，绿地围有低铁栏，绿地中有黄庭坚塑像，但绿地内塑像旁垃圾成堆，废物满地，破败不堪。黄庭坚像也低眉垂目，似乎一脸无奈。相信同样无奈的还有当地文物主管部门，相信他们已经尽力（2008年曾对西山碑进行修缮），但在城镇化大潮一轮又一轮的洗礼中，文物部门对文化遗产的保护往往显得力不从心，这些承载着千百年华夏文明的珍贵“载体”怎样能安身立命及颐养天年？这是摆在每一个城市管理者眼前的问题。

万州大会堂内景

万州大会堂

20世纪建筑遗产也是此次考察内容之一。午餐后，考察组来到位于万州区和平广场的万州大会堂（2012年9月评选为万州区文物保护单位）。万州大会堂建于20世纪60年代，外观属苏式建筑风格，据说是万州区现存最大的苏式建筑，2009年经翻新改造，重新开放。进入会堂大厅，墙上的祖国山河图、水晶吊灯、漆木门格，无不体现着上世纪苏联建筑的特色。

万州大会堂

天生城

今日考察的最后一站是位于万州区西北一千米外的天生城。天生城于2000年被评为重庆市重点文物保护单位，因山势雄奇，平地隆起，四面悬岩，绝壁凌空，峭立如堵，自然成城而得名。其地势险要，易守难攻，一夫当关，万夫难开。四方悬崖峭壁，仅一线蜿蜒陡直，曲折窄小的石路可通寨门。站在天生城脚下，抬眼望去，狭窄的石阶绵延向上，古代它们是抵御外敌入侵的屏障，如今已成为供百姓休闲的“全民登山健身步道”。

天生城顶俯瞰万州区

考察组考察天生城

天生城古炮台遗址

天生城字墙残迹

天生城寨门石牌

沿石阶向上不久便看到一座由彩钢板搭建的小屋，走近一看原是一座庙宇，顺庙前台阶向上，便能看到一座石砌的寨门在石阶尽头傍山崖而立，看上去像半座城门，没有门扇也没有箭垛，历经数百年的风吹雨打，寨墙石缝间的杂草，有些风化的斑驳石墙，这一切使它显得有些破败沧桑。钻过狭窄的城门洞，两边的石墙夹持下石阶继续向上，石阶的尽头豁然开朗，原来后面还有第二道寨门。钻过狭窄的石阶通廊，就到了山顶。站在山顶平台，浩浩长江和整个万州城尽入眼底，考察组也意外地闯入了满眼苍翠的世外桃源。遗憾的是由于时间关系，考察组只找到了记载的字墙残迹及一处古炮台，而南宋“淳祐”“宝祐”“咸淳”等时期5处筑城题记及碑刻等古迹并未找到。

三峡移民博物馆

从天生城返回万州城区时，在车上考察组询问三峡移民对万州区的影响，得知在万州区有一座正在进行内装的三峡移民博物馆，建筑师是中国工程院院士崔愷先生。博物馆坐落在江南新区核心地段，虽然对崔院士的设计风格我们还算了解，当地人也称这座博物馆为“万州新地标”，但真正来到它面前时，内心不免还是充满震撼：棱角分明的体块构成博物馆的整体外形，令人联想到长江边耸立的岩石，厚重、深沉甚至透出一丝悲壮，这与三峡移民史诗般的过程相得益彰；纪念馆外墙采用清水混凝土装饰，呈现出“素面朝天”的庄重感与仪式感，同时也契合了“崖壁”、江水、三峡大坝的风格；建筑形态在着意表现纪念性的同时，也强调与周围环境的有机融合。沿江一侧形成一种从江畔生长出来的动势。沿着被设计成龟裂的地面，我们走进了博物馆，只能借着自然光线，感受着一层展厅大块切割式的展览空间视觉冲击力十足的创意设计。

移民博物馆前万州回澜塔（建于1791年）

三峡移民博物馆外景

2013年10月25日 晴

彭氏宗祠

早八点半，考察组从万州出发，驱车近2个小时来到云阳县，然后沿着颠簸的盘山土路开车一个小时后，终于来到目的地——黎明村，这里有一座彭氏宗祠，又名彭家楼子。走过一道道田埂，穿过一片树林，一座颇具气势的城堡式建筑逐渐清晰起来。听当地村民说，虽然彭氏宗祠是重庆市文物保护单位（2000年），但也饱受年久失修之困，部分结构已成危楼。考察组考虑再三还是决定走进这间已有150年历史的老宅。

走近前门厅，“彭氏宗祠”四个端庄的大字直扑眼帘。虽已模糊不清，但题匾周围还隐约可见飞龙祥云的雕饰。跨入正门厅是一个长方形的小天井。天井一面墙壁被刷上白漆，但透过斑驳仍隐约可看见“毛主席语录”的字迹。天井正面为享殿，用于供奉祖宗牌位，与正面相对的是戏楼，据说每逢祖宗生日或重大节日，要聘请“戏班子”在此唱几天大戏。门厅两旁为廊楼，均装有镂花窗棂，不过大都已经残缺不全。廊楼墙壁现已被作为宣传栏，上面写有彭氏宗祠的历史变迁。

与彭氏宗祠相距不足200米，还有一座始建于1804年彭家老屋。老屋入口题匾已被磨掉，取而代之的是“毛主席万岁”。走进老屋，发现这是一座典型的四合院式建筑，经历了近两个世纪的历史沧桑,这间老屋已经变得残缺不堪，保存较完好的正房也作为村卫生室被占用了。对于外人的造访，留守在老屋内的彭氏后裔很热情，回忆起老屋当年的辉煌：老屋的修建历经20年，过去这里面有正殿、有享殿、有厢房，行人都是走两边，下雨天行人不撑伞也不会打湿脚，只权威一点的家庭中长老，从外面回来能干的人才从这个巷道进出，平常这个大门都是关闭的，不准通行。

彭氏宗祠外景

彭氏宗祠石牌

彭家老屋门楼

彭家老屋墙上的“毛主席万岁”

10月25日，云阳至巫溪县途中，考察组路遇坎坷

张飞庙

11:30，考察组从彭家祠堂返回云阳县城,午饭后赶往位于云阳新城对岸的狮子岩下的张飞庙。其实早在7月，为完成《中国建筑文化遗产》编委会与重庆市设计院联合科研项目《重庆建筑特色》，考察组成员金磊、陈鹤等人就曾冒着酷暑，考察过张飞庙并拍摄大量建筑图片。张飞庙为又名张桓侯庙，系为纪念三国时期蜀汉名将张飞而修建。张飞庙，始建于蜀汉末期，后经历代修葺扩建，距今已有一千七百余年的历史。原址位于飞凤山麓，因三峡工程建设，全国文物保护单位张飞庙作为库区唯一一个远距离整体搬迁的文物单位，于2002年10月8日闭馆拆迁，溯江而上30千米，从原云阳老县城对岸的飞凤山整体迁移。2003年7月19日“搬旧如旧”的新张飞庙正式开馆。“张飞”的搬迁经费及规格都堪称三峡库区最大的“移民”。

迁建后的张飞庙与云阳新县城隔江相望，相映增辉。张飞庙庙内主要建筑有正殿、旁殿、结义楼、助风阁、杜鹃亭等，构成一组宏伟壮观、独具一格的古建筑群。庙内现存石碑和摩崖石刻及木刻书画多达数百幅，书画作品远自汉唐近至明清各代，名家荟萃，实为罕见。其中以木刻颜真卿书《争座位帖》，石刻苏轼作前、后 《赤壁赋》大字长卷，石刻岳飞书诸葛亮前、后《出师表》，黄庭坚书《唐韩伯庸幽兰赋》，郑板桥书写的诗文和竹石、兰石绘画等最为著名。

因考察组需在下午赶赴近300千米外的巫溪县，且贯穿两地高速公路尚在施工阶段，绝大部分路段为国道，考察组在张飞庙逗留了40分钟后便启程奔赴巫溪县。虽已有思想准备，但一路盘山道的泥泞土路，不时身边就是万丈深渊，好在重庆市设计院司机师傅们技艺精湛，实为有惊无险;另因部分道路施工，车辆无法通过，考察组不得不步行，车辆只能绕小路通行。就这样一路颠簸，临近傍晚，我们终于抵达目的地巫溪县，在高速入口，已有当地文管所的同志迎接，询问已经等待近2个小时，心中不禁感动。

张飞庙

大宁古城

在巫溪县城吃过晚饭，听闻当地有座大宁古城，距今已有1800年历史，古建筑保存完好，极具考察价值。于是考察组不顾白天舟车辛劳，来到静卧河畔的大宁古城。夜色阑珊中，古城展现着特有的韵律，俏丽的房檐，火红的灯笼，将古城墙的每一个棱角都点亮了。大宁河绕城而过，河对岸的山坡上顺势而建的白墙黑瓦，灯影婆娑中熠熠动人。据介绍，大宁古城之所以能有现在这样的古风神韵，要感谢一组百年前的巫溪老照片，而这组照片的拍摄者就是被称为“第一个打开中国西部花园的人”的英国园艺学者威尔逊。1899年，园艺学者威尔逊接受英国维奇花木公司派遣，开始他的中国西部之行。1910年6月22日，他开始了在巫溪为期9天的探访，从大官山到宁厂，顺大宁河至县城，拍了大量照片，照片中有古建筑、街道、古树、大山、水车、民居等自然和文化人文景观。后来，这一组照片被一位老研究员发现，并把它带到了巫溪，得到巫溪县委政府高度重视。2010年，正式参照这组老照片，巫溪县决定复建大宁古城，最大限度地保留现有古建筑，同时尽可能还原历史信息。

英国植物学家威尔逊（1876年-1930年）

大宁古城北井楼

环绕古城的大宁河水

10月26日 晴

宁厂古镇

宁厂古镇地处重庆市巫溪县北端的深山峡谷，坐落在后溪河中，依山傍水，三面板壁一面岩，鳞次栉比，古称“七里半边街”。镇上房屋大多建于民国，不少临河而筑，下立木桩，柱上支撑木楼，这些悬空的房屋被称为“吊脚楼”。吊脚楼看上去东倒西歪，实则牢固耐用，有的楼居已有百年，至今仍然有人居住。宁厂古镇的珍贵与精彩不止在于建筑遗产、古镇风貌，其代表的灿烂文明同样令人震撼：宁厂古镇是三峡地区古人类文明的发祥地和摇篮，堪称世界的“上古盐都”和世界手工作坊的“鼻祖”。而1506年爆发在这里的盐场灶夫起义，比欧洲产业工人运动早300多年，更是世界工人运动之源流。

宁厂古镇“盐厂遗址”

宁厂古镇“龙泉”遗迹

“盐厂遗址”中废弃的盐锅

已坍塌的民宅

考察组在盐厂遗址厂房合影

宁厂古镇中保存尚好的木构建筑

“盐厂遗址”厂房立柱

对于这样一座意义非凡的古镇，考察组对其有着特殊的情感，2013年7月3日，《中国建筑文化遗产》编委会一行就曾驱车500千米，自重庆市造访这座距巫溪县城仅6千米的千年古镇。那次考察回京后，金磊就曾以《国家历史文化名镇“遭劫”该有人管——“上古盐都　宁厂古镇”保护发出预警》（《建筑评论》第四辑，天津大学出版社，2013年9月）为题，对当时宁厂古镇的保护现状表达了忧虑并发表评论，文中说：“宁厂古镇镇政府正与外界合作，以打造古镇新景区为名，正在拆掉沿河古建筑，欲盖起仿古建筑群，速度之快、规模之大令人发指，这分明是在上演从中央到地方都在反对的‘掠夺式’建筑遗产破坏性改造的恶作剧。”

如今宁厂古镇的盐业遗迹所剩不多，其中以盐厂三车间为主体的“盐厂遗址”及“龙泉”保存最为完好。据巫溪县志记载，秦、汉两朝，都在当时的巫县设盐官。此后各朝代的地方建制虽然多有变化，但对宁厂盐业的控制一直没有放松。宋代时，地方官亲自主持在卤水下泻的地方建一“龙池”，用以蓄集和分配卤水。

池前横置一木板，上开30眼，各盐灶按眼取卤，以保证公平。直到现在，山上的卤水还在不断流入“龙池”，并由铁板上的圆孔中潺潺流出，可惜盐厂已经停产，卤水只能被铁板阻隔一下之后，再流入大宁河而已。

巫溪县凤凰镇老凤凰桥

巫溪县凤凰镇

临近中午,考察组来到距巫溪新县城4千米的凤凰镇。其实，考察组和凤凰镇是“老朋友”了。在2013年2月，《中国建筑文化遗产》就已和张家港市凤凰镇政府达成合作协议，在全国范围内联合14家凤凰镇，打造”凤凰联盟”协作平台，巫溪县凤凰镇就在受邀之列。2013年3月31日，“凤凰联盟合作交流会”在张家港凤凰镇召开，巫溪县凤凰镇政府领导就曾赴会交流。此次，“主宾”角色对换，颇有老友重逢的味道。考察组来到巫溪县文化馆，与当地凤凰镇政府领导、文体新局领导进行了座谈。会后考察组驱车赶赴奉节白帝城。

巫溪县文化市场行政执法大队队长余学举向考察组介绍文化管内展陈图片

考察组与巫溪县政府领导座谈

10月27日 阴小雨

白帝城

考察组来到白帝城。由于天气及长江雾气弥漫，虽然无法见到清晰的夔门的雄奇，但对“夔”字耿耿于怀，夔字何来？据史料记载，夔门为瞿塘峡以西之门，奉节原称夔州，故有此名。而我更愿意以“夔”字之形来理解何以称之为夔门。“夔”字长得如此险峻，恰如夔门之险峻。夔门之名，名副其字。可惜，听当地人说，长江水位上升以来，夔门之险较之以前大为逊色。白帝城原本是三面环水的，而今变成四面环水，也是水位升涨的杰作。有人说，白帝城因此更加美丽迷人了。只是，一人得道，他人皆入地狱，如此颂扬是否合适？

白帝庙

刘伯承故居

刘伯承故居位于开县，坐落在小华山一台地沈家湾，门前的浦里河沿山脚缓缓流过，可遥望对面云雾飘浮酷似睡佛的北山岭。刘伯承将军骨灰盒于1987年12月1日安放在故居前面的小陵园里，一方青石碑上刻着徐向前元帅亲笔题写的“伟大的无产阶级革命家刘伯承元帅之部分骨灰葬于此”，墓前的青石浮雕花圈上刻着刘帅家人对他的永远怀念。故居建筑是一座三合院，正堂屋大门上方挂着邓小平同志1986年亲笔题写的“刘伯承同志故居”大匾，故居内陈列有刘伯承当年使用过的物品及复制品，通过文物资料我们了解到少时刘伯承勤耕苦读，在艰苦生活的磨炼中不断成长，这些为他日后成为新中国开国元勋和一代名帅奠定了坚实基础。

刘伯承铜像之一

刘伯承铜像之二

结语

短短四日，转瞬即逝。这期间所考察的万州、云阳、奉节、开县等“四县一区的重要建筑文化遗产及纪念建筑有：西山公园钟鼓楼、西山碑、万州大会堂、天生城、三峡移民博物馆、彭氏宗祠、张飞庙、大宁古城、宁厂古镇、白帝城、刘伯承故居等。由于时间有限，所到之处考察程度并未见得有多深入，但巴渝大地深厚的文化底蕴、丰富的建筑遗产、淳朴的人文风貌，已使考察组感触颇深。重庆市共有55处全国重点文物保护单位，其中近现代重要史迹及代表性建筑就有30处，还有更多的文化遗产宝藏等待着我们去发掘。

（摄影/陈鹤）

刘伯承故居

Follow the Journey of SSCA
—Research Summary of Yunnan Architecture Cultural Heritage
重走营造学社之路
——踏访云南建筑文化遗产

孟妍君*（Meng Yanjun）

引言：1930年2月，北洋政府时期的交通系大员朱启钤先生创办了中国营造学社，在当时学术界一片欧风美雨中，他却将目光聚焦到了中国传统建筑的研究和保护之上。朱先生敏锐地捕捉到"沟通儒匠"以重新认识中国文化传统为时代发展之必须，一个根植于中国传统学术文化，立足于汲取西学，倡导对中国传统建筑加以思想革新与学术重识的民间学术组织从此成立。短短十几年时间，营造学社从松散的个人的学术讲座发展成有组织的学术团体，学社先辈们秉承强烈的民族文化自觉性，完成了大量测绘整理研究论著，对中国传统建筑研究和保护做出空前绝后的贡献。

80年前，中国营造学社的发展，正值中西文化冲突与交融的学术转型历史时期，而先辈们却能够从外来冲击中坚持兼容并蓄的思想，正是这种价值观独立性的保持，使整个团体能够迅速赶超了日本当时建筑学界的研究水平。

从1938年1月中旬开始，梁思成一家经过四个多月的颠沛流离，在昆明巡津街9号安顿下来。10月，原营造社成员刘敦桢、莫宗江、陈明达和刘致平等人先后来到昆明，只有6个人的"营造学社"在昆明恢复了工作。梁思成当时因病不能出门，他在家里主持整理了这次调查。短暂的两年半时间里，刘敦桢、陈明达、莫宗江、刘致平、梁思成等人，在国家面临生存危机的环境下，坚守学术阵地，先后组织了1938年10月的"昆明市及近郊古建筑调查"、1938年11月至1939年1月的"云南西北部古建筑调查"和1939年8月至1940年2月的"四川、西康古建筑调查"等三次重大的建筑田野考察活动，取得了多项科研成果。刘敦桢在这里完成《西南古建筑调查报告》的资料准备工作，刘致平开展了民居、清真寺、会馆等的调查　，并写成《云南一颗印》一书。

营造学社在云南不仅考察汉族的古建筑，还特别考察了云南少数民族的古建筑，在极其困难的历史时期，他们以拯救建筑文化遗产为己任，取得了一系列开创性的学术成果，树立了一代学风，其影响力延续至今。

80年后的今天，在文化多元差异、数字化与城市化的语境下，同样面对欧风美雨的冲击，全球许多地方却已成为精神与文化的荒漠，地域特色和民族文化正在消融。面对21世纪全球化背景的云南传统建筑，我们是否能够坚守地域文化的信仰，继续从传统中汲取营养，履行保护本土文化的责任，探索地域内涵的延续，从历史中建构未来？

2013年11月26日到28日，由刘叙杰、殷力欣先生带队，《中国建筑文化遗产》总编辑金磊，副总编辑李沉、陈鹤以及《云南建筑》主编徐锋、责任编辑孟妍君等开展了"重走营造学社——重访刘敦桢先生等前辈云南建筑考察之路"实地调研及主题沙龙活动。

本次考察为实地调研——"重走营造学社之路"，包括昆明市区、市郊的三天古建调研，另外，请到云南各界建筑师、高校学者，举行了一场"探寻地域建筑创作"的学术主题沙龙。

Introduction: The Society for the Study of Chinese Architecture (SSCA) was established in February 1930. In the mid-January of 1938, Liang Sicheng and his family moved to Kunming, Yunnan. In October, former members of SSCA Liu Dunzhen, Mo Zongjiang, Chen Mingda and Liu Zhiping joined them one

* 云南省设计院集团建筑师，《云南建筑》杂志责任编辑

after another. Despite only six members on board, the society re-launched its activities in Kunming. In the following two and a half years when China was in a life-and-death struggle, Liu Dunzhen, Liu Zhiping, Chen Mingda, Mo Zongjiang, Lin Huiyin and the other two continued their research by organising three great field studies and thus achieved many scientific achievement. The field studies include the field investigation on ancient architectures in Kunming and its suburban area in October 1938, the field investigation on ancient architectures in the northwest Yunan between November 1938 and January 1939, and the architecture study in Sichuan and Xikang between August 1939 and February 1940.

From November 26 to 28, 2013, under the leadership of Liu Xujie and Yin Lixin, a group of people including chief editor Jin Lei, deputy chief editor Li Chen and Chen He of China Architectural Heritage, chief editor Xu Feng and commissioning editor Meng Yanjun of Yunan Architecture conducted field study and themed salon by following research journey of SSAC in Yunnan. The field study included a three-day investigation of ancient architecture in Kunming and its suburban area. Architects and scholars from colleges and institutions in Yunan hosted an academic salon themed "Exploring Regional Architecture Creation" to memorize and inherit the previous scholars' spirit.

一、11月26日考察纪略

1. 昆明抗战胜利堂（图1~2）

1937年，全国各地因日本侵略而相继失守，各界人士纷纷涌入昆明，胜利堂工程正是在此经济发展时期应运而生的。抗战胜利堂1944年在原云贵总督府“制台衙门”旧址上新建，名为“中山纪念堂”，位于现在昆明市中心地段老城区，即光华街中段，云瑞西路、云瑞东路之间，占地约一万平方米。1946年竣工后，为纪念抗战军民而更名为“抗战胜利堂”。

胜利堂整体造型呈高脚杯形状，两侧的弧形道路为云瑞东路和云瑞西路，似中式酒杯的外壁，托举着胜利堂的主体空间，云瑞北路为杯口，以建筑前面椭圆形的云瑞公园作为底座，鸟瞰全景，呈现“酒杯楼”的造型寓意。平面布局呈美式战斗机形状，对称布局，其寓意有“昆明为飞虎队大本营”之说①，符合当时人们爱国主义、民族主义的“求强”情绪。主体建筑面积3 823平方米，包括前厅(包括门厅及左右厅)、大厅及附属用房。

图1 昆明抗战胜利堂侧面全景

红土高原的天空无比湛蓝，向东飞驰的云朵洁白无瑕，更加映衬出胜利堂的雄伟壮观和华丽。胜利堂主体建筑屋顶是单檐歇山顶，檐下布置半拱，屋檐的飞檐形式，清式斗拱，彩画架枋，台基的清式汉白玉栏杆形式，体现的是中国传统宫殿式建筑的风格形式；大厅部分采用在当时少见的现代大空间桁架结构，观众厅采用弧形山墙，半圆券门窗、西式花饰及观众厅侧立面拱形屋面等则体现出西方古典建筑处理手法及构图要素。

图2 胜利堂内景

胜利堂作为新旧时期的过渡产物，自建成至今，走过了60个春秋，几经修复改造，见证了昆明的历史变迁。它结合了中国传统宫殿式建筑形式与现代新型结构方式，体现民族样式运用于公共建筑的成功创新，因此被人们评价为昆明近现代建筑中“中西合璧”的典范，深受人民的喜爱。

在考察过程中，我们发现后期在保护改造中不尽如人意的地方，立面局部柱式的比例样式及门窗洞口的细部处理过于简化草率，以致无法辨认其风格特征，与整体原貌不符。内部空间装修吊顶过后也已无法体现其空间结构特点。

①建筑文化考察组 主编：《田野新考察报告 第四卷》，天津，天津大学出版社，2013。

图4 营造学社考察时代的圆通寺鸟瞰

图5 营造学社考察时代的圆通寺八角亭

2. 圆通寺（图3~5）

接下来，我们到达了位于昆明市区内的圆通街的圆通寺。“圆通”是观音三十二名号之一，观音又称为“圆通大士”。因此，受汉地佛教的影响，“圆通寺”即为供奉观音的寺院。

圆通寺是始建于唐朝南诏时代的佛教寺庙，进入山门后，我们一行人沿石阶而下，虽是初冬季节，两边却是郁郁葱葱，环境清幽。透过圆通胜境坊，两侧古柏参天，绿荫蔽地，天王殿在青色掩映下显得清静幽雅，从柱础雕刻细部，刘叙杰先生认为可判断出牌坊建造时受明清做法影响。经过天王殿继续下坡，八角亭与寺院最低点的圆通宝殿映入眼帘。这种沿着中轴线下坡，主体建筑大雄宝殿位于轴线最低点，低于寺门10米的布局，体现了寺院规划结合地形与环境的不拘一格。整个寺院的整体布局其实是经过了数次扩建而成，明代新建了山顶的接引殿，清朝时期重修了圆通宝殿前的八角亭和四周水榭回廊，圆通胜境坊、前门以及采芝径也均为明朝以后开辟。可喜的是，寺庙规划布局整体空间关系保留较完整，从各殿宇主体建筑均能体现当时的建造特征，周边景观也已与寺庙融为一体。

此次调研恰逢寺庙整修，中央水池没有储水，却使我们清晰地看到建筑台基与建筑衔接的处理关系。圆通寺是以水院为空间主体的佛寺孤例，全寺殿宇环中央放生水池而设，水池略成方形，中间一条南北向的中轴线，自南向北分别为天王殿、观音八角亭、大雄殿，以两座三孔桥相连，环绕水池两侧设置的抄手回廊，形成水榭式神殿和水景院落的独特风格，香客游人每移一步都能在不同角度欣赏寺院与周围景色；殿后是圆通山的绝壁悬崖，山岩刚劲苍古，保留有不少古人的摩崖石刻，这就是著名的昆明八景之一“螺峰叠翠”。寺院借景青山劲崖，在碧水、白桥、红亭掩映下，给予人刚柔并济的空间感受，暗示佛禅之意的清虚意味，一个别具一格的水院佛寺便栩栩如生呈现在我们眼前。院落虽不复杂，却有其因借搭配关系的独到处理，空间肌理虚实的变化而颇有意境。圆通宝殿为重檐歇山式黄琉璃瓦顶，仍保留了元朝大木构架的特征。八角重檐观音亭也较完善地展现了清代做法。

现存的敦煌唐代壁画中，可见采用水院布局的佛寺院落，圆通寺可作为顺应地形限制，打破固有宗教建筑布局模式，反映唐代佛寺规划模式的珍贵实例。同时佛寺内主体建筑基本保存了各时期的建造痕迹，可以说，圆通寺是极具包容性的宗教园林的代表，是不同文化碰撞交融的产物。

图3 考察组一行在圆通寺合影

3. 云南大学会泽楼（图6~7）

秋高气爽，我们继续前行，从云南大学翠湖北路校园主入口向上望去，青色掩映下的会泽楼若

图6 云南大学会泽楼之一

隐若现。这里“南临翠海，居高览下，势若据虎”，是昆明市区里一块风水宝地。会泽楼竣工于1924年，由唐继尧主滇时建造，作为昆明最早的大型法式公共建筑之一，吸纳巴洛克建筑风格，是当时追求“洋化”社会意识的体现。立面为三段式处理，基座、墙身、檐口，最大特点在于整个楼的墙基、墙角、窗框四周、屋顶四沿均以长短相间的白色石块砌成，墙面其他部分是200毫米×60毫米的红砖砌筑。

我们在入口门廊空间驻足回味，俯瞰郁郁葱葱掩映下的石阶，细细品味，确有欧式园林的味道。值得提出的是，在门廊空间，四根大柱的柱础，发现其做法似乎既不是中式也不是西式，底部的收分也不符合力学结构逻辑。平台栏杆和门厅内部的柱身柱础都不是统一的某种做法，更像是“中西混搭”。

时间原因，我们仅继续浏览了会泽楼北向的至公堂和贡院考棚。建于明清两代云南的贡院，康熙年间为全省进行科举考试的总考场，后被改为学生宿舍，其立面处理简单朴实，在草地、灌木、高树的衬托下我们仿佛能体会到当时熙熙攘攘的学生与紧张有序的考试场景。如果说贡院是当时举人竞争上京“海选”的地方，那么至公堂则是决定考生命运的地方；同时，至公堂先后成为图书馆、大礼堂及重要的学术文化中心，也是闻一多拍案而起，发表《最后一次的演讲》之地。如今，云南大学内“崇楼眺翠”（会泽楼）、“至公闻吼”（至公堂）、“钟铎接晖”（钟楼景色）、“银杏飘金”（银杏道）等人文景观，已成为云南人心中文化历史记忆的象征。

图7 云南大学会泽楼之二

4. 陆军讲武堂（图8~12）

翠湖畔绿树成荫、湖水清澈，游人如织，湖面上空红嘴鸥盘旋飞舞。我们来到了保存了一个世纪的云南陆军讲武堂。云南陆军讲武堂的创办与清末新军的建立有直接的关系，清政府因新军需要新式军官而创办独立的学堂以培养人才。这里一度成为云南革命的重要据点，成为西南地区团结革命力量的核心。1910年，重办后的陆军讲武堂焕然一新。在湛蓝天空与姜黄墙面强烈对比下，由分层设置凸出壁柱划分的主体建筑横向延展，仿佛诉说着这里曾经如火如荼的往事，一个世纪的岁月沧桑，已沉积为永久的宁静，与马路对面翠湖的喧嚣形成鲜明对照。站在讲武堂门口，我们直接感受到这一静一闹、历史与现实的反差。

走进讲武堂，四周是阅操楼和校舍，主要为主楼、大礼堂、兵器库、洗面房，各楼约长120米，进深10米，尺度宏大的二层走马楼转角土、木、石建筑整齐的围合，对称衔接，浑然一体，围合出占地约1.44万平方米的院子。

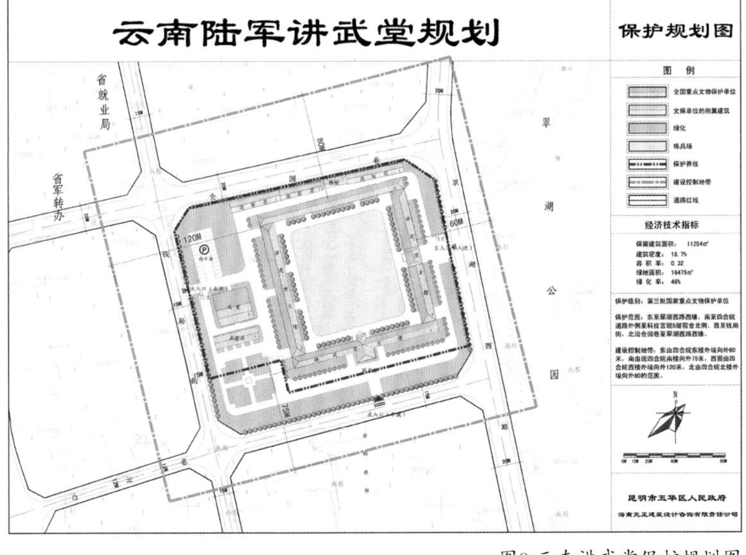

图8 云南讲武堂保护规划图

图9 云南讲武堂旧影

图10 云南讲武堂现状之一

图11 云南讲武堂现状之二

图12 考察组一行在讲武堂合影

现在讲武堂建筑内部，布置了云南辛亥革命和护国运动及校史的陈列展览，成为近代史爱国主义教育基地。讲武堂建筑物质空间的保存固然重要，但是对“修旧如旧”的深入认知与实践，更要求建筑遗产保护工作者对建筑所承载文化的理解，并结合现代特点完成改造修复工作。

5. 云南师范大学国立西南联合大学旧址（图13~16）

如果说，陆军讲武堂是昆明历史上“武”的旗帜，那么西南联合大学就是“文”的标志。西南联大旧址位于云南师范大学内，是昆明在抗战中的重要的历史遗址之一。1938年至1946年，由北京大学、清华大学、南开大学3所著名高校，南渡西迁至云南昆明而合并组建“国立西南联合大学”。校园内铁路轨道片段成为历史的见证。

图13 西南联大教室遗存

图14 西南联大纪念碑

图15 昆明师院纪念碑

目前，仅存于校园内的一间铁皮顶、土坯墙、木格窗简陋教室，是作为西南联大艰苦办学的唯一证据。旧址内保留的遗产并不多，透过蒋梦麟、梅贻琦、张伯苓的半身塑像以及“一二•一运动”四位烈士潘琰、李鲁连、张华昌和于再墓，冯友兰撰文、闻一多篆额、记述联大创办始末及其特点的西南联合大学纪念碑等，提醒人们时刻不忘缅怀在战火纷飞年代依然坚持独立治校的先辈与事迹：梁思成、金岳霖、林徽因等为西南联大的辛勤执教；1943年10月，入伍为抗战美军翻译的应届四年级男生；梅贻琦请梁思成夫妇领衔设计校舍，方案兢兢业业改了数稿，却因经费问题未能实施……

诸多事迹令人不禁感叹，在枪林弹雨的年代，学术先辈们四季颠沛、日夜跋涉，忍饥挨饿，饱受战乱摧残，却依然不懈地探索着民主、科学与进步之风，至今仍然影响着云南教育界。如今太平盛世，纪念先辈为学术进步付出的代价不仅仅是靠几个纪念碑所能代替的，我们是否为目前诸多学术不端行为汗颜？

图16 考察组一行在西南联大旧址合影（摄影/陈鹤）

二、11月27日考察纪略（图17~27）

中国营造学社于1929年在北京中山公园成立，至1945年解散，前后历时16年。其中，1937年七七事变后，于1938年3月至1940年10月，学社南迁至昆明，先后寄居城南巡津街和城北龙泉镇龙头村、麦地村一带。

1. 龙泉镇村落

本次考察龙泉镇，由俊发地产负责该地块保护改造的相关工作人员带领，主要根据刘叙杰先生当时随从父亲在这里生活学习的记忆为线索，考察龙头村落及建筑保留现状。

图17 龙泉镇龙泉庙现状之一

线索一：刘叙杰先生儿时所在小学

刘叙杰跟随父亲在龙泉镇的居住地为麦地村，这里的“龙泉庙”被临时当作小学使用。根据刘先生回忆，庙前的佛像标志性很明显，台基平台较宽，作为当时小学生罚跪罚站的平台。与我们同行的云南俊发地产工作人员带领我们到达一所幼儿园内类似古庙的古建筑内，上面标着“冯友兰”故居。但经过分析比对，该建筑立面的开窗与比例均不符合基本教室教学采光要求；围合的空间规模也并不符合当时小学的活动场地要求。因此虽然这里是现存唯一的“庙”，局部木刻雕花和内部空间木构也保存较好，却并不能被认为就是刘先生曾经读书的古庙。

图18 龙泉镇龙泉庙现状之二

线索二：通过刘先生儿时所在小学操场辨认环境

目前在宝台山附近，大概在1969年重建了一所中学。站在新操场上，刘先生回忆，沿当时位于宝台山的小学操场斜坡向西，有一条下到棕皮营村的路线，则正对李济先生的居所和梁林故居。这也曾是当时梁从诫、梁再冰从棕皮营到学校的往返路线。

可能因为新建这所学校时并未考虑对该村风貌的整体保护与规划，现状周围也全部被重修的农村住宅格局打乱无法识别。根据刘敦桢、刘致平先生手绘平面图分析，也无法识别当时能展现历史原貌的标志点。

19.龙泉镇龙泉庙现状之三

线索三：前辈居所及其整体风貌

麦地村是梁林及同人到昆明后第一个定居下来的村庄，附近“一颗印”的民居为他们提供了考察天然素材和实例。1940年5月梁林二人迁居到离麦地村两里的龙头村，并在龙头村设计、监制了自己和钱端升两家比邻的住房。据相关文字记载，梁林二人当时将自己住房选址在村边靠金汁河的空地里，这里茂林修竹、田畴水错，景色优美，但是由于经济原因，他们为建这所房子不但耗尽所有积蓄，并亲自运料，参与木工和泥瓦匠的工作。然而，这样简陋的建筑却算得上是这两位建筑先辈一生中唯一有产权的建筑物了。

①张剑葳，周双林：《昆明太和宫金殿研究》，文物，2009，第9期。

②张剑葳：《昆明太和宫金殿——中国古代铜殿案例研究》，载《第四届中国建筑史学国际研讨会论文集》。

图20 梁思成故居现状

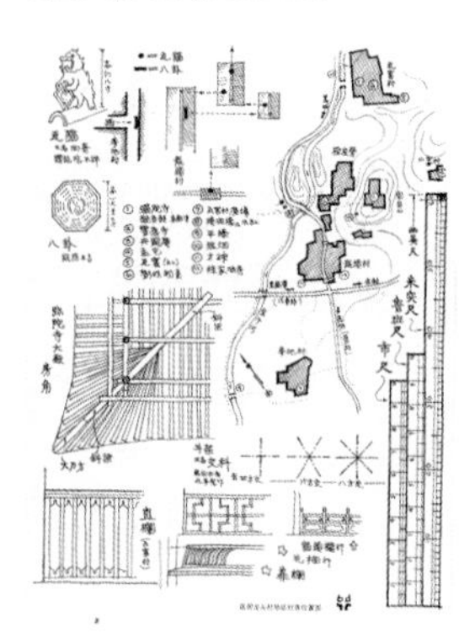

图21 刘致平先生绘昆明龙头村方位及民居

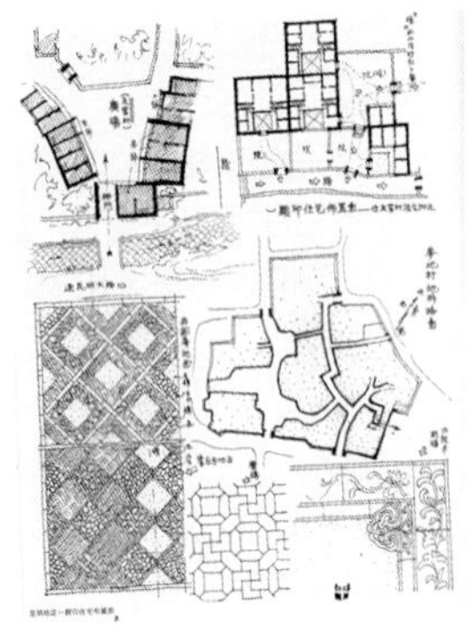

图22 刘致平先生绘昆明麦地村方位及民居

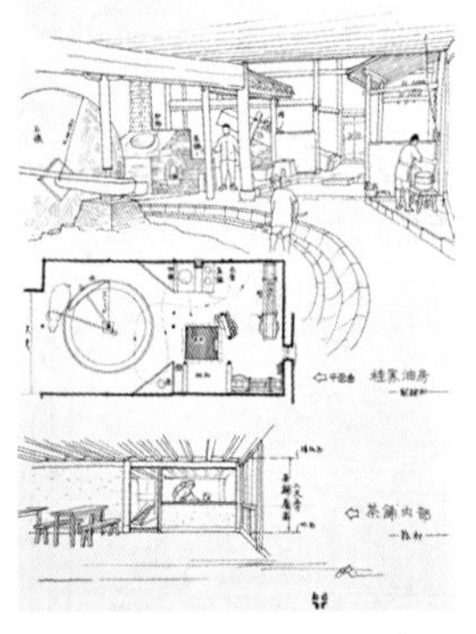

图23 刘致平先生绘龙头村油坊

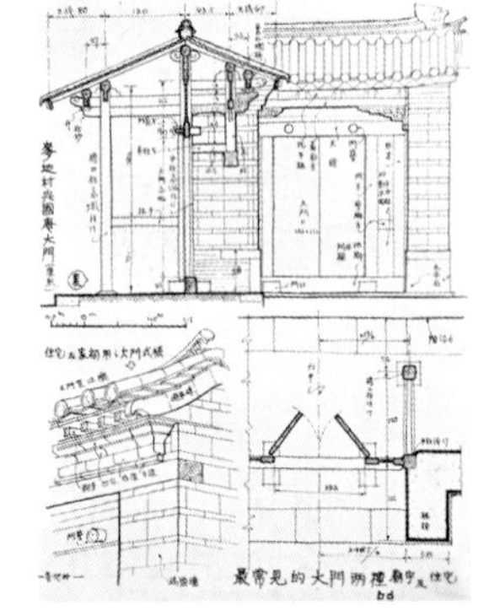

图24 刘致平先生绘兴国庵大门

我们到达的故居地点，首先看到“梁思成、林徽因故居”的门牌随意嵌在修建的砖围墙内，房主联系不上，大门紧锁，向内也只能看到故居的屋顶与小部分外墙。根据随行昆明理工大学建筑学系教授杨大禹老师回忆多年前的测绘情况，梁林故居约80㎡左右，客厅内有壁炉，山面梁从诫、梁再冰各住一间，另一山面加偏厦，是金岳霖居所。周边还有李济、钱端升等人的居所，现在均无法考证。由于当时经济困难，建造的临时性住宅，墙面均用“竹笆墙”的形式，现在看到的局部，也只能推断是后来主人翻修过，如此“昂贵”的筒瓦屋顶是当时不可能建造的。

线索四：其他标志性公共建筑

《未完成的测绘图》一书刊登了一幅龙头村桂家油坊生动的劳动场景图，还有刘致平先生描绘的龙头村天灯、灯笼杆，这些给前辈带来回忆的唯一记录，早已荡然无存。

龙头街在晚清也是昆明北郊唯一的贸易集散地，这里曾经有马帮集结的街巷、人声鼎沸的驿站和五彩绚烂的商品，因此人们修建了马王庙，而当初这些颇具地方特色的财神庙、马王庙也完全不见踪迹。

线索五：兴国庵

麦地村194号兴国庵内，是清末民初的民居建筑。当时的兴国庵殿宇尺度并不大，周围却是郁郁葱葱，大殿前院有四棵桂花树，四角配殿也是花木扶疏，鸟语花香，环境宜人。兴国庵内供奉着佛像，陈设简陋的殿内，成为营造学社在昆明繁忙的大本营。

到达兴国庵，从外观来看，新房住的装修，使现状比原旧址朴素简陋的木质土坯外墙多了华丽的装饰彩绘。现在的入口部分是以前厨房等附属用房的后门，进入三角院，经过一道小门，是供奉的三世佛像的院落空间，而这里以前是送子娘娘殿，现在的装饰也全为后期装修；当时大殿的侧面是梁先生居住的侧房，现在已被拆除，周围盖起二层的混凝土住宅。大殿旁当时还有刘敦桢、刘致平二人居住的侧房。

可以推断出，现在保留的院落只是当时的附院，现存附院通往外部空间的大门位置并不是当时主体空间的主出入口。殷力欣先生2009年考察时，营造学社旧址的主体大殿已被拆除。刘先生用他仍然熟练的昆明方言，与从小在麦地村长大的81岁太太聊起天，关切地询问起旧址改造的过程。刘先生回忆，当时大殿外的小河是他们儿时捉鱼戏水的嬉戏之地。

虽然已是支离破碎的保留，离开时却令人感慨万千。就在这个不起眼的寺庙内，刘敦桢、刘致平等完成了滇川多处古建野外调查；梁思成先生虽然抱病在身，却也指导并参与整理35个县的古建、崖墓、摩崖、石刻等730余处，初步调查了昆明近郊建筑，有唐南诏国建西寺塔、元妙应阑若塔及安宁县曹溪寺宋木构大雄宝殿。

刘先生是亲自目睹过当时前辈呕心沥血生活和工作的少数健在者之一，梁林一生唯一亲手设计的住宅也无法辨认，当时的鸟语花香、一草一木已成为刘先生永远的回忆，属于我们的田园牧歌已成为烟消云散的挽歌……时光流逝，我们的子孙后代，又有什么可以让他们懂得前辈为我们民族的付出殚精竭虑，又有什么是可以让他们自豪的民族文化，我想大多数人已不在意了吧？！

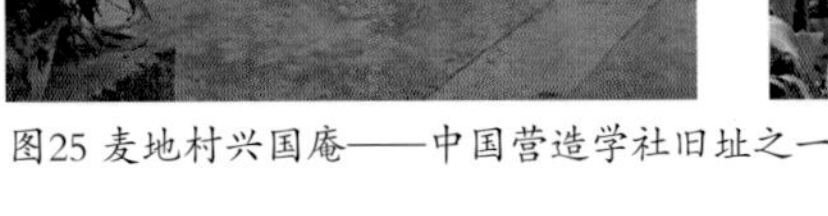

图25 麦地村兴国庵——中国营造学社旧址之一

图26 麦地村兴国庵——中国营造学社旧址之二

不尊重历史的城市化是混乱的文明现象，钢筋混凝土取代的不仅是田畴沃野里的蛙鸣虫叫，更是在否定自己的历史，迷失自己的未来。崭新之所无法再给人带来文化的内涵，却抹去了牧歌时代无法复制的积淀。看到历史街区改造重建打着的“传统、文明”的噱头，这种以“古”灭“古”的新建，有谁还会为之痛心？！

2. 金殿（图28~30）

武当山太和宫金殿建成184年后的明万历三十年（1602年），云南巡抚陈用宾模仿武当山太和宫金殿之制，于昆明组织信众冶铜为殿，亦称“太和宫金殿”。陈用宾铜殿于1637年搬至大理宾川鸡足山，其原因史说不同。云南建筑史记相关文献未登载铜殿的照片及勘测报告，幸而1939至1940年，中国营造学社对云南、四川等西南诸省进行田野考察时对鸡足山顶的铜殿曾做过简要记录，现留有部分铜殿的照片、平面草图。

现存昆明金殿是目前全国最大的铜殿，正脊底面刻有铭文：“大清康熙十年岁次辛亥大吕月十有六日之吉，平西貌王吴三桂敬筑。”形制仿武当铜殿，登山途中设三道天门，体现了道教宫观建筑特点，轴线空间末端设位于紫禁城中的金殿。金殿周围环绕的紫禁城为青砖砌筑，四面辟门。正门西门上为魁星楼，城内中央为二层崇台，其上立金殿。崇台底层平台为砂石砌筑，下层须弥座四面出台阶，与紫禁城的四门相对。须弥座上有生动的瑞兽、花卉，勾栏华板上有细致的浮雕装饰；其上的勾栏为康熙五十三年时修建，大理石质，保存完好，样式精美。崇台的上层须弥座北、西、南三面出台阶，西面台阶正中作斜坡御道①。昆明金殿在剖面歇山构架的处理上与常见明清传统歇山构造的抹角梁或镏金斗拱承采步金的做法不同，展现了一种较为特殊的歇山构成做法。一些细部如滴水瓦、瓦当及头板瓦的做法也体现了与昆明地区其他木构传统建筑的做法的一致②。

昆明金殿的保护整体情况较好，虽没有金碧辉煌的灿烂，却如实地展现铜材质的肌理与锈迹。昆明金殿的道教宫观建筑形制特点明显，同时在木构做法及细部上能针对具体建筑材料力学特性做出调整，并能灵活融入地方特色。不失为表现昆明木构建筑历史文化遗产的优秀案例。

三、11月28日考察纪略

1. 安宁曹溪寺（图31~37）

我们一行一早便到达安宁龙山东麓，这里前临螳螂川，背靠葱山，有碧鸡山、龙马山、笔架山诸峰环绕，曹溪寺周围山色苍翠，生机勃然。曹溪寺相传创建于宋代(937年–1254年）大理国（今云南一带）段氏时期，现存大殿建筑还保留着宋代结构的特点，是

图27 考察组在兴国庵前合影

图28 太和宫金殿外景

图29 太和宫金殿梁架细部

图30 太和宫金殿内景

图31 曹溪寺外景之一

图32 曹溪寺外景之二

①张剑葳，周双林：《昆明太和宫金殿研究》文物，2009，第9期
②张剑葳：《昆明太和宫金殿——中国古代铜殿案例研究》，载《第四届中国建筑史学国际研讨会论文集》

图33 曹溪寺内藏宋代木雕华严三圣之一

图34 曹溪寺内藏宋代木雕华严三圣之二

图35 营造学社安宁曹溪寺测绘图之一

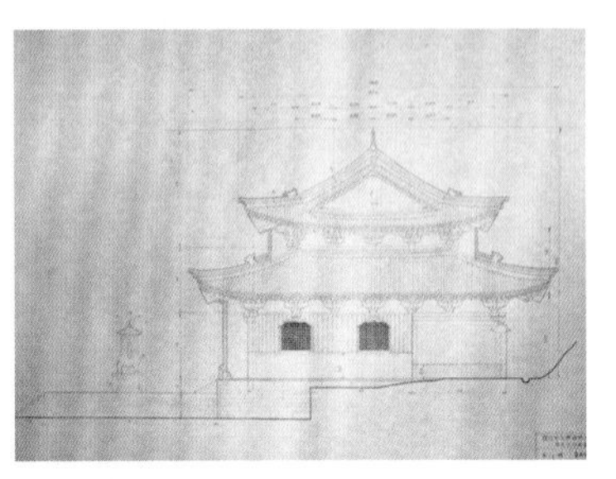
图36 营造学社安宁曹溪寺测绘图之二

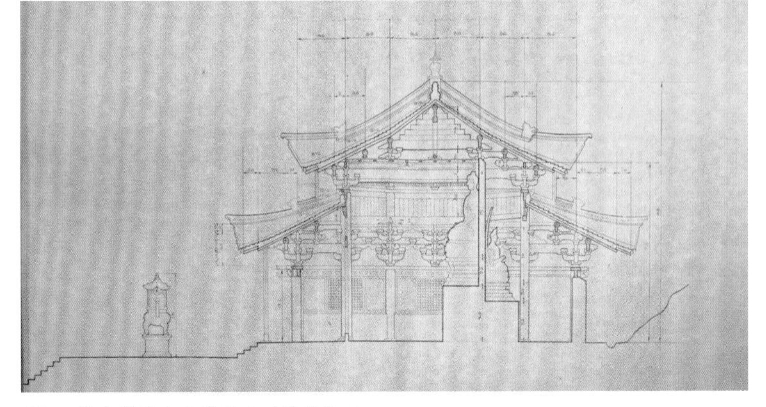
图37 营造学社安宁曹溪寺测绘图之三

研究云南省佛教禅宗木构建筑的重要文物。

进入山门，照壁将轴线分为两个庭院，沿轴线排列是天王殿、大雄宝殿，观音殿。院落整体保护较好，均基本如实反映测绘图上的空间关系。重檐歇山式大雄宝殿，因为尺度不高，用料粗壮，给人稳固庄重的尺度感。值得一提的是，根据六十年一度的“映月”周期，当月亮升起的时候，月光从大殿重檐间的圆窗中射入，不偏不倚地正照在殿内正中的大佛面上，即为“曹溪夜月”之说。

大殿壁后“华严三圣”（释迦中坐，文殊，普贤胁侍)木雕像组为曹溪寺文物中保留完好的珍品，它比例匀称，雕刻精美，佛像表情庄严肃穆中又带端庄祥和，雕塑一颦一笑栩栩如生，刻画生动，是宋代风格雕刻大作。刘叙杰、殷力欣二先生甚至认为这是全国范围内宋代佛教雕刻的罕见的杰作，艺术品位可列神品。

曹溪寺向人们展示了古人以建筑技艺展示对禅宗的理解与极致追求，是昆明市郊不可多得的佛寺建筑。

2. 其他市内古建筑考察

东西寺塔：（图38~39）

下午，刘先生先行回南京，我们一行人继续对昆明市内古建筑进行考察。来到东寺街，东西两侧的东西寺双塔遥遥相望，两塔均为始建于南诏时代的13层密檐砖塔，塔的外轮廓呈曲线形，用青砖层叠涩出檐，外檐四角反翘，有别于中原唐塔，与华山东路的大德寺双塔南北遥望，相互呼应。

古塔是云南民族文化中颇具特色的文化景观，是昆明作为历史文化名城重要的建筑遗产。昆明历代佛塔、风水塔一度形成古塔建筑群。本次考察东西寺塔，塔体本身保存较好，但由于东西寺塔处于新建文化步行街的两侧，仅仅成为现代商业街道的景观节点，整体规划中忽视了周边建筑的影响，古塔与周边突兀的现代建筑不融合，阻碍了整体历史文化遗产风貌的保存。

福林堂：（图40）

福林堂老店在文明街光华街交叉口，地处老昆明城商业区繁华闹市。

福林堂在昆明的地位不仅是一个简单的药店，它保存了昆明人一百五十年的记忆，是老昆明最重要的象征之一。“福林堂”，意在“福泽杏林”，象征创始人李玉卿高尚的医德和对传统中医药文化的尊重。

图38 昆明东塔

图39 昆明西塔（摄影/孟妍君）

图40 福林堂（摄影/孟妍君）

福林堂原是昆明光华传统老街的标志性建筑，我们走在这条街，只见福林堂孤零零“躲”在一群新修改建建筑的角落，传统三层砖木结构昆明传统建筑的街区荡然无存。昆明光华街区的整体貌无法整体保留，令人痛心。

聂耳故居：（图41~42）

聂耳1912年2月诞生于昆明，原始故居在抗战胜利后被拆除。现在保留在昆明老街甬道街73、74号的“聂耳故居”，是1948年在原址上重建的。该建筑是斗结构二层民居，底层曾被作为临街铺面使用。现作为爱国主义教育展示基地。

图41 聂耳故居之一（摄影/孟妍君）

图42 聂耳故居之二（摄影/孟妍君）

樾庐：（图43~44）

名为“樾庐”的“一颗印”古宅，因第一个房主人叫张樾第而得名，位于昆明市中心区的景星街吉祥巷18、19号，现为一颗印餐饮有限公司昆明老房子餐厅。它室内空间及木构装饰为清式，是目前昆明至今屈指可数保留下来的“一颗印”民居，目前被注入新的功能而重新焕发活力。但其周边已成为花鸟市场，令我们不禁思考，作为历史文化遗产的一部分，这样片段的保护是否能凸显其历史价值？！

图43 一颗印式民居——樾庐之一

结语：（图45）

本着对当代云南建筑传统文化保护延续的责任，我们完成了这次有意义却沉重的“重走营造学社之旅”。我们坚信，营造学社前辈在困境中延续的精神文明之火，现在依然放射着不朽的光芒，顽强地燃烧着，照亮我们前进。

人们对建筑遗产的现当代处置方式可以被解读为21 世纪初人类状况的一种寓言：在将其作为精神鸦片还是一剂解药之间挣扎，是像古希腊神话中那耳喀索斯那样，在镜像之中迷恋上虚假的倒影陷入自恋，从而石化了自我，丧失了回归现实世界的能力；还是将这种镜像作为一种自明性，成为积极进入普罗大众日常生活世界的批判性建构力量。

建筑文化遗产，是人们在民族文化发展过程中积累并形成的物质积淀，也是前辈留给当代人重获文化自信与尊重的财富，更是每一个民族在未来文明中获得再生、共生的灵魂。国民精神的延续和情感记忆的恢复是一个历史文化名城对自身建筑遗产保护最基本的价值观，“传统”不是特色发展的噱头和借口，重塑“传统”应首先建立在一个民族对自己千百年文化积淀的尊重。零散孤置的院落或单体保护，只会令其作为完整文化形态一部分的历史角色发生本质转变。对建筑遗产实物历史的评估方法与延续方式，不仅体现规划师、建筑师对民族的理解，更是反映整个民众对本民族文明的尊重，对历史的认知，对未来的定位。当我们“重走营造学社之路”之后，更加深刻地认识到这一点。

（图片提供/殷力欣）

图44 一颗印式民居——樾庐之二

图45 云南省设计院内举行中国营造学社纪念研讨活动（摄影/陈鹤）

Preservation and Renovation Project of Haizang Temple, Qinghai (Extract)

甘肃海藏寺的保护修缮工程（节选）

北京国文琰文物保护发展有限公司（BeijingGuowenyan Cultural Relics Preservation Ltd.）

一、关于海藏寺各建筑瓦顶修缮的设计说明

海藏寺自创建以来屡遭兵燹，之后历代均有重修，其中元（元初阔端王）、明（成化）、清（康熙）三代各有一次大规模的修葺与扩建。1927 年 5 月 23 日武威市古浪县发生8级特大地震，包括海藏寺在内的武威许多土木建筑大部分被毁坏，其中海藏寺山门、三殿等均倒，只有大殿、石碑未倒。“文革”期间，海藏寺又遭人为破坏。之后由政府出资陆续重修，遂使这批文物古迹继续保存下来。但是，由于当时资金、工艺以及重修的目的与理念等多方面因素的影响，时至今日各建筑瓦顶再次出现残破、漏雨等问题。另外，现状各建筑瓦顶的脊、兽大多是在上次维修中拼凑、补配的，各类吻、兽原物残缺，现用水泥续拼上段，部分大吻因自身吞口高度不足，安装时在其下叠砌条砖数层之后放置吻兽，虽然在观感上形成了大吻张口吞脊的风格，但吻下的数层条砖砌筑得极为随意；同时，各建筑的正、垂脊筒现状有的用水泥板代替，有的则改为机砖垒砌或花瓦脊，且其做工极为粗糙；部分建筑垂脊上端直接触于大吻吞口以内，与建筑整体风貌极不协调。

针对此类问题，设计按照传统屋面做法重修各建筑瓦顶，补配碎裂、缺失的瓦件。对于各类水泥、机砖、花瓦脊兽构件全部去除，按照现有残段的茬口及寺内现存同类吻、兽实物烧配残缺部分，并根据大雄宝殿、牌楼残存的部分原脊筒形制烧制手工捏花灰陶脊筒，替换近年维修中随意组砌的水泥、机砖及花瓦正（垂）脊。安装前在地面先进行预摆，之后上架安装，对于大吻吞口高度不足者（如牌楼、山门、大雄宝殿、配殿等），需根据大吻吞口与正脊的实际高差烧制相应的吻座，或在坐脊瓦之上按照该地域常见做法用条、方砖由下至上依次砌出圭角、天混、天盘等，从而客观上增加大吻下段的高度，使之既能满足大吻张口吞脊的立面风格，同时在结构上解决现状大吻之下数层杂砖垒砌的不规范做法。以下为瓦顶工程的具体做法。

（一）苫背层

根据当地传统做法苫背层由下而上分三层，从望板向上依次为护板灰、灰泥背、青灰背，总厚度在 5~13 厘米。

1. 护板灰

在望板铺钉完毕后，应先对望板进行勾缝，以防抹灰时灰浆中的水分沿望板缝隙下渗，对殿内梁架造成破坏。抹护板灰时，应随抹随压，每批次由上向下抹压，宽度不大于 65 厘米，且确保望板及各接缝处灰浆饱满，厚度控制在 2 厘米左右。护板灰用白灰膏和麻刀按100：5的比例搅拌均匀。连檐、瓦口木的里侧则需抹压青灰以利防腐。

2. 灰泥背

灰泥背抹压前，应按设计图纸对屋顶各部弧线进行挂线，线绳可采用自重较大的麻绳或电缆等，并按弧线要求在腰部分段绑设“吊鱼”以确保弧度

古建维修中加固翼角椽尾的常用方法

的一致。由于这批建筑檐口极缓、脊部略陡，泥背抹压前需根据所挂弧线在腰部倒扣板瓦数层调整泥背厚度，同时减轻泥背的自身重量。灰泥背的比例按白灰：黄土=1：3配制，并在泥背内按每100斤白灰掺入5~10斤麦秸。泥背抹压要前后坡、东西两端四面同时进行，以免屋架失衡。待泥背干到七成时进行拍背，拍打出浆后用木抹子压实平整，同时在脊部用麻丝由前而后披在脊上，麻入泥中，目的是更利于脊部泥层牢固。泥背完成后进行“凉背”。

3. 青灰背

待灰泥背干到七成时方可抹压青灰背。青灰背的原材料按一定比例配制，抹压时由上而下进行，抹压严实平整。

（二）屋面瓦瓦工艺

1. 号垄

先用垂直平分线的方法将檐部坐中瓦的中线延伸到脊部并作标注，然后由中线分别向两侧排底瓦中距，脊部同此，并在青灰背上弹出相应的墨线。复核脊部中距与檐口瓦口木的中距是否在同一轴线上，且盘角方正。

2. 钉脊、兽桩

脊兽桩分别是大吻桩、脊刹桩、垂兽桩、脊筒桩，全用直径 2 厘米的铁桩（下端打成尖形），长度根据所在位置的构件高度而定。

3. 选瓦

前、后檐勾滴及排山选用原来的旧瓦件，新补配瓦件用在后坡。旧瓦需先剔灰，新配瓦件必须在青灰水中浸泡，以堵塞瓦件砂眼，提高其防水性能。

4. 捏排山

垂直高度根据铺钉后的博缝确定，并画定中线，之后用白灰膏对博缝、瓦口内侧进行防腐处理；之后按常规做法瓦排山滴水，安遮羞瓦、抹制棒棒泥，安勾头；最后勾缝、打点、清扫。

5. 瓦垂脊下底瓦、筒瓦、当勾、坐脊瓦

按之前的瓦距挂设每垄中线、瓦刀线、腰线（4 道）、脊部线、檐口线（2 道），之后按常规瓦瓦。在排山勾头根部捏当勾瓦，当勾即包口瓦（要用切割机在地面根据瓦当间距加工成型，不得用瓦刀临时击片抹灰）。安好筒瓦、当勾后，用灰泥找平坐脊瓦下的底座，钉脊桩、安坐脊瓦。正脊下当勾、坐脊瓦做法同此。

海藏寺局部之一

海藏寺局部之二

6. 瓦瓦

瓦瓦前，挂设檐口线 2 道（勾头上皮、滴水底皮）、中线 1 道、腰线（5 道）、正脊升起线 1 道和瓦刀线 1 道、吊鱼线，并随时复核准确度及标准度。

檐口线：①檐部滴水瓦唇下棱的水平线，各垄滴水前端的高低、出檐以此为准；②檐部叠压于底瓦上的勾头上棱线，各垄勾头顶面的高低、出檐以此线为标准。

中线：屋面正中的标准线。

腰线：顺檐口方向，连接于两山博缝板对应的腰段之间，分别挂设腰线 5 道（可挂设在筒瓦上钉眼的位置，兼做瓦钉钉贯位置的标记线），使每垄筒瓦上棱形成的弧度与博缝板的弧度基本一致。

正脊升起线：预先在正脊两端钉设铁钎，然后拉线形成中部下弯的弧线，之后确定升起（杜绝出现死折，一旦发现及时调整）。瓦瓦时每垄筒瓦尾部上皮与线相切。

瓦刀线：依博缝板弧度栓挂的瓦刀线（即屋面囊度线，瓦瓦时兼垄中线），依线瓦瓦使屋面囊度均匀。

瓦瓦中，每垄先瓦板瓦，将筒瓦中线移至板瓦瓦肋，同时用电缆线（俗称水线）或麻绳，拴“吊鱼”后，拉出随屋顶弧度的囊度线，每垄筒瓦上皮依线安放。保证弧度均匀，杜绝死弯。檐口板瓦略稀，可作压五露五，再上为压六露四，再上为压七露三，具体根据弧度排列，不能出现“倒吃水”。

各瓦下掺灰泥坐底，再抹青灰坐瓦，胶锤捣实，不得放空心瓦。两垄板瓦之间筒瓦下用泥为梆梆泥，即白灰、黄土比例为 3∶7 的略硬一些的泥，先压抹成型后，再用青灰满挂筒瓦下，由上向下扣设归安。扣好后，再用平尺板检查平整度，垂吊瓦中线是否偏移，然后用胶锤击实筒瓦。依次向上瓦瓦。

瓦瓦后，在檐口逐垄垂吊检查瓦垄是否直顺，平尺板检查相邻五至六垄筒瓦上沿是否平整，不妥之处及时调整。

7. 捉节夹垄

这项工作随瓦面进度设专人勾抿，先清除垄间残泥、残灰，通过用水洇湿清除，将筒瓦与板瓦之间切出一个略向内凹的槽，然后用自制小抹子用力将青灰（掺麻刀）挤压进去，外侧瓦肋齐整并勾抿，不得抹成斜坡状，筒瓦两侧斜度一致，不得出现“一边倒”，勾抿之后及时清扫瓦面至净。勾抿的青灰多掺入松烟，如用氧化铁黑需增大使用量，防止勾抿干燥后范灰。

8. 清垄擦瓦

待捉节夹垄灰干到七八成时，这时可对屋面进行清扫，将瓦垄之灰浆等杂物清扫干净后，用抹布把筒瓦上的灰迹擦掉。

调脊：脊的砌筑顺序为先砌筑正脊，再砌筑垂脊，最后安装吻兽。正脊及吻兽砌筑时采用青灰，将缝隙花纹对好后，用麻刀灰勾缝打点，并将表面擦拭干净，脊的两端挂线按升起高度应柔和圆顺。各脊砌筑后，在脊筒内用木炭、白灰填实。

二、关于对海藏寺各建筑防翼角下栽的设计说明

海藏寺中轴线上的各殿宇，其形制或歇山或庑殿，全部为带翼角结构的木构古建筑。其现状存在的共性残损之一即是各翼角均已发生了程度不等的下栽现象。通过对庙院历代维修沿革的了解以及现场实际勘察发现：这批建筑在 1927 年武威大地震中严重受创，上世纪七十、八十年代陆续重修，由于当时维修技术的不足，其翼角结构的处理，特别是椽、飞的铺钉极不规范，部分椽尾在钉贯时已然劈裂，时至今日在檐口负荷的作用下，大多椽、飞发生前端下栽的问题。另外，部分建筑的椽、飞中距相差较大，其出头随斜出方向锯截成“马蹄”形，使整体建筑观感受到影响。因此，有必要针对各建筑翼角结构修缮，特别是翼角椽的铺钉做法进行说明。

通过勘察发现，各建筑翼角椽分布方式多为密集形收尾法，即每面每角的翼角椽尾全部汇聚于角梁与搭交金檩出头所形成的三角区域，并侧向钉贯于角梁两侧。此次设计仍沿用这种布列、铺钉方式，同时，

通过铁活加固进一步提高翼角椽的稳定性，从而避免翼角下栽问题的再次发生。修缮工程中，椽子铺钉前，首先应划分正身与翼角的椽位中线。每面的第一根正身椽与翼角椽分别位于搭交金檩出头两侧，椽档中线与金檩（采步金）轴线对齐，其中距根据正身椽距而定；最后一根翼角椽中线从大角梁外皮偏出半椽径；其余翼角椽则需根据椽数在小连檐上定数等分。之后由椽头中线点与第一根翼角椽尾延伸线交点连线，并依据其斜度制作翼角椽，每根椽尾皆需由两侧削切，不得破坏椽子轴心，尾部最薄处不得小于 1.5 厘米。钉椽时先从最后一根逐次向正身方向铺钉，采用手工打制的方钉侧向钉于角梁侧面，每根至少使用方钉三枚，并在每根椽身水平钻空，贯没竹穿两道将其进行连接，椽身前段钉设于搭交檐檩背部的升头木上。最后在椽背与角梁背部施折角铁活再次将其加固，折角铁活端部延伸至每面第三根正身椽背部。

相关要求：

（1）各翼角椽头皆需盘角方正，不得截成马蹄头，向角部一侧的斜向雀台根据翼角升起与斜出的弧线依次递增；

（2）升头木必须使用完全干燥的落叶松制成，其底面需根据檐檩顶面弧度进行撒绁做成相应的内幽状，并施暗梢榫接；

（3）檐口升起需和缓，不得出现死折和波浪形的弊病；

（4）竹穿采用通长整材，截面边长不小于 1 厘米；

（5）椽钉不得使用机钉，铁活应涂刷防锈漆。

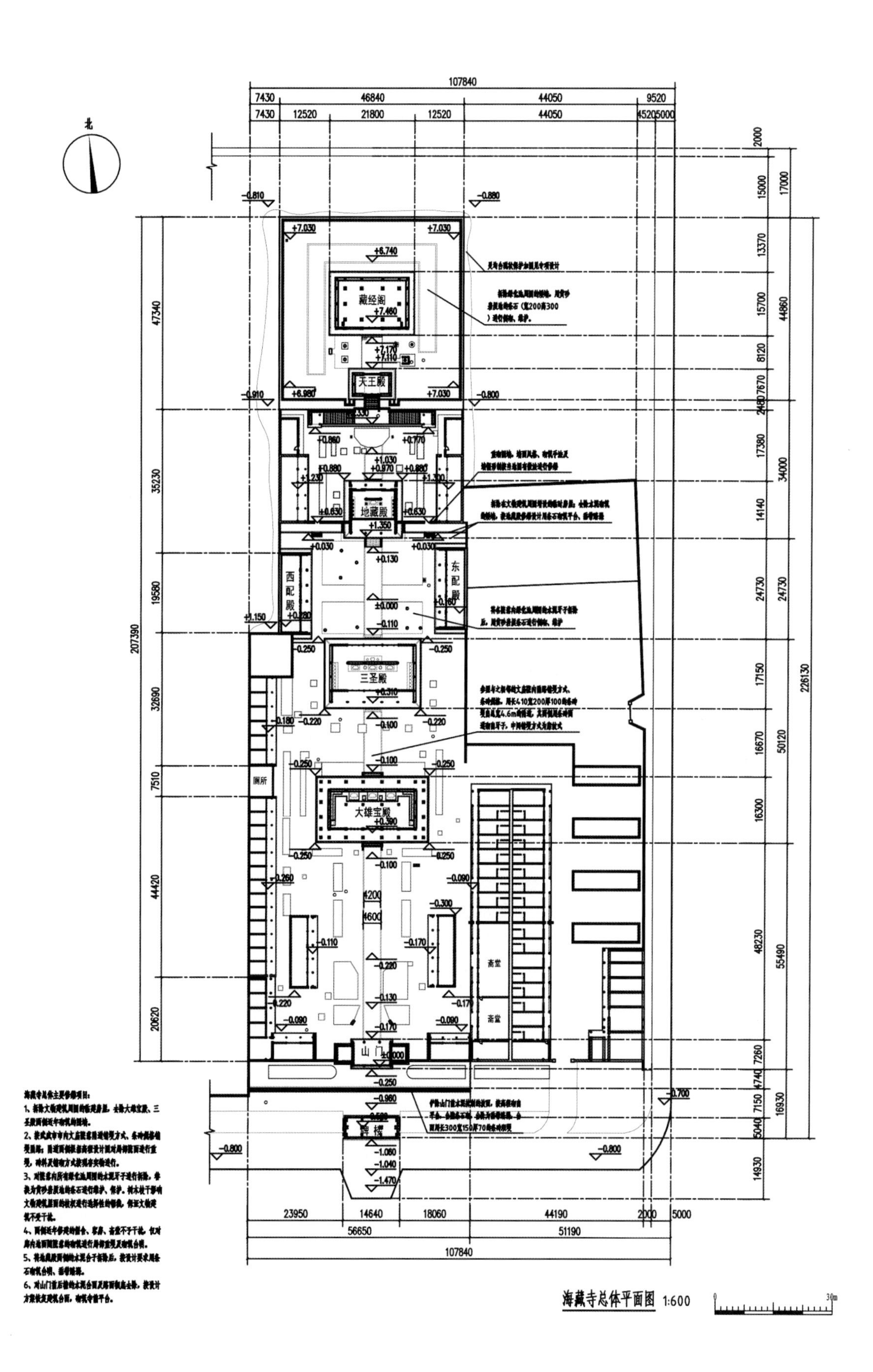

海藏寺总体平面图

Architect Talent Wen Yuqing and His Works
建筑英才温玉清留下的一片天空

金磊*（Jin Lei）

乡愁：永远寻不到的坊子铁路（历史照片）

“大才初展心系吴哥泽被广厦传遗产，披肝照胆情系古建壮志未酬泣英才”。这是我们为送别温玉清博士用心写就的挽联，那一天许多人在此驻留凝视。

2014年6月5日上午9时，在八宝山公墓梅厅，中国文化遗产研究院组织了近200人参加的温玉清博士的送别仪式，在送别的行列中有他的同学，有他的博士生导师；有他的同事，有国家文物局的领导；有建筑文化考察组的成员，更有他院外的建筑界、文博界的挚友们……这是我参加过的平常的送行仪式，但又是让人心碎无法平静的、超越平常的送别仪式。之所以说它超乎平常是因为吾兄温玉清走时太年轻，学者敬业精神太卓越，正如中国文化遗产研究院为他整理的生平所言：“温玉清同志（1972年5月21日—2014年6月3日）的英年早逝，使我们失去了一位志同道合的同志和承上启下的学术精英，是我院的重大损失。作为一名有信念、有梦想、有追求、有成就的青年才俊，他短暂而高尚的一生，将永远照亮我们的内心……”

我结识温玉清博士不足10年，它源自中国文化遗产研究院另一位已故才俊刘志雄先生。记得刘志雄在中国文物研究所（中国文化遗产研究院前身）70周年整理纪念文集时，刘兄让我读了刚刚完成博士论文初稿的温玉清的论文，在翻阅洋洋洒洒两大本二十多万字的论文后，最打动我的是他论文的后记。这是一篇在今天都感人至深的文字，说它感人至深，是因为它有不同于他人论文的鸣谢先师们的方式，虽全是用最炽热的真诚写出的普通话，那时我就感到他是个有才干、有情怀的好学生。2006年我们策划且得到国家文物局、四川省人民政府大力支持的“重走梁思成古建之路——四川行”活动，虽温玉清未能亲临，但几个月后，他便以天大建筑学院建筑设计及理论专业博士研究生的身份，走进了中国文化遗产研究院，他在向我们详细打听“重走梁思成古建

* 中国文物学会20世纪建筑遗产委员会副会长、秘书长，《中国建筑文化遗产》主编

之路”情形后，我们便一起组建了建筑文化考察组，自2006年9月开始了以“田野新考察”为主题的建筑遗产保护与实证调研工作，至少在已出版的五卷本的《田野新考察报告》中可以查到温博士在河北、河南，在京杭大运河及山东曲阜的多次考察身影及撰写的（多篇）报告。

如今，自发组建的建筑文化考察组已经发展到数百人，考察涉及的省份已经近半个中国，以考察组为主，在全国高校及各省市文物部门支持下不仅推出了中国辽代木构建筑系列之《蓟县独乐寺》《义县奉国寺》，又推出了中国近代建筑经典系列《中山纪念建筑》（2009年）、《抗战纪念建筑》（2010年）、《辛亥革命纪念建筑》（2011年）……它们都有温玉清博士的参与，都有他付出的心血。小温作为建筑文化考察组的创始成员其贡献最大处，是对20世纪建筑遗产的挖掘和整理上，他的敏感、他的执行力，很让我感动。为此他的博士生导师王其亨教授、原中国文化遗产研究院张廷浩院长都痛感失去一位建筑遗产保护的青年才俊。

温玉清系山东潍坊人，他告我他的家乡潍坊坊子区有一处颇具规模、很有代表性的德日建筑群，为了调研，2007年7月中旬建筑文化考察组一行在温玉清的引导下抵达潍坊市。在市规划局、坊子区领导陪同下，这处1902年德国人修筑胶济铁路时所建的火车站配套设施进入眼帘，其建筑精美程度及百余幢的规模令人发呆，这是何等重要的德日铁路建筑群呀！考察后仅仅十日，温博士便递交近2万字的建筑遗产分析稿件，时任《建筑创作》杂志社主编的我即在2007年8月便及时予以全文刊出，文章名为《山东坊子近代建筑遗存及其历史性景观保护随感》。尔后我们便以建筑文化考察组、潍坊市规划局的名义出版《山东坊子近代建筑与工业遗产》一书（天津大学出版社2008年2月第一版），温博士任副主编且承担了全书3/4篇幅的文字工作。今日读来他对文化遗产的认知是发自肺腑的，能品到“乡愁”守望般的情感，他在书中说“曾几何时，火车是胶济铁路沿线这些末等小站之间的主要交通工具，人们可乘火车在离自家很近的地方下车回家或出门远行。站站都停，慢车的乘客多是当地的百姓，时常会在站上、车内乡里乡亲地攀谈起来，甚是亲切……时至今日，在这些小站空荡荡的站房里，在日渐荒芜萧疏的站台上，不再有乘客从此回家或从

安阳天宁寺塔考察留影（河南，2007年，左一为温玉清）

由温玉清博士主撰文的《山东坊子近代建筑与工业遗产》书影

温玉清著《茶胶寺庙山建筑研究》书影

建筑文化考察组第一次活动（2006年9月29日，右一为温玉清）

京杭运河考察沧州段（河北，2006年，右一为温玉清）

田野考察途中（河南，2007年，右一为温玉清）

红旗渠考察途中（河南，2007年，右二为温玉清）

此远行，不再有乡里乡亲暖呼呼地闲聊，只有一晃疾驰而过的快速列车——和谐号动车组，疾飞的风把那些昔日温存的记忆碎片吹散、吹远……”经过我们和温博士的不懈努力，因胶济铁路而衰的坊子德日铁路群被“奇迹”般地保留下来，如今它已经成为潍坊市一处文化创意服务园区，在此仍可感到德据、日据时期遗存至今的各类20世纪建筑遗产类景观，坊子正在诉说着胶济铁路边上的百年故事。然而，此时它的杰出乡人温玉清博士已难回故土，但他的精神永在，作为一名普通的知识分子，他为中国20世纪建筑遗产的“大历史”的传承做出了贡献。

温博士与我都是很性情的人，记得2010年9月我们推出了《文博学人刘志雄》一书，并举办了首发追思会。在书中选刊的纪实片纪念文章中，文博士的文章写得好，这并非是他有超越他人的文笔与新鲜“事件”，而是以真性情感动着读者，他说“往事如烟，往事又并不如烟。忆起与刘志雄先生交往的点滴事，心绪骤然飘零起来……2005年我开始在刘志雄教诲下，与刘季人一道整理中国文物研究所旧藏‘旧都文物整理委员会’等档案史料工作……志雄先生视野开阔、纵横捭阖，始终有着我辈无法企及的才思与激情。……直到志雄先生沉疴卧床之际，我前往医院探望，重病缠身的志雄先生还兴致颇高，竟与我聊起宋人的《寒夜》……如今志雄先生舍下万般不舍，撒手人寰……不觉间阵阵寒风袭来，须弥灵境之东的花承阁残迹，空旷得让人格外心醉。”在30位各界专家出席的出版座谈会上，令所有在场的人记忆犹新的是，温博士至少三次发言都因深深地哽咽而无法进行。

温玉清虽作为青年学者，但他目标远大、扎实苦干，为事业敢于承担。2007年至2013年温博士受组织委派参与中国援助柬埔寨吴哥古迹茶胶寺建筑保护修复工程，直至2013年起任茶胶寺施工现场负责人，他无论在茶胶寺建筑保护修复史研究、修复工程技术研究诸方面都有突出成绩，受到国际保护吴哥古迹协调委员会（ICC）等国际机构与同行的肯定，其著作《茶胶寺庙山建筑研究》成为代表中国学者在这一领域的最高学术水平。最令人感动的是，每每到医院探望，他都紧握我的手，系统地介绍他对未来的工作设想，他感谢中国文化遗产研究院领导与同事对他的信任，2013年还被评为院级第一批青年学术带头人。至今我难以忘怀最后一次在

301医院他那无力的，但不愿放开的手，即使那样，他还一个字一个字地表述，如果以后体力不支，就接刘志雄的班，研究并挖掘文献。他还相信他会好的，他能挺住！

温玉清博士系《中国建筑文化遗产》的创始编委，从书名到内容，再到积极撰文，他都积极奉献，我敢说他是《中国建筑文化遗产》向世界展示吴哥建筑文化的第一人，这表现一位学者对成就事业的特有精神。多么敬业的建筑遗产保护工作者，多么难得的建筑文化不懈的传播者与跋涉者。面对吾兄小温的辞世，我确有几件后悔并已难弥补之事：其一，有几篇属于他要完成的田野考察报告，因为忙他一直未交稿；其二，我一直希望将他的颇有深度的博士论文在天津大学出版社出版，他已同意整理配图；其三，我们一直商量面对国人赴柬埔寨吴哥古迹游的升温，应专为中国文化人及游人做一本解读吴哥古迹与景观的普及读物，刘锦标、陈鹤摄影师早已拍好照片，只等温玉清的文字……此时我想，一切遗憾都是注定的，一切遗憾恐都难以再弥补，可有一点我坚信着：建筑可以永诀，卓越建筑人的心性与思想却会永生。人生说到底，是事业加上家庭，人是自然的人，更是社会的人，造就一位令人尊重的建筑人需文化乃至哲学背景的支撑，建筑以它具有的灵性、个性和表情仿佛在说：建筑是存在主义的家，建筑遗产专家温玉清博士及其贡献不仅有光的朗照和诗的内涵，更留下一代中青年学者贡献建筑遗产保护的赤诚。

寺庙考察（北京，2008年，右一为温玉清）

2014年6月5日有北京少有的明媚天空，离我们远去的小温的美好灵魂已融入了大自然。我在想，如果一个人活成一首诗，他的辞世对生者说来就恰如留下永恒的诗篇。

乡愁：这里永远是温玉清的故乡

Milan•Milan: Where Chinese Design Meets the World

米兰·米兰：中国设计世界发声

CAH编委会（CAH Editorial Committee）

编者按：2014年3、4月间，中国设计集体发声，而且都和米兰有关。首先是3月31日，清华大学美术学院召开了“2015年米兰世博会中国馆设计方案”新闻发布会；一周以后的4月8日，“居然•2014中国设计进行时”设计大展在米兰大学举行，成为世界公认最高规格的国际年度设计盛会米兰设计周的中国亮点。这两个与米兰相关设计事件均具有整体设计的意义——世博会中国馆涵盖了建筑设计、景观设计、室内设计、展陈设计、视觉系统设计等方面，而中国设计展则涵盖建筑、产品、家具、装置等多个设计门类，并且可以说反映了当代中国设计的最高水平。中国设计在米兰的发声一方面向世界呈现出当下中国设计的丰富面貌，另一方面也为中国设计在国际视野中梳理、审视自身提供了舞台，以便中国设计师在东西方的交融中深入实现中国设计的价值。

Editor's Notes: In March and April, 2014, Chinese designers launched two Milan-related design events. On March 31, Academy of Art & Design , Tsinghua University held a press conference for "Design Scheme of Chinese Pavilion for 2015 Milan World Expo"; on April 8, "Yu: 2014 Designing China" was held in University of Milan, bringing Chinese features to the world's best annual design event Milan Designing Week. Both events attached great importance to integrated design: the design of Chinese pavilion covers architecture design, landscape design, interior design, showcasing design, visual system design and so on; the 2014 Designing China includes many design categories such as architecture, products, furniture and appliances, reflecting the highest level of modern Chinese design. On one hand, the China's design show in Milan introduces diversity of Chinese design to the world; on the other hand, Chinese design gets the platform to sort out and review itself from a global perspective. In this case, Chinese designers can further achieve the value of Chinese design during the process of international communication.

一、2014米兰“居然·中国设计进行时”

2014年4月8日，米兰设计周“居然•2014中国设计进行时”展览在意大利米兰大学盛大开幕，并同期举办了“Yù——中国设计进行时学术研讨会”。本次由清华大学美术学院杨冬江教授及米兰设计周沙龙外围展创始人、*INTERNI*杂志主编吉达•博亚迪（Gilda Bojardi）女士共同策划，这是两位策展人继“首届北京国际设计三年展”合作后的再度联手。展览总策划为北京居然之家投资控股集团总裁汪林朋与中国室内装饰协会会长刘翊。展览汇集了张永和、朱锫、邵帆、林学明、陈耀光、石大宇等二十余位国内一流设计师的经典作品，涵盖了建筑、产品、家具、装置等多个设计门类。具有中国特色的当代设计作品在国际展示语境中，吸引了各国参观者及媒体的关注。

策展人杨冬江教授将本次展览的主题定为汉语拼音的“Yù”，他解释说：“在汉语中，同音字仅凭看到和听到的拼音、读音，无法尽知字形和字义。这其中的不确定，恰恰包含着丰富的可能性。‘Yù’，若循声检索，在汉语中有不下数十款同音字与之相对应。‘Yù’既可以是‘凡事预则立，不预则废’之‘预’，它强调了设计中的‘计划’特质；也可以是‘遇者,不期而会’的‘遇’，吻合设计的偶然性与不确定性；还可以是‘欲罢不能’的‘欲’，以再现设计是欲望满足与克制之间的制衡；又或是‘寓情于

设计大展展场米兰大学内景

景’中的‘寓’，展现设计的形式与表达；也许，又是‘域民不可封疆之界’的‘域’，强调设计的客观局限性；或‘喻世明言’的‘喻’，诉求设计所承载的价值观与人文思考……如此，不胜枚举。”展览“Yù”主题的丰富含义，留给设计师多样性解读空间，作品不仅有对中国文化的深入挖掘，也有基于当代设计潮流的崭新阐释，在开放的国际语境中，呈现中国当代设计发展进程的真实面貌，是谓“中国设计进行时”。

展场一角

同日16：00于米兰大学举办的4+4学术研讨会是首次在国际舞台上实现数量对等的中外设计师的交流对话。研讨会由意大利著名设计师恩里科•马提奥（Enrico Morteo）主持，意大利后现代设计代表人物亚历山德罗•门迪尼（Alessandro Mendini）出席了会议。4名意大利知名设计师安东•西比克（Aldo Cibic）、卡罗•哥伦布（Carlo Colombo）、斯蒂凡诺•乔凡诺尼（Stefano Giovannoni）、卢卡•特拉奇（Luca Trazzi）与4名中国当代最活跃的设计师陈耀光、梁志天、林学明、郭锡恩深入阐述了自己对于当代设计的理解和态度，突破展品创作而关注到更深层的设计立场表达。

“中国进行时”参展设计师的作品不约而同地对中国文化进行了深入的挖掘，多见屏风、高背椅、十二生肖、紫砂茶具、竹叶、古曲、焚香等中国元素的表达。这些作品与中国古老的文化特质一脉相承，灵动中透显出中国古代的雅致情怀，在此基础上设计师又运用当代设计的手法对作品进行了重构，为古老的中国元素注入了崭新的现代设计元素。作品形态优美，寓意深远，极具东方韵味和民族特点。此外，洞察和把握全球设计的时尚潮流，也是中国当代设计不可回避的话题。本次展览的参展作品，不仅是思考仿生学在现代设计中的应用，对可持续发展这一主题的关注以及对现代造型和现代材料的应用等，也都契合了整个国际设计发展的潮流。下文摘录部分设计师对他们作品的诠释，反映了当代中国设计师最新的思考与认知。

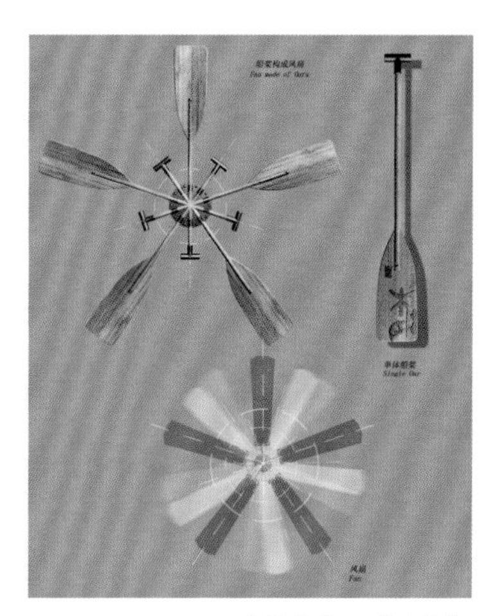

陈耀光作品《重叠》

陈耀光（中国建筑装饰协会设计委员会副主任、设计师）：我的设计理念是归顺自然，尊重规律，灵感均来自生活中最简单不过的元素。在作品《重叠》中，我做了一个转换，把原先熟悉的事物置换了位

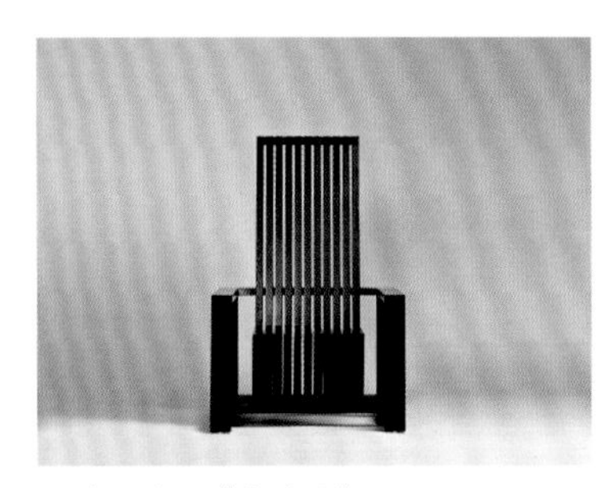
林学明作品《高背凳》

梁建国作品《太湖石系列》

阮昊作品《猫桌》

琚宾作品《“醒来明月”屏》

置，将船桨和风扇结合到一起，体现了一种巧妙的融合，将人类对木质材料的依赖，和对风与水元素的尊重展现出来，表达对自然赐予的归顺。我们一直强调低碳生活，善待自然，我们的思考和对专业的理解也都应该本着尊重民族传统的原则进行。中国的设计在走向世界的过程中，经历了模仿、欣赏、判断的阶段，现在拥有了自己的设计风格。中国设计师们开始把理念通过作品物化成自我的东西，从而最终获得一种设计的动力。

林学明（广州集美组室内设计工程有限公司创意总监、设计师）：这些年通过设计师的努力和跟国外的交流，我们送展的作品越来越多，中国的设计师在吸收西方文明以外，对本土文化倾注了更多的关注，也唤起对传统文化的记忆。这种回归传统的现象反映出中国的设计师确确实实在思考本民族文化的发展，对提高我们的文化自信、向世界传播中国的设计理念很有帮助。

梁建国（中国陈设艺术专业委员会常务副主任、北京集美组董事长、创意总监）：我的作品《乐在其中》体现快乐最重要的哲学理念。中国不缺设计师，但我们的组织、团体、媒体的宣传力度还不够，中国设计发展到一定程度之后，强调的是一个责任感，各方应该一起努力将中国设计思想传播出去，有意识地为推动设计事业的发展而努力。

阮昊（零壹城市建筑事务所创始人、设计师）：《猫桌》的设计灵感来源于人与动物和谐共存的理念，将人和猫的生活放置在同一个空间里，体现了现代人最本真的生活状态。中国设计的气场，更多地应该源自对目前人类生活的真实反映，设计风格应该展现时代的发展，包括设计本身的发展，而不应拘泥于一方。我们总强调要在设计作品中体现中国元素，但这种体现不一定是回归传统，也可以是展现跟现代生活息息相关的一些元素，尤其是对人与自然、人与生物和谐共处的向往，这是我们应该探索的事情。

琚宾（HSD水平线室内设计有限公司创始人，设计总监）：对传统的转换是当下设计师都在考虑的问题，我在作品和材料的“隔空对话”上保留传统的形，但设计理念上还是保持一种当下的思考。国际舞台和本土文化并不是水火不容的两个城邦，设计的要求就是要懂得传统和当代的巧妙转换，将当下的设计理念倾注在传统的材料或形体之中。

宋涛（自造社O-GALLERY创办人、北京UCCA设计委员会主席）：如何用作品体现中国传统文化和美学是每个设计师一直在探寻的题目。我做了很多年设计，会选用传统的材料，比如上百年的木材，去搭配现代的钢材。古人讲“器以载道”，这种古代和现代材料的结合与碰撞，正体现了对时代脉搏的把握。我希望把中国传统美学体现到艺术和设计中来，进而影响到人们的生活方式。在面对中国设计和国际水平的差距之时，不能盲目地对比，因为我们处在不同文化和生活方式圈层之中。所以，中国设计师要做的是用心关注自己民族的生活方式和自己审美的需要，在建立自己审美的特点之后，才能迈向国际化。找到中西方美学的差异性，用自己的美去打动观众，用自己的文化生活去吸引观众，这才是最珍贵的。

石大宇（设计生活品牌“清庭”创办人暨创意总监、设计师）：中国的茶文化和竹文化有很深远的联系。从设计的角度总结起来，文化中最重要的元素就是材料，所以我选择竹作为茶具的制造原料。任何能够留存下来的工艺对我们都是有价值的，我们在创作时应该学会从生活中挖掘艺术的根源。有了这种追求，中国的设计就会充满无限可能。

叶宇轩（北京耶爱第尔设计、和木一生家具品牌创始人、创意总监）：中国人讲求上善若水，水是自然界中最包容的元素，和我们的生命、文化联系最为密切。我的作品《水之智慧》，遵照中国传统文化的

宋涛作品《灯凳儿》

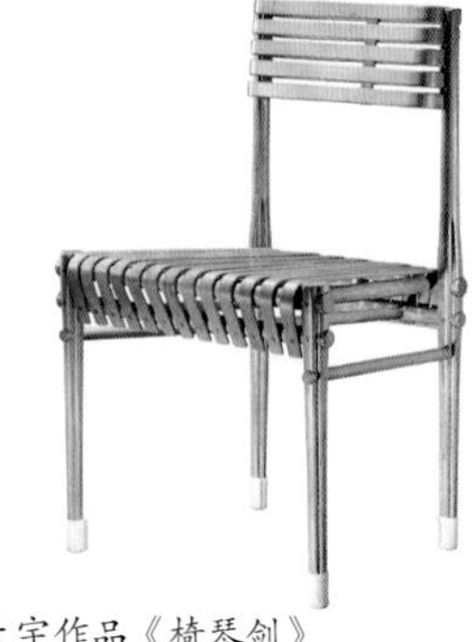
石大宇作品《椅琴剑》

叶宇轩作品《水滴壶》

贾伟作品《水墨》

意境之美，延续我设计水滴壶的理念，结合茶文化的禅意来传达东方人的智慧和当代生活的追求。我们做了上千年的壶，总是在展现工艺的精美，而欠缺了创意，所以我喜欢在设计中做减法，用一滴水表现生活的智慧，传达东方美学的中庸，将这种留白的、遐想的意境赋予壶本身，给器具以呼吸的空间。“水之智慧”在“少即是多”的设计理念下舍弃了壶把，不再讲求外形和色彩，而是在材料和技术上寻求突破，在浮躁的当代生活中寻求更高的境界。

贾伟（LKK洛可可设计集团创始人、董事长，著名设计师）：我的设计理念是从东方传统美学入手，表现中国人自己的设计性格。中国美学更强调意境之美，雾里看花水中望月，这种意境代表东方人对生命的理解，对动和静的理解。我想在作品中体现禅意，在点线面之中探寻东方艺术之美。目前中国设计在国际舞台上非常活跃，但要想真正表达自己民族性的文化和生活方式，还是先要理解自己的生活和性格。这个时代强调体验，我们要从体验入手，打造有品位的设计师品牌，从建筑、空间、产品等方面产生整体的效应，表达中国人对美学的思考和对器物的理解。中国设计师品牌也必将随着一代设计师的崛起，产生出新的价值。

高扬（中央美术学院教师、设计师）：我们的设计是通过摸索材料的属性，感受材料的韧度、受力开始的。设计师在与材料亲密接触的过程之中，总能找到最适合自己的元素，这对设计工作很有帮助。目前在选用材料时，材料的可持续性、环保性已经从一种设计师的责任义务变成对设计师基本素质的要求。尊重自然，结合中国自己的优势，才能寻找到中国自己的设计道路。

观众与展品互动，感受高扬作品《巢》

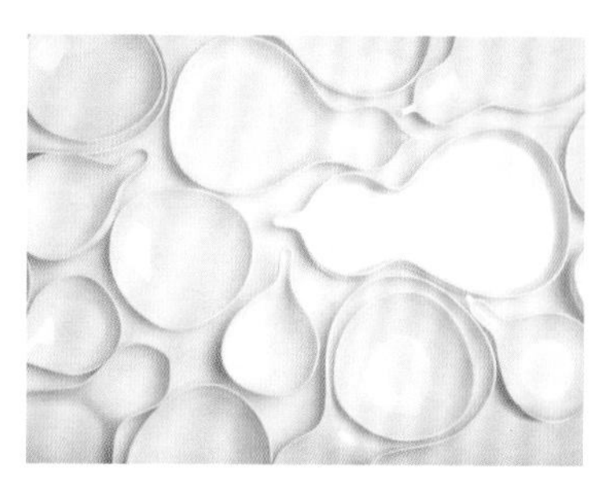

张永和作品《葫芦系列》

展场之一

展场之二

展场之三

研讨会现场

参展设计师合影

展场之五

展场之四

展览标识设计

鸟瞰世博园区

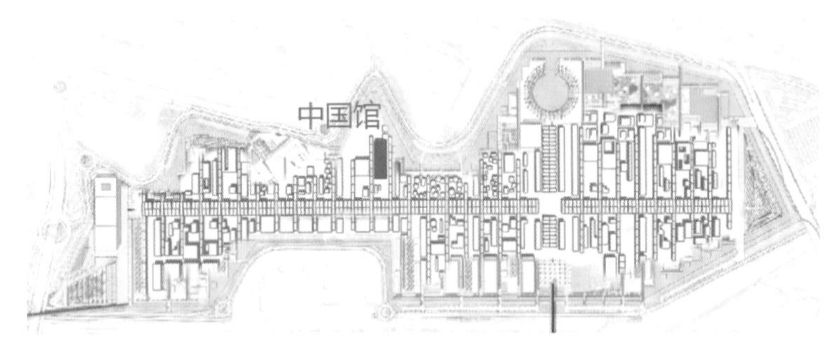

中国馆所在位置

二、2015 意大利米兰世博会中国馆设计

世界博览会是全世界最大规模的博览盛会，至今已有160多年的历史。2015年意大利米兰世博会，是国际展览局正式批准的新一届A类世博会，将于2015年5月1日至10月31日在意大利米兰市举办，包括中国在内的150多个国家和国际组织将参加本次博览会，会期184天。此次世博会主题为"滋养地球，生命的能源"，旨在体现世界对人与自然和谐均衡发展的关注，为全球提供充足、有品质、健康和可持续发展的食品保障，合理利用资源、保护环境、滋养人类、反哺地球探寻有效途径。主题关键词是"滋养"，即不仅为人类同时也为环境提供可持续发展的能量，在人与自然中找到发展平衡点。

在世博会的历史上，中国首次以自建馆的形式在境外世博会中亮相，并以占地4 590平方米成为除德国馆以外的最大国家馆。经国务院批准，中国贸促会与农业部联合成立了2015年意大利米兰世博会中国馆组委会，并于2013年8月对中国馆的建筑设计、景观设计、展陈大纲、展陈设计、室内设计、标志设计、吉祥物设计等组织了综合设计国际招标。经过两轮评比，清华大学美术学院与清尚环艺建筑设计院有限公司联合体赢得第一名，并由此承接中国馆的所有专项设计任务。中国馆项目总顾问由清华大学美术学院院长鲁晓波、书记赵萌担任，项目负责人是副院长苏丹，执行总监为张月，设计总监为杜异。

场所中的中国馆

1. 中国馆总体设计定位

中国是世界农业文明发展最早的国家之一，也是世界农作物起源的中心地之一，拥有灿烂而悠久的农耕文明和农业文化。中国传统思想中的“天、地、人、和”深刻影响着农业生产，其形成的“天人合一”的哲学观念，也成为中华民族的核心价值观。这一价值观，契合了当今世界可持续发展的趋势。

本次世博会中国馆主题是“希望的田野，生命的源泉”。“希望的田野”是中国960万平方千米土地的广义“田野”，构成她的元素正是“天、地、人”。

天：中华文化信仰体系的核心。中国农业自古就讲求顺天、顺自然发展的哲学观。天为万物，是“道”“自然”和“宇宙”。

地：在天成象，在地成形。中国大地广袤无垠，山水林田多姿多彩，生生不息。大地厚土，承载万物，是中国人祖祖辈辈无数辉煌与文明的肌理。

人：天地润泽了中华民族的灵性。几千年来，无数智慧的结晶积淀成了伟大的东方农耕文明。中华民族与天地和谐共生，以朴素而睿智的生存法则回应着天地赐予的福祉。

中国国家馆围绕与世界可持续发展方向相一致的“天、地、人和”的思想理念，通过建筑设计、建筑技术、建筑空间、展陈设计、展陈技术、视觉传达系统等，向世界展示了中国的过去、呈现了中国的现在、描绘了中国的未来。

2. 中国馆建筑设计方案

中国馆以“天、地、人”为设计原点，凝结了中华民族伟大的农

建筑方案效果图之一

夜景鸟瞰

建筑方案效果图之二

业文明与民族希望。建筑方案采用场域的概念，室内与室外空间相互贯通，通过建筑的屋顶、地面和空间，将“天、地、人”的概念融入其中。自然天际线与城市天际线交融的屋顶，似祥云飘拂在空中，象征自然与城市和谐发展；室内田野装置与景观绿化完美呈现，意喻中国广袤而生机勃勃的土地；“天”和“地”之间的展陈空间，向世人展现中国人的勤劳智慧和中国古老灿烂的农业文明。

中国人依天、地与智慧，创造出符合中国气候特征、地理地貌和文化伦理的传统建筑结构和形态，这一形态在世界建筑艺术中独树一帜。中国馆吸收中国传统建筑中具有高度民族性和辨识度的结构和形态，结合现代技术，形成了具有强烈中国传统建筑意向的中国馆形象。

屋顶采用具有中国象征意义的竹编材料覆盖，在意大利灿烂阳光的照射下，将折射出金色的光彩。对应米兰的日照轨迹，屋顶竹编面材通过传统编制工艺选择不同的透光率，将自然采光引入室内，满足了功能照明要求，降低了人工照明的能耗，也大幅度降低了材料成本。

3. 中国馆景观设计方案

中国大地丰饶厚重又生机勃勃，一个伟大的民族承载着光辉历史，又在新时代孕育着无限希望。

屋顶形态灵感

屋顶竹编材质灵感

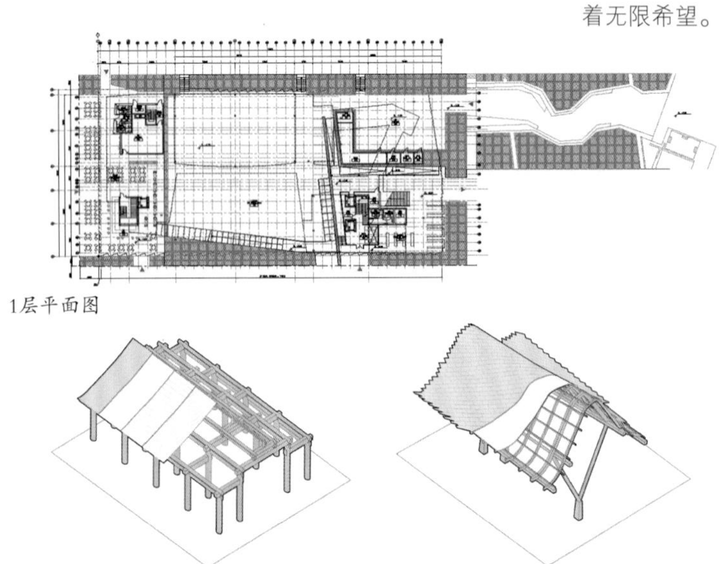

1层平面图

传统建筑结构的运用

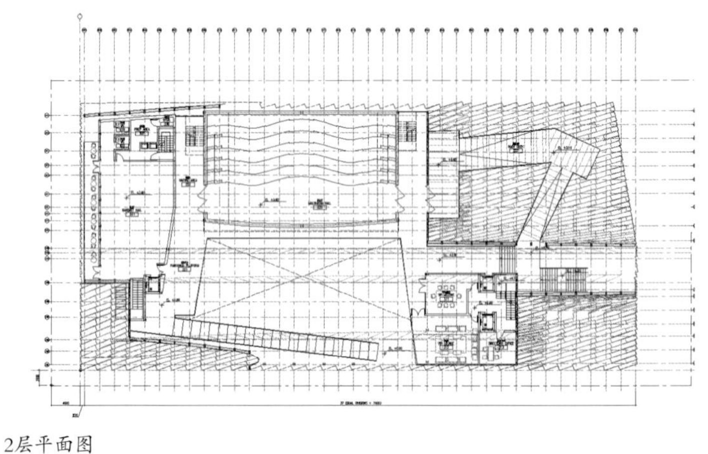

2层平面图

节能示意图

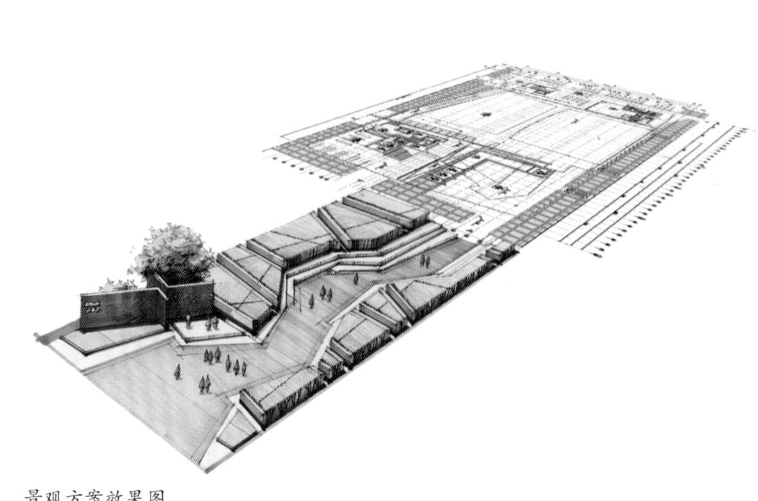

景观方案效果图

中国馆前区景观，是中国960多万平方千米土地所构成广义的“田野”。在这片“田野”中，有取材于北京先农坛祭坛形制的舞台，以满足主题日活动要求；有具有国家象征意义的故宫红墙，作为舞台背景，并结合LED屏向世人传递中国农业文明的信息；将主通道勾勒成江河的形态，引导参观者去探究中国的过去、现在和未来；在“江河”的两岸，是生机勃勃的农田；穿插在农田中的疏散通道，似北京胡同，象征中国的独具特色的城市形象。

4. 中国馆室内设计方案

建筑空间根据展陈流线合理组织，观众入口与出口分设在场地的东南侧和西南侧，形成最短距离的参观流线，完整紧凑，一气呵成。等候区植入建筑空间内部，为等候的观众提供了舒适的环境。就餐区出入口设在场地东西两侧的北部，方便了不同方向来就餐的人流。每个区域都保留疏散出口，满足了消防疏散要求。

建筑空间采用全开放式空间设计，使室内植物、意向农作物装置与室外景观植物有机连接，形成辽阔的田野景观。利用农作物装置的高度，划分出各展区与各功能区，又最大限度保持空间的通透性，在任何角度都可以感受到一望无际的田野景观。观众在田野中参观，感受中国的农业文明；在田野中品尝中国美食，体验中国的农耕生活；在田野中选购中国纪念品，带走深刻的中国记忆。

5. 中国馆展陈设计方案

展陈大纲由五大部分组成，主题分别为：序、天、人、地、和。

观众等候区作为序厅。使观众在等候进馆的时候，通过液晶视频技术，了解中国农业文明、饮食文化，以及中国馆设计的总体思想。作为序，引导着观众去看中国“天”，看中国的“地”，看中国的“人”。

进入第一主题展区看中国的“天”。中国人的思想意识中始终坚持对天、对自然的敬畏。24节气汇集了中国人对自然的尊重，以及顺应自然求发展的智慧，使质朴的农民可以以最便捷的方式因循天的规律。呈现在观众眼前的是柔光LED屏虚拟天空装置，形成24节气中的典型气象环境。

进入第二主题展区看中国的“人”。中国人的智慧推动了农业的发展，从水稻种植、养蚕缫丝，到生态农业；从顺天时量地利、精耕细作，到袁隆平的杂交水稻；从贾思勰的《齐民要术》、宋应星

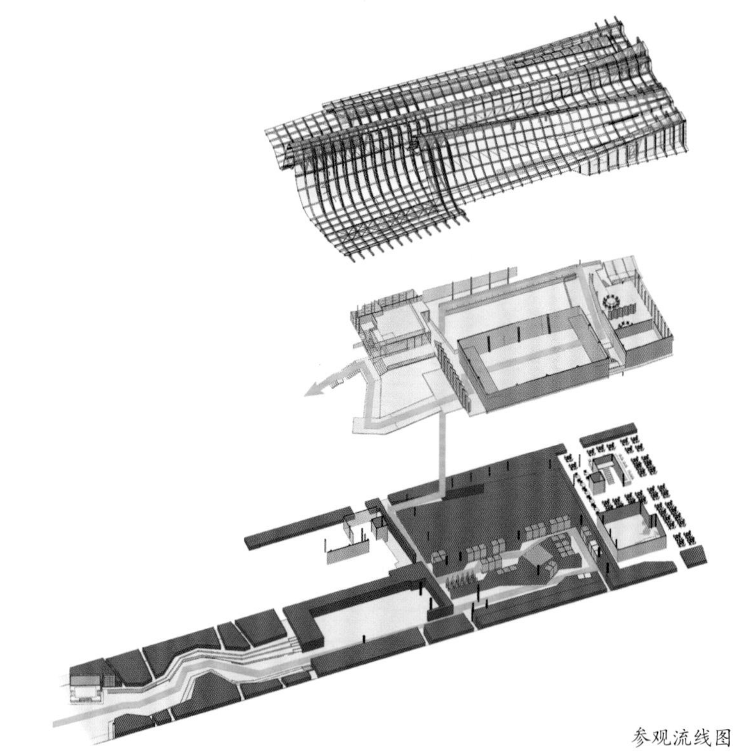

参观流线图

餐饮区设在东西两侧北部

展陈“天”效果图之一

展陈“天”效果图之二

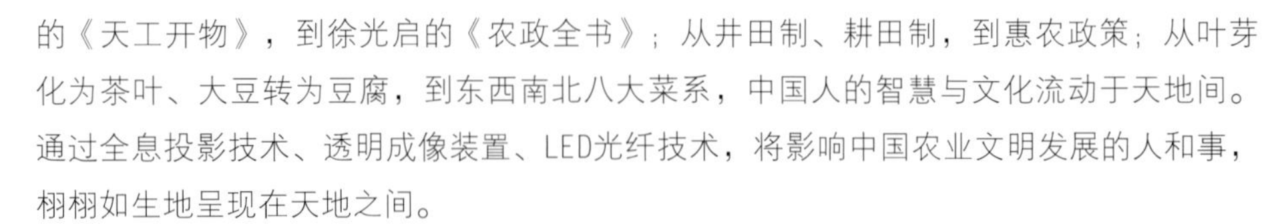

的《天工开物》，到徐光启的《农政全书》；从井田制、耕田制，到惠农政策；从叶芽化为茶叶、大豆转为豆腐，到东西南北八大菜系，中国人的智慧与文化流动于天地间。通过全息投影技术、透明成像装置、LED光纤技术，将影响中国农业文明发展的人和事，栩栩如生地呈现在天地之间。

进入第三主题展区看中国的“地”。中国的“田野”博大广袤，山川高峻秀丽，万物繁荣生机。春有茶花的烂漫，夏有蜂蝶的翩跹；秋有丰收的欢歌，冬有白雪的蓄积。沿田野中的路径漫步至二层平台，空间豁然开阔，由全彩色的LED像素点共同构成的一幅巨大的麦田画面，展示华夏大地山川河流地貌的多样性。

进入影像厅领悟中国的“和”的思想。“和”的思想自古有之，我国古代伟大的思想家孔子倡导“和为贵”。经过不断丰富完善，“和”的思想中既包含人与人之间的和谐，又包含人与自然之间的和谐，“天、地、人、和”成为经过数千年积淀下来的中国文化精髓。

6. 中国馆视觉系统设计方案

“天、地、人、和”作为中国馆设计的整体概念，始终贯穿始终。

在标志设计中，用线与面勾勒出大自然的轮廓和曲线，蓝色代表天空；绿色代表田野；金色代表粮食；红色代表人和生命。图形透叠寓意世间万物和谐共生、天人合一的传统思想。中国馆标志、四个基础色调、水墨绘画辅助图案，经过拆分重组，提供了一个可延伸的设计结构。

中国馆吉祥物的设计同样源自“天、地、人、和”中的“和”字。其中文名字为单字“和”。“和”由“禾”和“口”组合而成。“禾”代表水稻，延伸意义为粮食；“口”代表饮食，延伸意义为人口。借鉴中国传统民间艺术“大阿福”的典型形象，身躯源自“和”字中的“口”字，手拿体现“禾”字的稻谷，形象具有积极、友善、乐观的精神，吉祥物寓意不仅紧扣世博会主题，也与中国馆主题相吻合。

（文字/成均 董晨曦）

展陈“地”效果图之一

展陈“地”效果图之二

展陈“地”效果图之三

展陈“人”效果图 之一

展陈“人”效果图之二

展陈“和”效果图

中国馆吉祥物

中国馆标识中文

中国馆标识英文

Taoism and Louguan Tai
—A Record on the Design of the Taoism Culture Display Area in Louguan Tai, Xi'an City

问道楼观
——记西安楼观台道教文化展示区创作设计

屈培青* 徐健生 贾立荣 于新国**（Qu Peiqing, Xu Jiansheng, Jia Lirong, Yu Xinguo）

提 要：道教其源脉与长安（今西安）有着千丝万缕的联系，位于陕西省西安市周至县东南15千米的终南山北麓的楼观台，号称“天下第一福地”，具有丰富的道教文化历史和自然风景资源，为弘扬道教文化精神、诠释道教思想内涵，并带动秦岭北麓旅游休闲产业带的发展。在保护、挖掘和传承道文化历史遗产的主导思想之下，我们精心打造了一个崭新的文化旅游区域。一个集文物博览、旅游观光、老子文化节、道文化交流等为一体的文化旅游景区，它不仅带动着一个区域的经济发展，同时也成为中国道教文化展示的一个重要平台。

关键词：道教之文化，历史之遗存，保护与挖掘，传承与展示

Abstract: Taoism is inextricably linked with Chang'an (today's Xi'an City). Louguan Tai, known as “the most blessing paradise in the world”, located in the northern foot of Zhongnan Mountain — 15 kilometers away from the southeast of Zhouzhi County, Xi'an City, Shaanxi Province, enjoys rich Taoism culture and history and natural landscape resources. In order to promote the cultural spirit of Taoism, interpret the ideological connotation of Taoism, and drive the development of tourism and leisure industry in the northern foot of Qingling Mountain, we elaborately create a new cultural tourism area under the dominant idea of the protection and excavation, and inheritance and demonstration of the historical remains of Taoism. It is a cultural tourism resort gathering cultural sites exhibition, tour and sightseeing, Cultural Festival of Lao-Tzu (the founder of Taoism) and the cultural exchange of Taoism, which not only plays an essential role in promoting the economic development of this area, but also in the meanwhile definitely becomes an important platform demonstrating the culture of Chinese Taoism.

Keywords: Taoism Culture; Historical Remains; Protection and Excavation; Inheritance and Demonstration

一、项目背景

道教的源脉与长安（今西安）有着千丝万缕的联系。时至今日，西安地区保存下来的道教宫、观、祠、庙仍是相对较多的。这其中位于陕西省西安市周至县东南15千米的终南山北麓的楼观台号称“天下第一福地”。 由于老子李耳曾经在此讲述《道德经》在我国道文化发展史及道教发展史上享有崇高的地位。此处既有周秦遗址和汉唐古迹，又有山清水秀的自然风光。古迹主要有老子说经台、宗圣宫、老子墓、秦始皇清庙、汉武帝望仙宫、大秦寺塔以及炼丹炉、吕祖洞、上善池等60余处，是我国著名的道教遗迹。楼

* 中国建筑西北设计研究院有限公司总建筑师
** 中国建筑西北设计研究院有限公司

观台峰峦叠嶂、松柏成荫、茂林修竹、绿荫蔽天，且依山带水，风景优美。古籍赞美它：“关中河山百二，以终南为最胜；终南千峰耸翠，以楼观为最名。”这里融自然人文于一体，自古就是关中著名的风景胜地。

在楼观台众多古迹当中老子说经台与宗圣宫被人们所熟知。宗圣宫原为周代星象学家尹喜观星望气之地，相传春秋时期周朝函谷关令尹喜在此节草为庐，名“草楼观”，以后周穆王曾建“楼观宫”。宗圣宫曾几经兴衰，唐初为第一次辉煌，元朝为第二次辉煌。元中统四年（1263）《重建宗圣宫记碑》载：原系春秋函谷关令尹喜故宅，后因老子于此讲学而闻名，南北朝时创建道观。唐武德二年（619）和元太宗八年（1236）相继扩建，占地18 150平方米。“初入山门气象幽，春风先到紫云楼，雪消碧瓦六花尽，烟绕丹楹五色浮”。“瑶花琪树间霓旌，十二珠楼接五城”（宋章子厚诗句）。明清以后，受地震、山洪暴发、战争影响，逐渐萧条，成为废墟一片。现状宗圣宫为2000年9月依照碑石所载元代宗圣宫全貌图再次重修，中轴线上自北而南主要建筑依次排列有山门、宗圣宫、玄门列祖殿、紫云衍庆楼、三清殿、文始殿、四子堂等，其规划布局严格按照中国道教传统宫观的布局原则，以院落为基本单位，在轴线上沿纵深方向层层递进，空间序列较为规则且节奏较强。

楼观旧照——宗圣宫山门（摄影/屈培青）

楼观旧照——宗圣宫紫云衍庆楼（摄影/屈培青）

说经台，位于终南山北麓的一高冈上，坐北朝南，占地9 432.5平方米。南北纵长182.6米，东西平均宽30米，平面呈不规则矩形，中轴线上自南而北主要建筑依次排列有前山门、灵官殿、老子祠山门、启玄殿、斗姥殿、救苦殿和后山门，两侧建有配殿、厢房和展廊，均系明清风格。整体布局以多层次向纵深发展，建筑规模宏大，形制完整，主次分明，浑然一体。相传老子在楼观群山北面的一座小冈上写下《道德经》五千言并设坛阐说，这小冈也因此得名“说经台”；到了唐武德年间(公元620年)，高祖李渊认老子为其远祖，在楼观尹喜故宅修建道观祭祀老子，命名为“宗圣观”，位于说经台以北约1 000米处，元代重修宗圣观，并更名为“宗圣宫”。金元以前，楼观的道教活动主要集中在宗圣宫，明清以后，宗圣宫虽然屡有修建，但规模和香火等景况已远不如先前，呈日渐衰落之势。因此，道教活动的中心逐渐由宗圣宫退至说经台，楼观也被称为“楼观台”。

楼观旧照——说经台山门（摄影/屈培青）

正因为楼观台地区具有丰富的道教文化历史和自然风景资源，为将楼观台打造成中国道教文化展示区，弘扬道教文化精神，诠释道教思想内涵，并带动秦岭北麓旅游休闲产业带的发展，现新建楼观台道教文化展示区，以文物博览、旅游观光、道文化交流等为产业依托，以自然生态为景观环境、以道教文化为基本文化氛围、以珍稀野生动植物和山林景观为游览对象，将华夏文化探源与大道文化体验相结合，园林城镇休闲与民俗文化体验相融合，为人们在道韵清悠的秦岭之巅感悟三千年的历史积淀提供新场所。

项目选址位于周至楼观台老子说经台古迹的中轴线上，北起环山路，南依老子说经台，地势南高北低，区内建筑依山势而建，坐南朝北，地理位置得天独厚。景区总占地面积约46.67万平方米。总建筑面积为1.875 3万平方米，南北轴线达1400米，东西240余米，全群共有大小殿宇26座。景区北端西侧为宗圣宫原址，东侧为新建游客服务中心、老子学院商业街。项目建成后，将成为国内最大规模的明清官式道教文化展示建筑群。

项目设计在整体规划构思上遵从九进院落十座殿堂的最高道教布局规制；在建筑形态上采用金顶朱墙、等级分明的理念，烘托道教“仙都”的整体氛围；在景观构思上采用经一至九、九九道成的原则紧扣道教文化主题；此外，在整个道教文化区内的众多大殿内，按照道教规制与等级，集中供奉了道教诸神，从多个角度实现对道教文化精神的现代转译。

楼观旧照——说经台老子祠（摄影/屈培青）

二、规划格局与文化理念——一条轴线、十座殿堂

道教文化展示区在总体布局上，遵从道教相关规制的同时与实际情况相结合，用道文化展示区新建建筑群与原老子说经台、宗圣宫以及道温泉连为一体进行重新展示。引用“经一至九、九九道成”的文化内容，用道教中的 “一元初始、太极两仪、三才相和、四象环绕、五行相生、六合寰宇、七日来复、八卦演易、九宫合中” 的文化概念设计核心空间序列。道教文化展示区地势南高北低，区内建筑依山势而建，整个建筑群按九进院落，十座殿堂由低向高推进。从北至南，中轴线上依次为仙都牌坊和福地景池→正山门→灵官殿→太清门→真武殿→四御殿→上清门→玉皇殿→斗姥殿→太清门→三清殿→最后通过景观石桥，拾阶而上与老子说经台相连，同时在每个院落中都将道教文化概念通过景观的方式加以诠释。充分结合地形，使总体布局成为“一条轴线、九进院落、十大殿堂”的格局。以中轴大殿为节点形成九进院落空间，来表达道教对于世界的认知及其深厚的哲学思想。景区规划以典型的龙穴砂水格局形成建筑景观布局，以“吉祥砂水”之形深刻体现了道教“上善若水”的教义。以楼观台正山门、玉清门、上清门、太清门及三清大殿将中轴线依乾卦六爻划分为六段，从“初九潜龙毋用”至“上九亢龙有悔”印证了道教的观点。在设计上尊重道教宫观形制的基本原则，形成综合性的旅游景区。

三、建筑单体与景观构思——金顶朱墙、九九道成

楼观台现存古建多为明清风格，且楼观台历来被认为是中国道教文化的发源地，号称“道教祖庭”或“仙都”。因此，新建景区建筑风格采用明清官式古建的风格与制式，金顶朱柱、雕梁画栋、色彩鲜明、等级分明、气势恢宏，与其独有的地位相匹配。

1. 仙都牌坊和福地景池

整个道教文化展示区由一条建筑及景观轴线贯穿于整个景区。景区的空间序列前奏由位于轴线起始点的天下第一福地景池开始。景池平面形状呈蝙蝠形状，寓意“福地”，巨石结合水景，气势恢宏，寓意“上善若水”。此外，位于景区前广场、福地景池的东侧为李渊拜老子群雕，西侧为道教先师群雕，另有两侧为高达20多米的“仙人呈露”雕塑，绕过景池，位于仙都牌坊之前的是“紫气东来”景观雕塑，仿佛老子手拈长髯，伴随着终南山那氤氲缥缈的山岚雾气飘然而至，诉说着一代圣哲西出函谷的美丽传说。总之，建筑与景观结合，共同展现了“福地楼观”宛若仙境的魅力。经过福地景池之后，为整个景区空间序列的入口——仙都牌坊，该牌坊采用五间六柱十一楼的规制，为传统牌坊的最高等级，金色琉璃瓦与精美彩绘交相呼应，尽显道教祖庭的气魄，牌坊正中以蓝底金字篆刻着“仙都”二字，加之左右两侧分别篆刻的“道林张本”与“洞天之冠”凸显着文化展示区的非凡气度。经过牌坊之后，空间通过宗圣宫遗址，与老子学院商业街加以限定，形成了牌坊与正山门之间的一条长达300米的步道，人们穿过仙都牌坊，漫步于步道之上，首先映入眼帘的是“蝉蜕”主题雕塑，蝉蜕在道教中被象征为“悟道”，这里以此象征着景区对道文化展示的开始，透过雕塑，极目远眺，人们尽可仰望终南北麓的自然风光与整个文化景区的大气恢宏。

景区整体规划鸟瞰图

2. 正山门

正山门为城门形式，主殿架于由青砖砌筑的城楼之上，形制为单檐歇山顶，阔七进三，城楼开有一大二小三个拱形门洞。山门主殿与城墙色彩对比鲜明，相得益彰，气势巍然，其标志着道教文化展示区的正式起始点，也是整个轴线十座大殿的第一座。穿过山门，到达景区第一进广场院落——混沌。广场中心布置无极混沌池，即为“一元初始”文化区，四周立有四大元帅主题雕塑，东西两侧分别布置重檐歇山形式的鼓楼与钟楼，以“晨钟暮鼓”表达着对道教文化的敬仰。经过第一进院落，则到达灵官殿。

3. 灵官殿

灵官殿采用重檐歇山顶，扩五进三。殿中由东至西依次供奉白虎监兵神君、王灵官、青龙孟章神君三尊神像。穿过灵官殿，正前方便是第二进广场院落——两仪。广场中央以“是故有太极，是生两仪”为概念，设计有太极池，运用水景表现阴阳相生的道教哲学。院落两侧分别以三星殿（供奉福禄寿三星）和药王殿（供奉扁鹊、华佗、神农氏、孙思邈、张仲景、李时珍）为配殿。院落正南则为太清门。

4. 太清门

太清门为牌坊形式，形制为五间六柱五楼，造型大气而厚重。穿过太清门，到达第三进广场院落——三才。“三才”即“天、地、人”三才。院落正中采用以“三才”为主题的雕塑，阐释了道教“天地人”和谐发展的观点。该进院落以真武殿作为终点。

5. 真武殿

真武殿与灵官殿形制相同，采用重檐歇山顶，扩五进三。殿中供奉水将，金童，真武大帝，玉女，火将诸神像。真武殿继续向南，为第四进院落广场——四相。东西南北位列着青龙、白虎、朱雀、玄武四神兽，高台中放置星辰浑天仪，以景观雕塑的方式展现了“两仪生四象”的文化概念。院落两侧列有五祖七真殿（供奉童女、王重阳、童男）与天师殿（供奉赵升、张鲁、张道陵、王长、张衡）和南侧四御殿共同将“四象”院落加以围合。

6. 四御殿

四御殿采用单檐庑殿顶，阔九进五，出檐深远，线条优美，形制仅低于三清殿，是园区内主要大殿之一。四御殿殿中由东至西依次供奉紫微北极大帝、南极生长大帝、勾陈上宫天皇大帝、承天效法后土皇帝。经过四御殿往南则进入第五进院落——五行。院落正中设有以“五行相生”为主题的景观雕塑，依照五行所代表方位布局，东西南北方位布置金木水火土景观，以低温喷火、雾化水等现代科学景观阐释五行相生的朴素哲学。院落正南以上清门为终点。

7. 上清门

上清门形制与太清门一致，同为五间六柱五楼的牌坊。穿过太清门之后，来到第六进院落——六合。其主体景观雕塑以“六合寰宇”为文化概念，用乾坤两卦以示天地，又以十字廊道贯通东西南北，是为天地东西南北六合，十二地支生肖镂空分布于廊道上，以天光折射，形成游客参与性的光影空间。院落两侧分别以三官殿（供奉地官、天官、水官）和文昌殿（供奉地哑、文昌帝君、天聋）加以围合，正南则以玉皇殿作为结束。

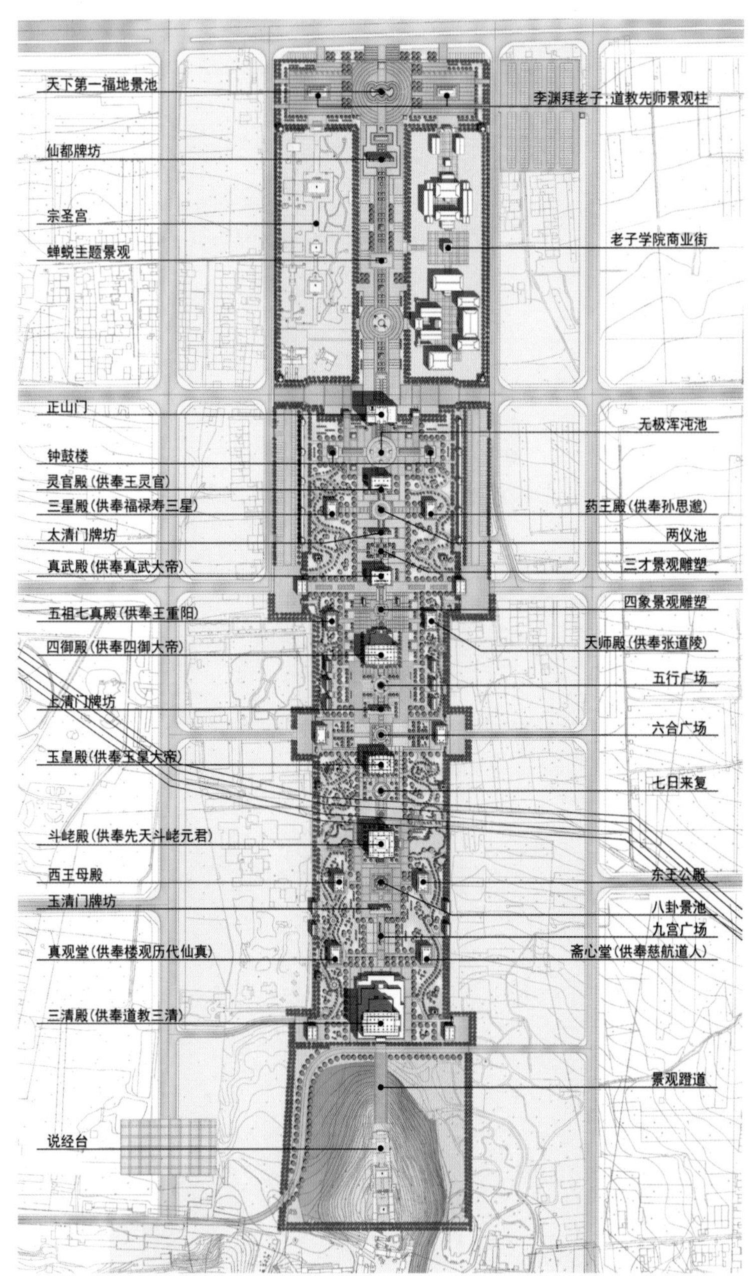

景区规划总平面图

景区入口景观(摄影/成社)

紫气东来主题景观（摄影/屈培青）

正山门（摄影/屈培青）

蝉蜕主题景观（摄影/成社）

8. 玉皇殿

玉皇殿为重檐歇山顶，面七进五，殿内供奉萨守坚、葛玄、玉皇大帝、张道陵、许逊诸神。由此建筑形制等级与供奉神位继续提升。越过玉皇殿，则到达第七进院落——七日来复。主题景观以如意造型做七级叠水，浮雕道教七级神位，形成一派道教众神体系的缩影。院落正南以斗峗殿作为结束。

9. 斗峗殿

斗峗殿为重檐攒尖顶，五开间五进深，建筑平面呈方形。殿内供奉先天斗姥元君与六十甲子神神像。斗峗殿向南则为景区的第八进院落——八卦。院落由北侧的斗峗殿、东侧的东王公殿、西侧的西王母殿与南侧的玉清门共同围合而成。八卦主题广场主要以水景、浮雕景墙、地雕、八卦香炉为主要元素，巧妙地将八卦的元素运用到景观当中，以周文王演八卦为内容，以八卦三爻景墙为载体，雕刻展示文王创演六十四卦的历史故事。

10. 玉清门

玉清门是整个景区的重要节点之一，它与太清门和上清门共同寓意着道教的三清境界。因此形制上三者相同，都为五间六柱五楼的牌坊，而玉清门往南，则是景区的第九进院落——九宫。广场以“九转轮回、九九道城”思想为蓝本，设计九宫水阵，以九宫格局排布上善水纹地雕，中间立有三座尊神雕塑即为道教的“三清”主神。院落左右，围合有真观堂（供奉太乙救苦天尊、楼观历代仙真）和斋心堂（供奉童男、慈航道人、童女）两座辅殿，沿层层台阶向南而上，则最终到达景区中轴线最后一座大殿——三清殿。

11. 三清殿

整个景区以三清殿作为制高点，这也是十大殿堂中的第十座大殿，因此，其建筑形制与所奉神级都是最高等级。在建筑上采用重檐庑殿顶，阔九进五，大殿连同底部须弥座整体架于五米余高白石基座之上，金顶朱柱，金碧辉煌，气势恢宏，彰显“九五之尊”的尊贵地位。殿中从东至西依次供奉道德天尊、元始天尊、灵宝天尊三尊道教中等级最高的神像。至此，景区空间序列达到最高潮，同时，也为整个道教文化展示区“一条轴线，九进院落，十大殿堂”画上了一个完美的句号。此时绕过三清大殿便来到说经台脚下，由景观蹬道将新建景区与原有说经台紧密连接，拾阶而上便可来到台顶，此时回望一路走来的千米轴线，大道精神油然而生。

总之，在保护、挖掘和传承道文化历史遗存的主导思想之下，我们精心打造了一个崭新的文化旅游区域。一个集文物博览、旅游观光、信奉朝拜、老子文化节、道文化交流等为一体的文化旅游景区，它不仅带动着一个区域的经济发展，同时也成为中国道教文化展示的一个重要平台。作为中国第一个大规模道文化主题展示园区，这里亭台楼阁，峰谷云烟，恍若仙境；作为道源仙都，福地楼观承载着大道精神、传播着华夏文明。所谓“台观巍峨，水山灵秀”问道于此，五千言鸿论可闻，八万里仙踪可追。西安曲江楼观台道教文化展示区呈现给世人的是一幅博大厚重的精神画卷。

太清门与太极两仪广场（摄影/姜平）

参考文献：

[1]《周至县志》编纂委员会.周至县志 [M].西安:三秦出版社，1933.

[2]赵立瀛.陕西古建筑[M] .西安:陕西人民出版社，1992.

[3]王士伟.楼观道源流考[M] .西安:陕西人民出版社，1993.

道教先师主题雕塑（摄影/刘林）

道教先师主题雕塑（摄影/刘林）

上清门与五行广场（摄影/成社）

灵官殿与无极混沌池景观（摄影/成社）

三官殿与六合广场（摄影/成社）

四御殿（摄影/屈培青）

钟鼓楼（摄影/屈培青）

斗姥殿及其殿前的丹陛（摄影/望月久）

玉清门（摄影/望月久）

三清殿（摄影/屈培青）

Blessing or Doom
—Sidelights of Architect Saloon of "New Urbanization: Urban Upgrading and Innovative Design"

康庄大道还是歧路亡羊
——"新型城镇化提质：城市更新与创新设计"建筑师茶座侧记

CAH编委会（CAH Editorial Committee）

高志

王玉清

刘燕辉

崔彤

江曼

张蕾

李荃

郑黎晨

曾繁柏

房木生

薛明

罗健敏

金磊

刘建华

自中共"十八大"会议开幕以来，"新型城镇化"一词逐步进入了人们的视野并被提到了前所未有的高度。可究竟新型城镇化是什么，而它又将把中国引向何方？新型城镇化新在何处，其核心又做出了哪些调整？诸如此类的问题立刻引起了业界内人士的广泛关注。

2014年3月27日，由全国房地产设计联盟与宝佳国际集团联合主办的"新型城镇化提质：城市更新与创新设计"建筑师茶座在宝佳集团召开，20多位在京的全国知名设计单位院长、总建筑师及相关领导、媒体代表参加茶座，并积极地贡献了自己的智慧。

新型城镇化将建筑师带往疑惑

从十六届五中全会所提建设社会主义新农村，到后来提出的城市化战略，再到如今的新型城镇化，一次次的命题上的变更带来的是建筑规划群体层面上的疑惑。中国科学院建筑设计院副院长崔彤质疑说，中国未来的发展真的在城市吗？农村本身的发展、农村战略的重要性已经被人们忽视了。这使得很多人都认为将农村发展成城镇才是中国发展的必经之路。但事实上，中国需要的是一个介乎于农村和城镇之间的东西。北京新世纪建筑工程设计有限公司董事长曾繁柏则提出，新型城镇化的概念让广大建筑师难以理解，这不得不说是一个悲哀。政府倡导"三个一亿人"，也就是促进约1亿农业转移人口落户城镇；改造约1亿人居住的城镇棚户区和城中村；引导约1亿人在中西部地区就近城镇化。那么这是否意味着农民定居到城市就完成了指标？是否意味着棚户区就都要拆掉来腾出土地兴建高楼大厦？作为一个政府层面的宏观发展战略，其指向性不明确将带来不可意料的后果。一旦这一战略像运动般在中华大地展开，其对于城市文脉和历史肌理的破坏也将是灾难性的。中国建筑设计研究总院建筑设计院党委书记兼副院长刘燕辉更是直呼，新型城镇化的提法是欠缺妥当的，因为没有人能说出什么是老的城镇化，也没有人能说明老城镇化曾为我们带来什么而又欠缺什么。如果没有历史，就没有了延续和对比，新型城镇化这一命题给人们心中留下的只是一连串的问号。

和谐可持续发展是城镇化的最大议题

新型城镇化无论对建筑师还是规划师来说，无疑是一个全新的命题。这个用词的背后既代表了国家工作核心的改变，对于改革红利挖掘的脚步进一步加快，同时也代表着政府不再满足于原有城市及农村的发展体系。新型城镇化是国家的新一轮发展的起点，这不仅仅是一个单一的规划，其他相配套的文件也已经陆续发出。政府层面已不是单薄地提出城镇化，而是准备好了一整套东西，期望能够引领国家下一步的发展。中国建筑科学研究院建筑设计总院总建筑师薛明认为，身为一个建筑师，常常要从微观层面来解读国家的宏观战略。从建筑师的理解来看，新型城镇化可以看作农村与城市直接协调的可持续发展模式。中国过去几十年的发展模式和产业结构已经被证明是不和谐、也不具备可持续性的，那么如何梳理原有的矛盾，解决当下出现的城市问题，并将之运用到村镇的建设中去，就是当下建筑师面临的最大问题。

新型城镇化面临怎样的忧虑

中国经过改革开放后30余年的发展，走过了西方国家数百年的城市发展道路。这其中既有我们值得骄傲和自豪的成绩，也不乏步上西方国家老路所带来的无数问题。北京维拓时代建筑设计有限公司规划所所长张蕾介绍说，世界上诸多超大型城市一直是中国借鉴和参照的样本，然而这些城市本身也已经走上了各自的弯路。随着城市的扩大和卫星城概念的提出，很多距离市中心30甚至40公里的卫星城拔地而起。然而这些卫星城由于职住功能不对称，过分强调住宅的功能而忽略了配套的工作区域，导致了数以万计的人们每天要花费几个小时的时间作为交通通勤，而卫星城本身变成了仅仅用来夜间休息的睡城。这样带来问题是显而易见的，交通体系承担的压力日益增大，环境污染日益严重，城市由最初方便人们生产生活的组团变成了负担，这样的模式是否还要继续延伸到中国城镇未来的发展当中？宝佳国际集团顾问总建筑师罗健敏也提出了他的忧虑，新型城镇化战略的提出无疑为地方政府和房地产开发企业亮起了一盏绿灯，但与此同时国家没有给出相应的红灯作为限制，这就会使得城镇化的进程难以控制，最终形成不良的影响。

会议现场

新型城镇化该如何突破

随着城市结构不断的发展和扩大，城市所占据的面积也经常被戏称为“摊大饼”一般无序地蔓延开来。从最初的城区建设，到中期的郊野化，再到卫星城的尝试，最终又回归到欧美国家普遍开始研究的新都市主义，人类对于城市的热情与无奈从来都没有消失。正如高志所说，中国的新型城镇化确实需要摸着石头过河，因为过快的发展速度使得我们已经赶上了西方国家的步调，后面的道路已无可借鉴之处。中国已将新型城镇化战略定位为下一阶段国家发展的核心，那么在这一过程中应规避什么，又应强调什么，与会嘉宾也给出了他们自己的看法。

薛明指出，城镇化最需要的是把控住其科学性和严谨性，如果人们将之演变为一种运动式的发展，那我们将面临的依然是无序的城市膨胀和大拆大建的做法。真正的城镇化应该呈现有机更新的局面，避免相互的攀比和不切实际的模仿。九源国际建筑顾问有限公司总经理江曼认为，城镇化不仅仅是城市和建筑层面的问题，更多的要考虑产业的均衡与生活的现代化变更。这就要求在建筑师的群体当中有更多的复合型人才，从而可以认识和理解日益增加的社会层面带来的复杂城市问题。宝佳国际集团总裁郑黎晨表示，城镇化的背后永远是利益在推动，这对于技术的应用和文化的传承都是不利的。城镇化当中应该要努力体现公平的原则，使得不平衡的必然性尽可能淡化。张蕾认为，就地城镇化或许是解决中国新型城镇化的一剂良药，随之而来的绝不仅仅是建筑的兴建和场地的规划，更重要的是当地产业的调整和农民属性的变更。如果不能解决这些实质性的问题，而将城镇化光秃秃的数字作为我们追求的目标，那就太可悲了。

新型城镇化应保留文化的根基

对于新型城镇化议题的展望千头万绪，但是习近平主席一句“望得见山、看得见水、留得住乡愁”给予了我们无限的希望和深思。那些盖满高楼大厦的街道，组成的只是一座座冷漠的城市，但青山绿水间亲人的微笑，是无数人对于生长过的土地产生的追忆和向往。中华民族拥有5 000年的文明历史，5 000年来的沧桑和沉浮，就记录在华夏大地的每一处村庄和城市当中。全国房地产设计联盟秘书长王玉清指出，新型城镇化一定要规避大拆大建的发展模式，而是要关注每朝每代在城镇中留有的可持续的历史。正是这些能够诉说历史的建筑和街道带给了我们无限的憧憬，只有延续了这些历史，中国才能够称得上是一个文化大国。

宝佳国际集团亚太区首席代表高志也从文化的角度为会议做出总结，他说：中国在过去十几年时间里突飞猛进，在众目睽睽之下夺得了世界GDP第二的位置。但这种粗放式的发展并不值得夸耀。我们可以认为鸟巢、水立方、国家大剧院的体量已经完全超过巴尔迪莫的展览馆和歌剧院了，但这种模式早已不被世界所称道。即便是我们的老邻居俄罗斯，一个看上去也是资源密集型且粗放发展的国家，在莫斯科这座山城中遍布着托尔斯塔、查哈罗夫/果戈理或者契诃夫，每一座房子都有历史，每一个街道甚至都能写本书，这才是一座真正的城市，是有历史，有鲜活的人居住的城市。中国的城市化核心不在于城市空间的营造，而更依靠通过提升城市空间的完善来加大对于城市产业的建设。这才是中国立足当下，针对实际问题和实际能力，一步一步解决问题的有效手段。所以说，我们过去太着急了，现在就要慢点，跑得快了，毕竟是要跌倒的。

（文字/朱有恒 摄影/李沉）

"Heart to Heart" Stories of Architects —Sidelights of First Publishing and Launch Seminar of *Architects' Childhood Memories*

传递建筑师们"心"的交流 ——《建筑师的童年》首发暨出版座谈会侧记

CAH编委会（CAH Editorial Committee）

马国馨

单霁翔

刘谞

郭卫兵

傅绍辉

金卫钧

高志

布正伟

费麟

刘沪

刘景樑

赵元超

2014年5月28日，中国文物学会20世纪建筑遗产委员会、中国建筑工业出版社、全国房地产设计联盟与《中国建筑文化遗产》《建筑评论》编委会携手，在北京第二实验小学共同举办了建筑文化的"乡愁"记忆——《建筑师的童年》首发暨出版座谈会，会议由《中国建筑文化遗产》《建筑评论》两丛书主编金磊先生及中国建筑工业出版社沈元勤先生主持，多位全国顶尖建筑大师会聚一堂共话童年，回溯人生本真。

座谈会上，以单霁翔、马国馨、费麟等人为首的40余位来自建筑界、教育界及图书馆界的专家和大师们先后发言。他们不仅讲述了童年的幸福和感动，还有对家庭之甘辛、对国之苦难的深切记忆。在这本《建筑师的童年》里，建筑师们分享的不仅是一段段难以忘却的人生经历和独到场景，更是他们坚定追求与不懈努力的脉脉源泉，他们写出的感受、观察与思考，视角再小也令人瞩目，片段再微也读来精妙，反映出未被世俗异化且最本真的东西。

值此新中国成立65周年之际，《建筑师的童年》作为一部建筑学人的献礼之作，为培育国民建筑文化素质，找寻着建筑师们最本真的童年记忆。一代代建筑师为建设新中国做出的贡献应被我们铭记，而中国建筑文化的全民普及，更是一项艰巨的任务。《建筑师的童年》让我们在追忆年少轻狂时，想起那些值得回味的、日日埋首书堆的时光，这留存在孩提时代的交锋与思辨仿佛在向童心追问，如何做出"舍"与"守"的抉择。

恪守童心——劝君惜取少年时

童年乃人生的第一缕曙光，无论一个人成为何等鼎鼎大家，都应恢复孩提般的好奇与天真。正如中国工程院院士马国馨所言："童年是无忧无虑的，是一段段丰富而又多彩的人生记忆。"童年总是充满着对真的感受，对善的向往，对美的体会。《建筑师的童年》书写着建筑师未泯的童心，弥补了当下人心的荒凉，借以警示我们在创作与设计、研读与著述中不断反思自我，采撷到前人智慧的繁华与硕果，以唤醒童心本真的一面。中房建筑设计公司资深总建筑师布正伟表示，他从不会拘泥于死板的规则，儿童的天性就是爱玩儿，正是童年时期无拘无束的生活让他动手能力得到充分锻炼，才成就了今天敢想敢干的建筑人。

乡愁记忆——犹言似故林

儿时的场景无法再现，记忆只凝结在一方砚台、一把折扇之间。童年时玩耍的天井成了建筑灵感的来源；唐山大地震中第一次用树枝完成的"建筑实践"是他立志成为建筑师的源泉；自己动手用废木料造的"飞机"是他最爱的玩伴；修葺中的瓦砾残垣成了小建筑师们嬉戏的乐园——书中这一个个小故事充满童真童趣，带着一丝淡淡的乡愁，让人读来不禁感怀、心颤甚至落泪。本次会议主题"建筑文化的乡愁记忆"勾起了专家们埋藏在心底的往事，正是这些宝贵的童年经历给了他们开启建筑之门的密匙，给了他们为祖国建设钢铁之躯的责任理想。老一辈建筑大师因为在时代的浪潮里经受过苦难，在讲述童年时数度哽咽——这里有对父亲母亲的缅怀，对家庭氛围的回忆，也有对祖国深沉的爱。他们举手投足间，饱含着对建筑事业的深情和投入，浸透着对崇高理想的热忱与希望。中国建筑学会教授级建筑师顾孟潮说，乡愁是建筑师的职业基因，没有对家乡的热爱，就没有建设这片土地的优秀建筑师。正是因为人们爱那片他们生活过的土地，才使得他们谈起童年就充满愉悦。国家图书馆社会教育部主任汤更生也说，这本书中记录了太多可以感受到乡愁的故事、记忆以及人性中很美好的东西。

教育先行——欲求贤才栋梁

很多优秀的品质来自于童年的感官和环境，很多兴趣爱好也来自于童年的培养和认知。中元国际工程设计研究院资深总建筑师费麟认为，家庭教育从幼时起便对他产生了深远的影响，让他在潜移默化中构筑了基本的品德修养，也明白了做人的道理。全联房地产商会创会会长聂梅生强调，人虽然不能选择出生的时代，但是人却从幼年起便受到时代背景的影响，只有通过了种种历练的人，才有可能成为一名优秀的建筑师。

师者，传道授业解惑者也。后天教育决定了人生的选择。老一辈建筑师手绘的一幅幅图纸，不仅是学术和心血的传承，更是为后辈建筑师构筑起的发展的桥梁。座谈会上，老中青三代专家多次强调“教育”二字，宝佳国际建筑师首席代表高志博士以教育孩子的切身体会谈了优良教育环境对人格塑造的影响，马国馨院士激动地表示，他们设立的清华大学建筑学院基金会已帮助许多贫困的有志青年完成学业。前辈建筑家们纷纷用自己的方式表达了对祖国人才培养的深切关怀。

传承精神——慎思、明辨、笃行

《建筑师的童年》在探索每位成功建筑学人最富想象力的童年时，发现了他们瞭望外部世界的窗口，找寻到他们在文明与天性间徘徊的方式。在这里，读者可读到如何感恩、如何用“心”交流、如何从前辈身上汲取精华以滋养创新之路。故宫博物院院长单霁翔认为：“童年不仅仅是物质的，更是精神的，这本书的重要意义在于老一辈建筑师可以用图书的方式与年轻人沟通，将他们心中的文化空间，向下一代人打开。”中关村四小校长李晓琦说：“童年的主题每个人都可以写，但是由一些经历过生命沧桑，又饱含人生阅历的建筑师来写就分外不同。”这么多人的童年汇集在一起，就像在讲述一段历史，满载着这一代人的记忆，让下一代乃至更年轻的孩子们可以品读那些尘封的往事。

交流会的气氛热烈而温馨，建筑师们富有创造力的思维为会议带来许多亮点。中国建筑设计研究院建筑设计总院党委书记刘燕辉说：“童年从今天开始。”全国工程勘察设计大师周恺说：“我好像一直还都处于童年当中。”宝佳国际集团亚太区首席代表高志则说：“童年不在于时间。童年是一个职业，任何人在任何时候，都可以拾起它。”或许对于童年的内涵每个人都有自己的一份定义，但是可以达成一致的是，书写童年就是一种找回心灵纯真、幸福与快乐的美好经历。

此次座谈会本着“育人明德”的精神，由与会嘉宾向3所中小学、国家图书馆、首都图书馆、中国建筑图书馆等8家图书馆赠献了《建筑师的童年》一书，希望更多的人可以从书中获得一段段真实又深邃的文化思索。

（文字/董晨曦 摄影/陈鹤）

聂梅生

孙宗列

顾孟溯

周恺

胡越

袁良喜

罗健敏

刘燕辉

王小工

李晓琦

汤更生

张宇

路红

郭玲

金磊

沈元勤

《建筑师的童年》书影

专家签名

会议现场之一

单霁翔院长向孩子们赠书

会议现场之二

In Commemoration of Master Chen Zhi

难忘前辈陈植老

马国馨*（Ma Guoxin）

陈植老（1995年）

作者（左一）与陈植、莫伯治二老

陈老与莫伯治老

陈老与上海院洪碧荣总

自1965年大学毕业参加工作以来，因同事、参观、出访、会议等众多机缘，陆续接触了许多建筑界的前辈，留下了难忘的印象。但余生也晚，对于出生于19世纪末到20世纪初的第一代建筑前辈，则很少有机会了。在印象中曾遇到过、见过一面、说过几句话的只有梁思成、杨廷宝、陈植、杨锡镠、谭垣、林克明、单士元等有数的几位，我还有幸为陈、林、单三位拍下了照片。其中和时任上海市民用建筑设计院总建筑师的陈植老虽然只有短短的几次会面，但却有一段不短时间的书信往来，算来也是三十几年前的事了。

第一次见到陈老是1975年6月14日上午，在上海民用院。当时我在北京院六室任副室主任，正开展北京西二环路规划的研究，对全国一些大城市的干道建设进行调查。在我们要到上海调研时，院里考虑张镈总因“文化大革命”，很长时间没有工作，对建筑界的新情况不太了解，所以让我们陪同张总在上海参观，顺便照顾一下他的生活起居。

6月13日到上海以后，先去城建局办理住宿，凭介绍信入住了长寿路的城建局招待所，当晚发觉招待所周围的环境很吵，我们还能忍受，要是张总来后住这儿就差点了。14日上午去上海规划建筑院，见到曹伯韦院长和陈植老，和一室主任吕光祺一起商定我们的活动计划，在谈话过程中，张总也到了，于是我就提起张总的住宿问题，陈老说咱们得想办法，我急中生智想起张总那时已经是全国人大代表了，打着这个招牌可能会有点用。于是陈老说我们去市“革命委员会”（以下简称“革委会”）试试，上海院离外滩上的市“革委会”很近，没走多远就到了，陈老一面领着我从市“革委会”南面的一个小门走进去，在上台阶时他语意双关地对我说：“办这种事咱们就得走‘后门’。”后来在市“革委”机关事务管理局开了介绍信，把张总安排住进了和平饭店。我们也趁机退了房住进了“锦江”。这是和陈老的第一次见面，当时他和我跑上跑下时已经73岁了，感到真是个和蔼可亲而又机智幽默的小老头。

在听取了上海市规划和建筑情况的介绍后，我们还参观了天目路、康乐路、华盛路、静安寺等地，17日下午在上海院小礼堂我们也介绍了北京西二环路的规划设想，因为张总在院里也分管西二环路，所以在介绍情况时张总也做了重要补充，陈老也参加了会，并提出了几个需要注意的问题。在我的笔记本上就记着陈老所提出的几点：①空间和实体的关系；②人流与车流的关系；③线与面的关系；④新建与现状的关系；⑤建筑与绿化的关系。都是十分有针对性的重要意见。

18日以后院里五室北京图书馆设计组也到上海调研，于是大家一起参观。20日上午陈老特地陪我们去参观了文化广场（可容1.28万人）和徐家汇的万人体育馆，在那儿还见到了体育馆的负责人汪定曾前辈。现在回想起来，那时73岁的陈老，从辈分上讲是张总在东北大学时老师，张总是第三届建筑系的学生，那我们就是陈老的徒孙辈了，为了那么多事务性的事情去麻烦陈老，还要他老亲自出马，真是太大不敬了。

再次见到陈老是在一年以后了。1976年9月9日毛主席逝世，很快就成立了国务院第九办公室，9月15日召集了全国八省市的建筑师在前门饭店集中，开始了毛主席纪念堂的前期规划设计工作。上海市前来的就是陈老和钱学中，我们北京院因为较早介入这一工作，所以派徐荫培、方伯义和吴观张三人常驻前门饭店，而我和设计院的大批人马作为技术支持就在院里待命。除了也参加前门饭店集中开会时的旁听外，也同时提供一些方案设想拿到前门饭店去供大家参考。这样就有了再次见到陈老的机会，在我的笔记本上也详细记下了他们提出的位于天安门北的方案三的相关数据，那是一个表现紧密团结的圆形方案，上屋檐口高38m，红星高60m，方形台基120m见方，中央大厅直径56m，外柱廊直径80m。我虽然到前门饭店见到陈老的次数不多，但凑巧的是我妻子关滨蓉作为铁道兵地下部分设计组的成员也常驻前门饭店，她在当时的所有设计人员中年纪最轻，又和包括陈老、杨老在内的许多建筑师都是清华毕业的，陈老在知道了我们的关系后，就更加熟稔起来。前门饭店的工作只有一个多月的时间就结束了，但我们和陈老的关系却一直继续。这次为了写这篇文字我翻箱倒柜整理出了陈老的14封书信，最早的信也是37年前写的了，虽然有的书信或贺卡十分简短，但仍可从这些书信中看到陈老的睿智、热情、幽默、风趣、谦虚以及对于后学一辈的

* 中国工程院院士

煙雲嘯傲
盡收眼底
祝
1989年及未来的岁月中愉快、健康、安吉、万事如意。
陈植
承赐贺柬并谢忱

陈老1989年贺卡

陈老1977年1月7日信

陈老 1993年12月24日来信

关爱和提携。

1977年收到陈老1月7日来信：

“您和关滨荣（蓉）同志好！在京别后，已近三月，想您在前三门设计中仍极忙碌，滨荣同志设计毛主席纪念堂当更紧张。

回忆在京40天与‘小关’每日见面，那时大家化悲痛为力量，确是激励成一个共同的战斗意志。此情此景历历在目，永铭于心。

前些天看到我院的高层住宅资料汇编，我问起有否寄给北京市院，据说已寄，又有人说未寄，无法确切肯定。现另付邮寄一份，作您个人参考。此中问题不少，缺点很多，例如造价大、标准高，这两点是主要的。现已设法使造价从200元/㎡降至145元/㎡，一切望您批评指教。

昨为陈毅老帅逝世五周年，明为总理逝世一周年，这几天在为总理逝世广泛开展纪念活动，追念总理一生出生入死，临危不惧，鞠躬尽瘁，献身革命，谦虚朴素，平易近人，再历举万恶的‘四人帮’对总理的诋毁，诽谤，陷害，令人发指。去年3/5,3/25日上海《文汇报》蓄意攻击总理，四月初我对该报说了几句话，认为我是怀念——怀念又怎样？‘四人帮’恶贯满盈，罪该斩首。我一直心中怀有两大问题：①总理的病是可治之症，我有三个友人，动手术后已稳定5～12年，为何成了不治之症；②清明对逝者表达哀思又该……？！

感触丛生，余痛未已，匆此即祝您与‘小关’1977年身体健康，工作胜利！！”

收到陈老的信和寄赠的图集我们自然是喜出望外，很快给陈老回了信。后来收到陈老在3月15日的回信：

"'小马''小关'同志：

这样称呼你两位不反对吧，好像显得亲切一些。小马同志的大名，迄今尚未正式请教，我写成'国兴'，小关称为'国新'，小马自报为 '国馨'，便中望赐复，予以'澄清'。

首先要向你两位道歉，到今天才复你俩的信，原因无非是忙，院内工作忙，院外活动忙，一切仍望鉴宥。

你两位在夜以继日地忙于毛主席纪念馆（堂）的设计工作，可以说是在废寝忘食，在这种情况下还抽空给我写信，使我深受感动，特别是由于小关的信写得这样详尽仔细，小马刚刚到京，赶即来信。你两位对我这样热情和关注，使我由衷地铭感。

据了解纪念堂工程'主体已基本完成，三月底外部可以全部完成'，即按原计划由可提前一个月（原定五一完成外部），这一消息是一个特大喜讯，闻知后万分振奋。你两位为之而竭尽全力，是何等幸运，我在千里之外不胜欣羡。

揭批'四人帮'的群众性运动正在不断深入，他们翻手为云、覆手为雨的反革命诡辩流毒极广。正如一个亲信朱永嘉所说的'辩证法就是诡辩'，这是对马列主义、毛泽东思想的莫大污蔑！上海的马、徐、王，现在已定性了——敌我矛盾。我在精神振奋之下，做了四首词，素不能诗，见不得人，请勿告人，只请你们两位指正：

万丈光芒照前程（采桑子）

（一）华主席来把舵掌，
锦绣朝阳，
无限朝阳，
毛泽东思想指航向！

（二）粉碎万恶'四人帮'，
决策辉煌，
战果辉煌，
锣鼓喧天歌声亮！

（三）人逢喜讯精神旺，
遍地春光，
一派春光，
意气风发斗志昂！

（四）全国人民志如钢，
团结坚定，
无比坚强，
红色江山万年长！

钱学中的唐山任务及援外工程，这几天应已由唐山赴京，不知已见到否？

望便代候两位'伯伯'（方伯义，徐伯安），良镛，观张，亦兰，炜钰，杨芸，镇强等同志。

祝你两位健康，快乐，工作胜利！

陈植

3月15日 晚

小小马在济南爷爷奶奶家好吗？"

信中表现了陈老在粉碎"四人帮"后的激动心情，四首《采桑子》也从未发表过，很好地表达了陈老当时的感情。所问候的几位当时都是正在毛主席纪念堂设计组工作的各单位人员。尤其让我们感动的是他还惦记着我们刚满6岁的小儿子（在他四个月大时就送到爷爷奶奶那儿去了），也可看出陈老关心备至和细致周到。此后1978年的5月，为有关医院项目的调研，我们又曾去过上海院，并去了陈老的办公室，但那天陈老不在，只看见办公桌上放着一些工程的表现图，上面都有陈老手写的意见和建议，看出他对一些工程的细致过问和指导。记得后来还有书信来往，但遍寻不全。加上我从1981年去日本学习两年，可能有所中断。手头的下一封信已经是九年以后，是在收到我们夫妻的贺卡后于1986年1月11日的回信：

"新年承赐寄贺卡，迄今铭感不已。昨日查阅收到贺年片列单（对已函谢的均加√号），发现当未向两位申谢，惶歉之至，现特专函补致谢忱，疏忽之处务请格外见谅，幸甚幸甚。

国馨同志负责首都亚运会建筑设计，任务繁重可想而知，不胜欣羡。国馨同志才华茂盛，必可在创作上做出杰出贡献。再次请接受我的最良好祝愿。

滨蓉同志亦致于建筑设计，不知是否亦在北京市院。两位同一专业，可以相互鼓励，互相磋商，特别因国馨同志在日本积累了丰富经验，亦即成为两位共同的收获，甚为艳羡。专此道谢并祝：

丙寅年及未来的岁月中，快乐，健康，幸福，万事如意！"

此后的岁月中几乎每年都有贺卡书信来往，1987年因陈老不适，曾有短信写于1月7日：

"承惠寄新年贺柬，不胜铭感，近因不适致稽作复乞谅。

在此祝两位在1987年及未来的岁月中快乐，健康，万事如意！"

1987年底即收到陈老的新年贺卡：

"谨祝龙年及未来岁月中身体健康，精神愉快，阖府绥吉，万事如意。"

1989年初是陈老手制的贺卡，一幅黄山的风景照片，旁注：

"烟云啸傲，尽收眼底。"

另书：

"祝1989年及未来的岁月中愉快，健康，安吉，万事如意。"

并注：

"承赐贺柬铭感不已。"

1991年收到陈老1月9日的来信：

"您两位好！新年时荷，惠赐贺卡，不胜铭感，因感冒咳长，致稽函谢，歉甚歉甚，务乞见谅。

在此亦祝阖府在1991年健康，愉快，万吉！

亚运会建筑设计，曾由《建筑学报》专刊登载，多次翻阅，欣赏不已。此种技术之高超，造型之完美，令我羡慕之至。这么多的项目，创作方面既有集体、个人的智慧，亦具有时代的标志，将永远驰名于国内外。在此，即祝贺您两位所做的卓越贡献。

我已是耄耋之年，耳聋、头晕、步行如履薄冰，但愿能继续向青壮年学习，有所收获，则余年幸甚。可以说我在同辈中（已凋零殆尽）是比不上，在当今专家、学者中是跟不上，迫切希望今后学有所得，风烛之年可以自娱，匆此道谢，顺颂冬绥。"

当时陈老已是89岁，仍是表现出谦和、虚心，给人印象至深，也是对我们的鼓励和鞭策。次年11月15日，是陈老的九十华诞，我们去电祝寿后，又收到他老人家11月28日的回信：

“久违数年矣，赐电贺寿愧不敢当，近来客多会多，致稽函谢，想荷鉴谅。拜读来电铭感无已，同时深感一生平凡，才疏识浅，胸无大志，随地而安，耄耋之年，后悔已晚。多承关怀，在此由衷感谢。

在贱体当可之时，当秉老有所学，老有所得，老有所成，老有所乐之旨，为上海的繁荣昌盛，为浦东的灿烂前景而起些点滴的作用，于心安矣，于愿足矣，望两位有所教之。十一届亚运会在设计上之优越创作，两位均亲自做出贡献，至今仍在赞慕。祝杰作不断出现，专此鸣谢，顺颂迩绥。”

信中还可看出陈老“老骥伏枥，志在千里”的心愿。此后几年的贺卡每年都有所变化，有新的创意，除了对我们的关爱，还让我们从中看到一位老人的“童心”。

1993年12月24日来信虽短，但在信纸最上方陈老亲笔手书核桃大的红色“万事如意”四字，笔力遒劲，全无老态。1994年底是一张“平湖秋月”风景的明信片，除去热情的祝贺感谢之词外，在明信片上下写邮政编码的两组六个小方块中，上面填入了“温馨安康幸福”六字，下面填入了“九三老拙陈植”六字，我想陈老在仔细填写这些小字时也一定在为自己制作的小趣味而十分得意。

1995年1月上海要评选十大景观，邀我前往，评委中除上海的专家外，外地的是广东的莫伯治老和北京的我，我想也可能考虑一南一北，一老一少吧。在评选中上海院的洪碧荣总陪我二人在12日下午抽空去陈老家中探望，陈老那时已经93岁了，但精神矍铄，思维清楚，虽然戴着助听器，但谈吐仍然幽默有趣。莫老和陈老是老友，熟识自不待言，对我估计因有近二十年未见面，陈老的印象肯定已经模糊了，当时陈老沙发旁的冰箱上正好放着当年各地寄来的新年贺卡，我一下就看到了我们寄来的那张，可能还能唤起他的一些回忆。那次让我最高兴的是让我拍了好多珍贵的照片，几张陈老个人照我已选用在《清华学人剪影》和《建筑学人剪影》二书中，洪总也为我们拍下了这一难忘的场面，告别时陈老还坚持要从沙发上站起来慢步送我们到家门口，这是我和陈老的最后一次见面。1995年底的贺卡因为上面已经印好了现成的祝福话语，所以陈老只是简单地写了“九四老拙陈植贺”几个字。

1996年底又收到陈老12月24日寄出的贺卡，陈老写道：“多承关亲，每逢佳节赐寄贺柬，铭感不已。我虽年迈，仍属庸才，何劳两位如此垂注，每一念及，心实难安，在此致以由衷谢忱，切盼驾再来沪，幸甚。”看来对上一年去探访他还有一定印象。尤其让我感动不已的是在贺卡另一面上“敬祝1997年及未来岁月中康吉，幸福，杰作迭出，贡献卓越！”这几行字用红笔反复描画出了粗细笔锋，也可想象陈老在书写时的认真和细致。

1997年12月29日陈老寄出贺卡时已是96岁高龄，但贺卡内的文字和信封全部用毛笔书写，字迹仍清晰有力，看不出衰老之态。1998年底收到陈老的那张贺卡，卡内文字及信封都还是陈老手书。等到1999年底收到的贺卡就已经是陈老长公子艾先先生代书的了：

“父亲因年事已高，对复信、复卡，已感力不从心，故嘱代复，并致谢意！”

所以此后我们所寄出的贺卡上都特别注明“因老人年事已高，不必回信”。

陈老在2002年3月20日以百岁高龄去世的消息，我是后来从上海的报纸上看到的，所以迟在28日才发去唁电。尽管明知陈老年事已高，但我们心中仍是希望敬重的陈老能健在长寿，对他的仙逝感情上不能接受，伤感之情难以表达。现在时间又已过去十多年了，但陈老当年的音容笑貌犹在，实在难忘。

陈老是我国第一代建筑师中唯一荣获首批“国家设计大师”称号的老建筑师，又是那一辈人中唯一跨入21世纪的百岁建筑师。他在建筑教育、建筑设计、文化遗产保护等众多领域的成就和思想已经成为我们的宝贵财富，他对年轻后学的提携、鼓励、关爱、支持也将为我们永远铭记。他写给我们的这些信札也从另一个方面反映了陈老的性格、品质和为人，也是我们永久珍藏的文件了。

2014年6月7日

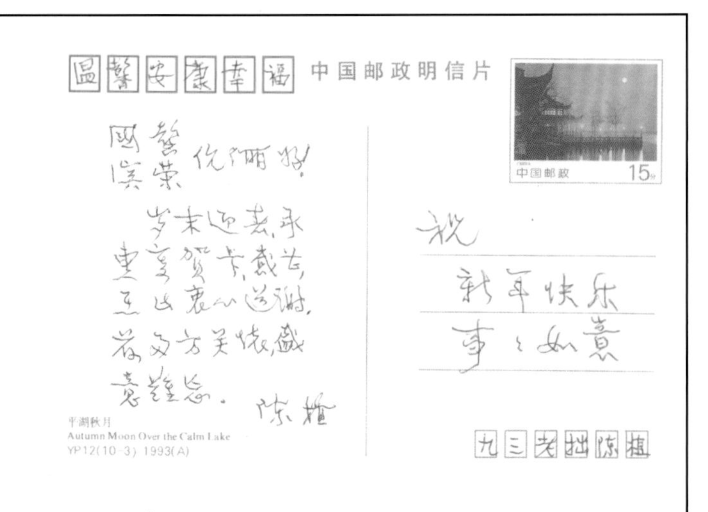
温馨安康幸福 中国邮政明信片

伉俪好！

陈植

平湖秋月

Autumn Moon Over the Calm Lake

YP12(10-3) 1993(A)

中国邮政 15分

祝

新年快乐

事事如意

九三老拙陈植

陈老1994年贺卡

敬祝1997年及未来岁月中康吉、幸福，杰作迭出，贡献卓越！

陈植

陈老1996年12月27日贺卡

面向大海

The Cais' Old House in Qionghai, Hainan: —A Live History of Hakka People

琼海蔡家老屋
——一部南洋客史话

郭玲*（Guo Ling）

英国著名现代历史学家汤因比在《历史研究》一书中写道：“在西方文明的排山倒海冲击之前，中国原是一个和谐而安静的人文世界。有高明的人生理趣，有深刻的生命情操，也有弥漫的尘世乐趣。虽有一治一乱的循环与反复扰搅的战争，然而却动憾不了中国人文世界内在的和谐性。”这句话，在琼海的乡野村落中可以找到肯定的答案。

这是我第五次到琼海，自然不必去观览那些著名的旅游景点，而是专程来拜访蔡家宅。最初知道蔡家宅是在海口博物馆，一个结构精巧的木制模型，展示了一座建于20世纪30年代的中西合璧式海南民居，它于2006年被命名为全国重点文物保护单位。

我们从博鳌镇出发，汽车沿万泉河向乡间驶去。生机勃勃的辣椒田和菠萝田，郁郁葱葱的槟榔树和椰子树，装点着清新的海南风光。

半小时后一条不宽的小路将我们引入绿荫掩映的小村庄，村口没什么人，几栋古香古色的老宅子告诉我们留客村到了。留客村有600多年历史，顾名思义是要留下客人，但目前村中人口不到百人，而侨居海外者却近两千，其中以“下南洋”者居多（指为生活所迫，偷渡到泰国、新加坡、菲律宾、马来西亚、印度尼西亚等东南亚诸国），是一个地道的侨乡。

* 本书顾问，中国摄影家协会会员

村口

留客村

我们径直走进蔡家宅院，见到刚从北京侨联汇报工作归来的蔡家第四代长孙媳妇王普君，她看上去50多岁，人很干练，早几年专程由印尼回来打理老屋。王女士告诉我们，这里周边的三栋民宅是当年蔡家三兄弟同时建造的，规模最大的当属大哥蔡家森。1911年父母双亡、家境贫寒的大哥带上两个弟弟下南洋，就是从留客村出发，由万泉河启程的。这是一次艰辛之旅，也是一次生死赌注。10年后蔡家森原配夫人黄氏去世，临终时她嘱托后人将自己的坟头朝向万泉河，朝向大海。我们意识到，跨入蔡家门，便是打开了一部背井离乡、生离死别的“南洋客”的家族史。

1933年，漂泊20多年的蔡家森终于回来了，无论在南洋受过多少委屈，总算活着返乡了。这一年，他从印尼运来水泥、钢筋、木材、瓷砖，把苦力积攒的血汗全部累积在一砖一瓦的老屋里。

老屋是二层楼房，青砖素瓦，高墙围院，20多间房间，面积达600多平方米。平面呈规则的长方形，两个方形合院系民居组合在一起，形成“院连院”的“两个天井”，既最大限度地利用了土地，也形成严谨的自卫格局（在二层四角设有瞭望口）。面向天井的二楼由回廊贯穿，连通四周的房屋；廊下的底层空间，则是南洋流行的骑楼，遮阳蔽雨。试想劳作之余，老少家人围坐在天井之中，一杯咖啡，几盏清茶，说天道地，谈古论今，该是多么惬意。最为神圣的要算对祖宗的祭祀。家堂设在二楼正房明间，牌位和香炉供奉于此，体现出以上”为贵，以“中”为尊的秩序。家族奉行“同居共财”，三代同居，财富共享，折射着大家族后面家长权威的显赫。尤为醒目的是，绿色陶瓷花瓶栏杆和彩色几何图案地砖，流露出典型的南洋风格；而屋脊上的岭南装饰、屋檐下的仿木牛腿、中堂外门上方的花篮状垂莲柱以及遍布门窗壁栏的砖雕、木雕则极具中式传统特征。这个中西合璧的二层楼宇在乡野间显现，既诠释出蔡家兄弟漂泊南洋的异国情愫，也凝聚着主人深沉的古老东方情结。这在海南农村实属罕见。

王女士提示我们注意周边的环境，老屋坐东朝西，背靠天缘山，

蔡宅入口

正堂

内庭

面向万泉河，西边有一水池，起名“天心池”。“觅龙”“观水”刚好符合风水之道。但是有人质疑，大门为什么开在西北，而不是面向水池？王女士说，当年老太爷之所以如此布局，是有他的考虑的。“月满则亏，水满则溢”，任何事都要留有余地，不要十全十美。“留下一点，不能满”是侨居海外的先人历经艰辛，看透浮沉之后，对中华文化的回归。

我们随王女士来到院外的一棵大树下，只见树干粗壮，三人方可围拢；树冠繁茂，遮拦住头顶的烈日。枝干上长出不少凸起的树瘤，有的像羊头，有的像小熊，十分俏皮可爱。这棵大树有800年树龄，当年老太爷正是看好它才将祖屋“点穴”于此地。他说“根深人旺”“和谐共处”。果然，蔡家人丁兴盛，家庭和睦。蔡家的祖训是“公言守信千业兴，婆语勤俭万年常”，这通俗化的儒家伦理就是初通文墨的蔡家族人的道德规范。至今，后人们无论侨居哪国，这条祖训都一字不差地挂在正屋。“敬畏自然”“天地人和”，是建屋的依据，也是老人审美的标准。正如汤因比先生所道：“虽有一治一乱的循环与反复扰搅的战争，然而却动憾不了中国人文世界内在的和谐性。”

只可惜，蔡家森老人在这座饱含深情的宅院仅仅住了5年。1939年3月，日本入侵海南，烧杀抢掠，战乱四起。老太爷本想扎根故里、安度晚年的梦想破灭了。可以想象，当50多岁的蔡家太爷不得不带上全家老小，再次远渡重洋时（海南当年被迫下南洋者多

地面

达5万人），遗弃自己依恋的青山宅屋、翠竹碧水，该是怎样的不舍，该是怎样的无奈。当年只留下老三妻子留守家园，这一走竟成了永别，直至1971年去世，都没能与亲人见上一面。

王女士动情地说，那些年，老人家在海外只要听出是国人口音就免费请吃饭，要是海南口音则吃住全包。海有多深，思念就有多深。海有多宽，回家的路就有多漫长。这悲剧性的结局，不仅是蔡家人的命运，也是当年无数游子的共同遭遇。

漫步在留客村，当你细细端详这些绿茵婆娑中的青砖老屋时，当你踏入这个积有经年老灰的宅院时，你会意识到，这不起眼的村落里残存着岁月痕迹，复苏着浓郁温馨。这缕缕的乡土情思，铭刻着南洋客凄婉迷茫的乡土史话。愈是走近，愈能体会它的味道。愈是走近，愈能感受它的精美。这是一个“和谐而安静的人文世界”。此时，你自然想说，乡者，故乡也，土者，民间也。你才会理解汤因比先生感叹的什么是“高明的人生理趣”，什么是“深刻的生活情操”，还有什么是“弥漫的尘世乐趣”。

难怪香港《文汇报》《大公报》都连篇再续地称颂蔡家宅为“海南侨乡第一宅”，赞誉它为“散落在琼岛的南洋花瓣”。

古树

砖雕

村民

栏杆

Introduction of 18 Books and Periodicals

书刊推荐18则

王苏成 章丽君 宫超*（Wang Sucheng, Zhang Lijun, Gong Chao）

《中国建筑研究室口述史（1953—1965）》
作者：东南大学建筑历史与理论研究所编
出版社：东南大学出版社
出版时间：2013年11月
本书以中国建筑研究室成员的口述史料为基础，围绕中国建筑研究室主任刘敦桢教授主持的工作为主题，客观描述，整理记录，希望真实反映该室在20世纪中叶12年的短暂岁月中走过的艰难历程和做出的重要贡献。

《比较城市规划——21世纪中国城市规划建设的沉思》
作者：霍兵（著）
出版社：科学出版社
出版时间：2013年10月
本书是国内第一部比较城市规划的专著。在借鉴其他学科比较研究的基础上，勾勒出中西比较城市规划平行研究的基本框架，开启了中西现当代城市规划重大问题的影响研究。

《建筑学教程2：空间与建筑师》
作者：（荷）赫曼·赫茨伯格（著），刘大馨（译）
出版社：天津大学出版社
出版时间：2003年2月初版，2013年3月重印
本书对建筑的介绍更注重人类的基本生存环境，不是建筑的美学外观，而这些基本的条件往往是最让人困惑的因素。本书主要强调空间，在最为广博的范围内，将空间当作建筑师最重要的思维概念。我们总会下意识地将注意力从空间转移到构成空间的物质上，但事实上应该将更多注意力放在事物之间的区域，换句话说，是建筑之间或建筑内部墙体之间的空间更为重要。并且注意力应该特别集中于那些通常看不到的方面，也就是需要超越建筑师的陈规。我们追求的建筑应该是一首诗，是一种集社会和生活于一体的诗；即，建筑必须为人们提供社会生活所需的空间条件以及社会生活所占用的空间、移动的空间和人们所拥有的空间，这不是个人的空间，而是包含于社会总体结构内的运作空间。

* 中国建筑图书馆

《寻求建筑的伦理话语——当代西方建筑伦理理论及其反思》
作者：李向锋（著）
出版社：东南大学出版社
出版时间：2013年12月
本书融合了建筑学、伦理学、社会学等不同学科的研究成果，对西方当代建筑伦理理论的基本概念、发展脉络、研究模式、应用途径等进行了系统的归纳、分析和批判，并结合中国当代建筑发展提出借鉴思路。本书可供建筑领域的研究人员、从业人员、文化学者及大专院校相关学科领域的师生阅读参考。

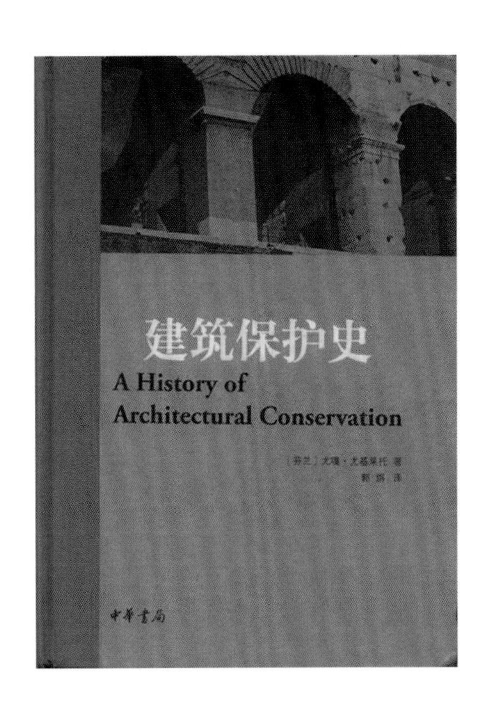

《建筑保护史》
作者：（芬兰）尤嘎·尤基莱托(著), 郭旃(译)
出版社：中华书局
出版时间：2011年11月
本书是当之无愧的关于建筑保护发展史的经典著作。作者尤嘎·尤基莱托教授是当今世界最著名的文化遗产保护史学家和哲学家之一，他很早就投身建筑规划和保护行业，因通晓多种语言，如英语、法语、德语、意大利语、瑞典语、芬兰语等，故而在建筑保护领域具有难以比拟的优势。本书是他二十多年的经验与思索的总结，对世界主要是西方建筑保护的历程做出了全面介绍，并指出这种发展如何影响了国际文化遗产保护活动。书中包含大量的保护案例和系统丰富的史料，这些资料即便是专业人士都很难积累获得，遑论一般读者，因此可作为所有希望更好地了解建筑历史的人士的必读著作。

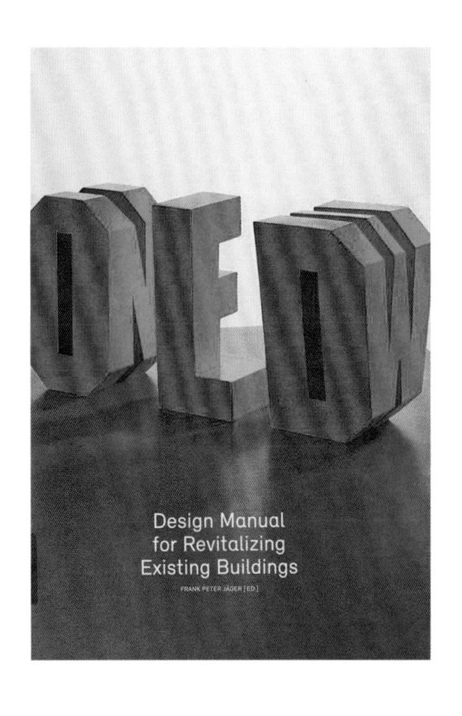

Old & New: Design manual for Revitalizing Existing Buildings（《旧与新：既有建筑翻新设计手册》）
作者：Frank Peter J・ger
出版社：Birkh・user
出版时间：2010年
本书列举了32个欧洲老建筑翻新的案例，并分为三个类别：增加、改变和保护。每个项目都用翔实的文字和图片叙述了其设计理念，使得这些老建筑除了作为旅游景点外，更拥有了新的生命和意义。新与旧结构、材料的强烈对比，让人体会到更深层次的“空间体验”，从结构设计到具有里程碑意义的恢复，为建筑师和规划师们提供了极具价值的宝贵经验。

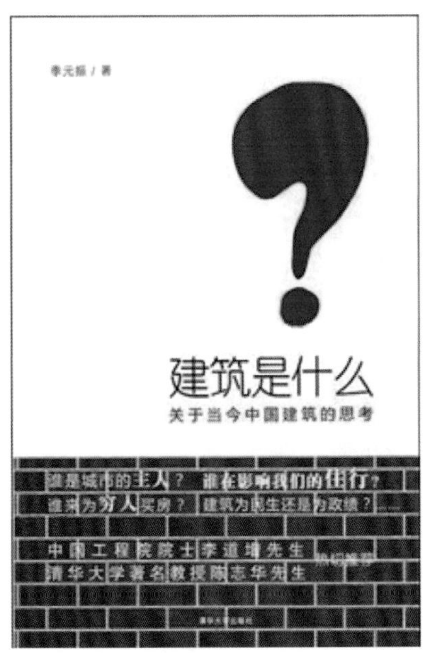

《建筑是什么——关于当今中国建筑的思考》
作者：季元振
出版社：清华大学出版社
出版时间：2011年4月
该书对近年建筑及房地产业的业内热点问题进行评论，反思当今中国建筑界，推及房地产，指出业内存在的重重弊端，呼吁建筑师应更多地关注诸如住房、学校、医院、工厂等与老百姓息息相关的民生问题，而不是过分追求创意、造型的炫彩而忽视了实用功能。当今中国民生问题还解决得不好，华丽的大型建筑带来的不菲造价更使民生问题加剧。该书对年轻人如何成长为一名优秀的建筑师也提出了诸多建议。

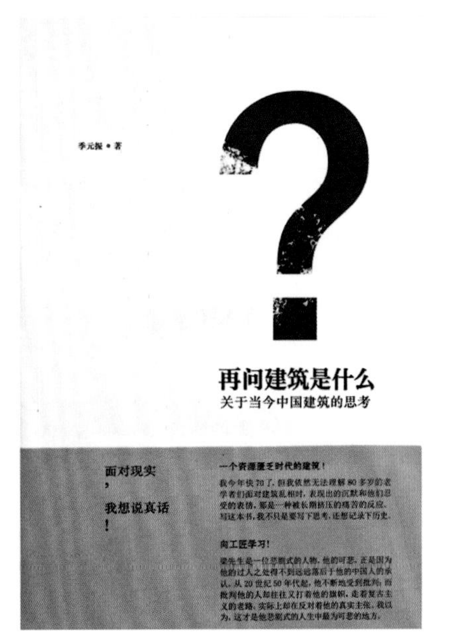

《再问建筑是什么：关于当今中国建筑的思考》
作者：季元振
出版社：中国建筑工业出版社
出版时间：2014年5月1日
作者季元振从“结构理性主义”这一现代主义建筑的经典思想出发，把建筑所涉及的功能、结构、材质、方法、政治、日常性等因素做出理性梳理，让建筑回归质朴美学的本源。季元振说：我今年快70了，但依然无法理解80多岁的老学者们面对建筑乱相时，表现出的沉默和他们忍受的表情，那是一种被长期挤压的痛苦的反应。写这本《再问建筑是什么（关于当今中国建筑的思考）》，我不只是要写下思考，还想记录下历史。

Fit :An Architect's Manifesto（《适合——一个建筑师的宣言》）
作者：Robert Geddes
出版社：Princeton University Press
出版时间：2013年
《适合》是一本有关建筑和社会的书，旨在从根本上改变建筑师和公众对设计这项工作的认识。著名建筑师和城市规划专家罗伯特·戈德斯提出建筑、景观、城市规划应该合理设计：与建筑目的相适合、与周围环境相适合、与未来改建相适合。本书认识到建筑和社会的关系是真正互动的、复杂的、如果带有知识与技能，还是丰厚回报的，因此本书用"适合"原则代替了旧原则，比如"形式服从功能"、"少即是多"的理念。戈德斯开篇提出了一些问题：我们为什么要设计我们在哪儿生活和工作？我们为什么不生活在大自然中或混乱中？社会为什么要关心建筑？它为什么真的重要？《适合》通过一个反映基本目的的新测试，和源于自然、结合功能和表达、留下形式遗产的建筑元素回答了这些问题。

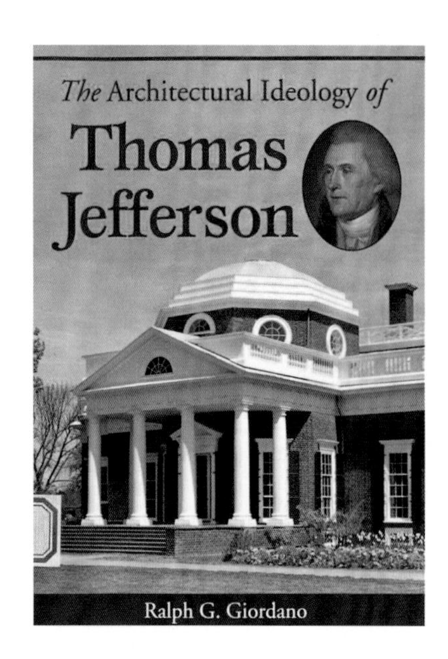

The architectural ideology of Thomas Jefferson（《托马斯·杰斐逊建筑理念》）
作者：Ralph G. Giordano
出版社：McFarland & Company, Inc.
出版时间：2012年
与托马斯·杰斐逊巨大的政治影响相比，他广阔的文化贡献，尤其在美国建筑领域中，还没有被大部分美国人所认知。然而，在建筑专家中，杰斐逊一直是被认为最具影响力的建筑师之一。杰斐逊有时也被称为一位"绅士建筑师"，他像其他建筑师一样磨炼自己的技能。他的三大标志性理想作品是弗吉尼亚州议会大厦、弗吉尼亚州大学的教育综合设施以及他自己在蒙蒂塞洛的住所，这些建筑在美国建筑领域中很有纪念意义。

刊名：《建筑师杂志》（*Architect's Journal*）
创刊年：1895年
出版者：Emap Business Communications Ltd
2014年第2期
本期杂志介绍了扎哈·哈迪德建筑事务所又一梦幻般的作品，位于阿塞拜疆首都巴库的盖达尔·阿利耶夫文化中心，该中心设有一个博物馆、图书馆和会议中心。盖达尔·阿利耶夫文化中心呈现出一种流体外形，由地理地形自然延伸堆叠而出，并盘卷出各个独立功能区域。该中心的建成把扎哈·哈迪德事务所惊人的艺术设计推向了一个新的水准，并创造了一个世界级的展览空间，这种创新的前沿设计，使盖达尔·阿利耶夫文化中心毫无疑问地成为巴库的新地标，并享誉国际。

刊名：《澳大利亚建筑》
创刊年：1904年
出版者：Architecture Media Australia Pty Ltd.
2014年第1期
本期杂志介绍了位于澳大利亚首都堪培拉的国家植物园，在遭遇2003年1月毁灭性火灾之后，该植物园由Tonkin Zulaikha Greer联合Taylor Cullity Lethlean建筑事务所共同设计，在基址上重新建立了一个学习、展览、研究植物的具有世界影响力的国家植物园，它将来自世界各地100多种濒危树种聚集在了这惨遭大火蹂躏的250万平方米土地上。该项目沿袭了传统的花园建筑结构，通透的外壳设计加强了室内外的关联性。另外，建筑采用了一系列节能措施，与植物园的环保价值融为一体，具有低能耗的技术和建筑结构。

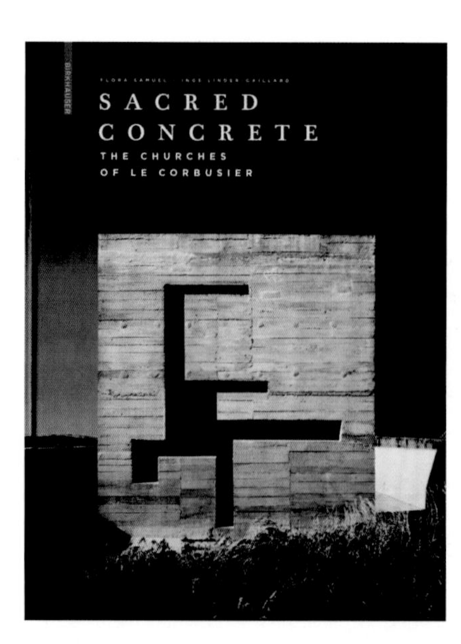

Sacred concrete: the churches of Le Corbusier（《神圣的混凝土建筑：勒·柯布西耶与教堂》）
作者：Flora Samuel, Inge Linder-Gaillard
出版社：Birkh·user
出版时间：2013年
勒·柯布西耶不仅设计和建造教堂，他也对宗教和信仰有浓厚的兴趣，他的作品对20世纪的教堂建筑产生了重要的影响。这是第一本汇总了勒·柯布西耶设计的教堂的书，并且将这些教堂与他们所处的社会、宗教和政治背景紧密联系在一起。本书详细介绍了勒·柯布西耶设计的四个教堂——法国圣博姆教堂，廊香教堂，拉图雷特修道院，圣皮埃尔教堂。在最后一章，探讨了勒·柯布西耶在20世纪后期对教堂建筑的影响。

刊名：《台湾建筑》
创刊年：1995年
出版者：台湾建筑杂志社
2014年第4期
本刊主要介绍台湾建筑师的设计思想和作品，对世界各国优秀建筑进行分析评论，并提供有关建筑技术和材料的发展信息。本期特别企划报道中重点介绍了台北市立美术馆“X－site”地景装置计划。2014台北市立美术馆首次举办“X－site”地景装置计划，将于每年春天，针对北美馆正门广场，设置一件临时性的公共活动地景，透过外延至公共空间的建筑艺术创作，融合建筑装置与当代艺术。2014获选作品“边缘地景”是由苏富源建筑师事务所（C.J.S Architecture－Art Studio）投递，该作品选用竹鹰架作为装置，整个计划透过在地性浓烈的格状竹子林、环场步道与金属线性扶手等三大组装部分，共构成一个容纳感觉发生的场域，是一个具生命力度的装置作品。

刊名：《建筑师》
创刊年：1975年
出版者：台湾省建筑师工会联合会
2014年第4期
台湾《建筑师》杂志刊载民用建筑规划、设计、设施配备等技术和艺术方面的论述文章，实例介绍海内外建筑师的作品、平面图结构，以及古建筑风貌等，每期有一主题。2014年第4期主题为“城市翻转・车站再生”。其中，建筑师张枢发表了题为《台中车站站区车站规划与设计》的文章，并提出车站构想与设计方案。

刊名：《商店建筑》
创刊年：1956年
出版者：商店建筑社
2014年第4期
本期新作栏目介绍的是京都丽思卡尔顿酒店、新宿格兰贝尔（Shinjuku Granbell Hotel）酒店。京都丽思卡尔顿酒店建筑和室内设计师从京都明治时期的宅邸和院落中汲取设计灵感，将其美学特征运用到酒店的建筑和装饰中，客人随时能欣赏到鸭川河景致和远处东山（Higashiyama）山脉，与京都的珍贵历史文化遗产相映生辉。特集栏目分别以开放式厨房、休闲餐厅和办公空间为主题，介绍多个相关设计实例。

刊名：《新建筑》
创刊年：1925年
出版者：新建筑社
2014年第3期
在本期专题栏目中，以2011年6月的“3•11东日本震灾”临时增刊访谈的官员、学者、建筑家等为对象，推出“震灾后3年，今之所思”再访谈实录。特集的主题为木造的可能性——建筑的魅力引出木的用法，案例有熊本县立球磨工业高等学校行政楼、加须市的美容所、2015年米兰国际博览会日本馆等。

Urgent architecture: 40 sustainable housing solutions for a changing world（《紧急建筑学：变化世界中的40套可持续住房解决方案》）
作者：Bridgette Meinhold
出版社：W. W. Norton & Company
出版时间：2013年
当遭遇飓风、洪水、地震、海啸这样的天灾，还是市民骚乱这样的人祸时，我们如何能提供充足的住房？因此我们急切地需要为安全考虑建造可持续性住房，这些住房要造价低、环保，并且足够应对恶劣的环境。本书中，作者列举了40个成功的用于紧急救援并能长期居住的住宅案例，从改装的集装箱住宅到用沙袋堆砌的房屋。每一个案例都是立即可开展的、负担得起的、可持续的。本书是对绿色建筑、可持续性设计等方面人员的必备资料。

Re-mentioning "Heritage of Design" Aims at the Rise of "Chinese Design"
—On Publishing *Design Museum*

重识"设计的遗产"旨在为"中国设计"的崛起
——写在《设计博物馆》出版之际

金维忻*（Jin Weixin）

《设计博物馆》，金维忻、贠思瑶著，天津大学出版社，2014年7月，定价69元

作者合影肖像，右为金维忻，左为贠思瑶（2014年7月于北京）

作为一名学习设计品牌的留英在校研究生，为了实现我对传承中国设计理念的理想与敬仰之心，我和我的同学贠思瑶于2014年7月出版了《设计博物馆》一书（金维忻、贠思瑶著，天津大学出版社，2014年7月1日，225千字，69.00元）。十分荣幸的是，2014年8月1日，我作为《中国建筑文化遗产》丛书编委会海外编辑参加了由中国文物学会20世纪建筑遗产委员会等单位主办的"设计遗产与设计博物馆"茶座，这是一次让我颇感震撼的"论坛"。这并非因为主办者"跨界"定位的广义设计议题打动着我，而是因为诸位专家的话锋都集中在中国设计教育再不能不自觉地扼杀个人灵性，中国设计师需要创造力和生命激情，中国设计品牌的崛起既要改变教育模式，更要为设计收藏与设计创新普及公众设计文化服务的思考。清华大学美术学院柳冠中教授以"设计是人类未来不被毁灭的第三种智慧"为题发言，他说"要教育国民从经济学、社会学、创意学视角去审视设计，要为中国设计走向世界营造协同创新机制"；中国美术学院教授、中国国际设计艺术博物馆馆长杭间一语道破创立设计博物馆的价值，"让中国的设计师见到设计的经典，是件太幸福的事；让中国的设计师创造设计的经典，更是一件太值得期待的事"。基于此，我认为《设计博物馆》一书的理念虽稚嫩，但我们的方向是在追寻着专家们指出的路，体现了为城市振兴的设计遗产之思考，所以《设计博物馆》对中国是为城市文化而生、为产业发展而生、为民生幸福而生。

作为自荐，我首先推荐《设计博物馆》的综述篇，我是以设计博物馆对城市振兴的作用展开分析的。城市的设计博物馆如同一台时光机记录设计历史，为城市演变乃至社会变革提供强有力的证明；城市发展成就了设计博物馆，如设计博物馆可推出设计潮流展、设计主题节、设计周乃至两年、三年展，设计标志性事件等活动。所以，设计博物馆对提升公众觉悟、对振兴城市经济且拉动产业升级、对提升文化价值贡献明显。对此故宫博物院院长单霁翔对《设计博物馆》一书寄予厚望，他在序中说："城市除了创意与设计的文化深入人心普惠公众外，我们更需要与自然的亲密联系，而所有这些不仅需要对西方设计文化的借鉴，更需要国人的文化自信与文化自强，两位青年学子的设计博物馆之作，从小处着眼，确为中国设计博物馆建立提供了一点思路及想象空间。"《设计博物馆》从六个部分即英国、德国、北欧、美国、其他国家和中国，介绍了拥有百年历史设计博物馆的起源及当代价值，成为一本名副其实的"设计博物馆之旅"的书。从为行业介绍世界设计博物馆这"新生事物"的愿望出发，我将自己近两年走访多个欧美国家城市设计博物馆的切身感受图文并茂地表达出来。其中特别应提及的是在全球设计界具有标志意义的伦敦设计博物馆，说其特

* 英国布鲁内尔大学（Brunel University）设计品牌专业研究生

别不仅仅在于它的收藏、展示与研究功能，而在于它每年向世界发布设计动态 ，越来越与德国红点设计博物馆一同成为世界设计领域的“风向标”。我还用相当篇幅介绍了众多百年来影响世界的设计学派及设计大师，如揭示了为什么选择布鲁内尔先生（1805—1859年）命名的布鲁内尔博物馆作为英国设计博物馆之一的含义。在2002年英国广播公司举办的“最伟大的100名英国人”评选中，布鲁内尔先生名列第二，仅次于丘吉尔。他的贡献不仅在于主持修建了大西部铁路，系列蒸汽轮船和众多重要桥梁，还革命性地推动了公共交通、现代工程的发展，是一位启迪英国近现代设计开端的具有里程碑意义的人物。同样，以布鲁内尔名字命名的布鲁内尔大学是全英工业设计学子的摇篮，它于2006年创办的每年一届的布鲁内尔大学设计学毕业生展“布鲁内尔制造”（Made in Brunel）告诉人们：虽然设计是产品的灵魂，但在发达国家，“制造”二字是包含设计全过程的，强调“制造”二字，往往比单纯强调“设计”更加全面和深入。从设计遗产到设计博物馆是文化创意催生资源的“活化”，它对需要设计迭起的国家不仅仅是一种空间的文化需求，更是一种盘活遗产资源、服务设计发展的重要精神力量。

芬兰赫尔辛基设计博物馆外景

芬兰赫尔辛基建筑博物馆内景

《设计博物馆》一书在借鉴了发达国家设计博物馆成功个案后，还用了全书近1/5篇幅倡言中国设计博物馆发展的诸问题。我和贠思瑶都敏锐地发现，在当下中国已成为世界工厂，并从“中国制造”向“中国创造”的转型之际，多么需要用设计博物馆的凝聚力呼唤设计领域的革命性变革呀！我们还发现，虽2012年后，中国取代美国，正式成为全球第一制造业大国，中国制造占到全球份额的20%；可英国当年最强盛时，工业占全球45%；美国最强盛时，工业占全球53%，相比之下中国工业占比不仅不大且处在产业链低端位置，这是必须警惕的事实。如果说，设计在当下必须助力中国经济前行，那我们斗胆建言：中国应有国家设计战略并完善与之配套的设计政策，同时要有真正代表国家的设计博物馆。2013年年末，我曾做过一份关于设计博物馆的问卷调查，在收回的100份样本中，有95%的学生都去过博物馆，有近50%的学生都知道设计博物馆，但并不真正明白其含义，只有20%的人参观过设计博物馆。而在英国，我身边的同学们经常去设计博物馆，他们都认为在这里不仅可感受体验新知，是真正有效的提高个人设计素养的学习平台。据此，我构想的中国设计博物馆要靠如下内容留存设计遗产，要靠如下功能展示其独特价值：①要展示反映中国古代设计智慧；②要展示反映20世纪前后各个不同历史阶段中国为实现工业化的设计（工业设计、建筑设计、城市设计等）发展史实；③要展示中外设计思想的比较研究；④举办如同伦敦设计节一样的年度设计文化传播活动，成为世界级设计文化聚集地；⑤完善并提升中国的“大设计奖”，使之跨部门、跨领域，成为世界瞩目奖项。《设计博物馆》一书还希望表达：“设计遗产”是需要被记录和展示，它不是怀旧情趣，它一定会成为设计师灵感的重要来源；“设计博物馆”不仅传承下生命力强的创意新思，更将成为普及全民设计文化的重要载体。作为涉世未深的青年学子，我愿以《设计博物馆》的小书为中国设计的崛起做一点力所能及的事，希望中国改变，希望中国设计再发展。

作者金维忻、贠思瑶在伦敦设计博物馆前合影（2014年10月）

Watercolor Sketches in Italy

水彩随笔意大利

蒋正杨*（Jiang Zhengyang）

记得2010年冬天我开始学习水彩，从画第一张水彩到今天已经快3年了，作为一名设计专业的学生，画水彩总是潜移默化、源源不断给我审美的营养，水彩的神秘和莫测总是那么让人着迷。 2012，作为同济大学的研究生，获得了在意大利都灵理工大学交换一年的机会，这个契机让我有了练习水彩得天独厚的条件。作品主要是这一年来在意大利游学时的写生和记录（也有机会走访其他一些欧洲国家和城市）。在意大利，每每看到几百年厚重的建筑和透明天空的冲突，或瞥见狭窄小巷和行人走过的生动，或仅仅是因为经过一个长满了爬山虎的门洒满阳光的瞬间，仿佛所有的美都难以言说，于是，我拿起了笔——画笔，当然，还有调色板。

如果说意大利曾经是欧洲文化的中心，那么佛罗伦萨则是中心中的中心，太多的大师在这里留下手笔，你可以和米开朗琪罗的大卫在广场上偶遇，可以和波提切利、提香在乌菲齐里对话，运气好的话也许下一个转角就是但丁的家。佛罗伦萨是暖色的，托斯卡纳的艳阳从不吝啬，中世纪的黄墙红顶在夕阳下拖出长长的影子，穿过悠长的街巷，繁华而富丽。在我心里它有一个让我心醉的名字——翡冷翠。(图1、2)

罗马是一座看不够的城，即便是去过三次的我也未曾领略它的全部。在很多人心中罗马就是圆形斗兽场，就是残存的遗址，就是圣彼得大教堂，就是万神殿的穹顶，罗马帝国的宏伟模样千百年来在人们口中传述着，但在我看来那些街角小巷才是昌盛有余的风景。也许是窗外对面的一个门头，也许是一个鲜花灿烂的阳台，也许只是一条再普通不过的小路，它们鲜活旺盛，不像站在巨大的废墟中似乎一切都是停顿凝滞的，气氛狞厉，静谧威仪。这些微小的景致在不断地告诉我罗马的样子，它们才是无穷尽的。（图3~5）

图1 佛罗伦萨远眺

图2 窗外的佛罗伦萨

图3 罗马一角

图4 万神殿侧面的小巷

* 同济大学建筑与城市规划学院艺术设计系硕士研究生

因为读书的关系都灵是我在意大利待过最久的地方，对于这个阿尔卑斯山脚下的城市我总是有着充沛浓烈的情意。都灵是个鲜为人知的城市，但说到菲亚特、法拉利、兰博基尼几乎无人不晓。都灵很生活，也很真实，让我看到意大利真正的样子。都灵塔是这座城里最高的建筑物，当年为定都而建，街道上长了快一个世纪的树把路遮得密实，电车从当中开过像是要去到爱丽丝的故事里。（图6）

威尼斯除了商人还有艺术家，从古至今这里从来不会少了他们。这里每天都有熙攘的人群，穿梭的船只，划着贡多拉唱歌的船夫，热闹至极，每当这时我总觉得自己与这座城市若即若离，听不清也看不清。只有等到夜色降临，游人归去，船夫收工后才能开始欣赏它，迷人的夕阳里威尼斯像一个女子，聪明而有情调。那些相互挨着的房子在水中错落有致地延伸，烘托着圣马可教堂的尖顶，水边密布的桅杆也是只有这里才有的景致。（图7、8）

没有见到西西里之前觉得这一定是个神秘而刺激的地方，去了之后才发现西西里才是意大利的处女地。古老绚丽的教堂、广场，海边的盐田、风车，仿佛所有的一切都没有改变过，时间停在那些遥远的年代里。（图9）

图5 卢卡圆广场

图6 鸟瞰都灵

图7 威尼斯的傍晚

图8 威尼斯

图9 西西里街景

Volgograd: A Heroes' City
伏尔加河英雄城

马国馨*（Ma Guoxin）

编者按： 马国馨院士关于国外历史文化名城的介绍迄今进行到第五辑，本书介绍俄罗斯较少为人们所关注的城市伏尔加格勒。作者从13世纪这座城市初建开始讲起，重点讲述了1939年二战如火如荼时刻这座城市在世界反法西斯战争中的重要作用，并从建筑学的角度讲述了二战的历史遗存，伏尔加格勒（曾用名：斯大林格勒）的这些历史遗产已成为全人类共同的宝贵财富。

Editor's Notes: This is the 5th foreign city of great historical and cultural importance from academician Ma Guoxin. This time he introduced a less known Russian city Volgograd. Starting from the establishment of city in the 13th century, Ma focused on the city's strategic importance in 1939 when the Second World War was in its full swing. He also introduced the WWII historical heritage from the perspective of architecture. Those historical heritages in Volgograd (used to be called Stalingrad) have become a universal treasure for all mankind.

在时下十分吸引游客的俄罗斯游的日程安排，绝大多数都是安排莫斯科、圣彼得堡两地游，如果再扩大一些，也多是包括莫斯科东北的金环游，包括谢尔吉耶夫、佩列斯拉夫、罗斯托夫、雅罗斯拉夫、苏兹达尔、弗拉基米尔等古城。还有一些安排伏尔加河游的项目，也多安排在下诺夫哥罗德到莫斯科的部分，很少安排到下游的萨拉托夫、伏尔加格勒和阿斯特拉罕。所以到著名的英雄城斯大林格勒（现名伏尔加格勒）去访问的机会很少，我也是在2001年5月的一次公务活动中有幸访问了这里。

伏尔加格勒位于莫斯科东南1 000千米处，东面距哈萨克斯坦不到200千米，城市坐落在伏尔加下游平原上的河西岸，距顿河的大弯曲部以东60千米。这里原名察里津，其起源一种说法是从鞑靼语“黄色的沙滩”的谐音而来；另一种说法是这有一条叫察里津的小河在此处汇入伏尔加河。1223年（宋嘉定十六年，蒙古成吉思汗十八年）成吉思汗在征服中亚诸国后，又派大将速不台征服亚美尼亚、格鲁吉亚、阿塞拜疆和南俄草原，战胜了基辅大公和俄罗斯诸侯，但很快退去。1237年蒙古大军在成吉思汗的孙子拔都率领下陆续攻下弗拉基米尔、雅罗斯拉夫和莫斯科，1239年征服南俄平原。1241年蒙古窝阔台汗去世，拔都回国争夺皇位，他的部队以察里津附近的撒莱为基地，管理占领的俄罗斯土地，这就是后来的金帐汗国。但莫斯科公国时时与鞑靼人会战，并于1380年取得胜利，此后金帐汗国日渐衰弱，莫斯科大公伊凡三世1462年即位后，20年拒绝纳贡，并杀其使臣，金帐汗国撤到了顿河南部地区，建立了喀山汗国和阿斯特拉罕汗国，最终被伊凡四世在1552年和1556年吞并。

历史记载察里津始建于1589年，当时就在察里津河汇入伏尔加河处建城，这样可以保护莫斯科公国的东南边境，哥萨克人层多次占领这里，17世纪毁于大火，1615年重建，到18世纪彼得大帝时更加看重察里津军事要塞的地位，曾在这里修筑了60千米长的防御工事和12米高的堡垒。1765年即叶卡捷琳娜大帝即位后三年，颁布法令允许外国人在俄罗斯定居，于是欧洲人尤其是德国人纷纷到察里津来定居。19世纪时察里津的军事角色逐渐淡化，而成为一个贸易和工业中心，在俄国资本主义发展过程中，成为仅次于圣彼得堡的重要城市。

苏维埃政权建立后，1918年5月在北高加索顿河一带，科尔尼洛夫、邓尼金、克拉斯诺夫等人在英、法、德的支持下发动哥萨克叛乱，8~11月曾在察里津地区大战，1919年白军占领察里津，1920年红军又

* 中国工程院院士

夺回。当时斯大林和伏罗希洛夫指挥了这场战役，击溃了白卫军。电影《保卫察里津》就是反映这一段国内战争历史的。1925年察里津改称斯大林格勒。1948—1952年修筑了伏尔加河-顿河运河，长101千米，斯大林格勒城南红军区就是这一运河的终点，沿途设了13个船闸。这样伏尔加河除了注入黑海外，还可通过运河连接亚速海和黑海。然而真正让人们记住了斯大林格勒这个城市名字的却是在第二次世界大战期间发生在这儿的一场殊死搏斗。我们曾在电影《斯大林格勒大血战》上下集中看到那些场面，实际上是持续了200个日日夜夜的浴血奋战。那部电影拍摄于1949—1950年，据说斯大林还亲自过问了影片的剪辑工作。

简要地回顾一下70多年前关乎人类命运的这场战役。

1939年9月1日，德军闪电战进攻波兰，9月3日英、法对德宣战，第二次世界大战爆发。当时苏联并未卷入，到1941年6月22日德军发动了“巴巴罗萨”行动，全面入侵苏联，其实这一计划早在1940年8月德国就已制订完毕，并以德国皇帝腓特烈一世的绰号作为代号。当时德国动员了三个集团军群，包括19个装甲师在内的150多个师，出动了1 945架德国空军飞机及1 000架仆从国空军飞机，加上50万辆卡车加以支援。其中北方集团军进攻波罗的海国家和列宁格勒，中央集团军指向莫斯科，南方集团军目标是乌克兰境内的广阔平原。9月26日结束的基辅战役中，苏军被包围人员伤亡达50万人以上。苏联红军虽然受了较大损伤，但并没有被摧毁，随着严寒冬天的来临和红军的反攻，德军受到严重的挫折，雄心勃勃的计划根本无法实现，大批指挥官被解职。在红军的冬季攻势中，仅东线战场的德军伤亡人数就达37.6万人，另有将近两倍于此的人数死于冻伤和疾病，苏军也有近40万人的伤亡，以至于德国第十集团军的参谋长说：“1941年冬天，我们非常沮丧地发现那些遭受挫败的苏联人似乎一点也不像是一支几乎被消灭了的部队。”

到了1942年4月5日德军统帅部发布“第41号元首训令”决定发动代号为“蓝色行动”的夏季攻势，准备在北方占领列宁格勒，在南方攻入高加索，并将可用的力量集中于南部地区，因为那儿的顿河下游、库班河流域和高加索，是苏联粮仓，石油和煤炭的主要产区。这时作为苏联南方的重要工业中心和南北交通枢纽，斯大林格勒的战略地位十分重要，是通往南方经济区的唯一交通线的咽喉。希特勒在600~700千米长的南线部署了约150万兵力，分为A、B两个集团军群，A集团军辖43个师，指向高加索，B集团军辖71个师，分布在斯大林格勒南面的奥廖尔到哈尔科夫之间，也包括弗里德里希•鲍卢斯所率领的有精锐装甲师80步兵师的第六军团，但鲍卢斯只是参谋人员出身，并无实战经验。

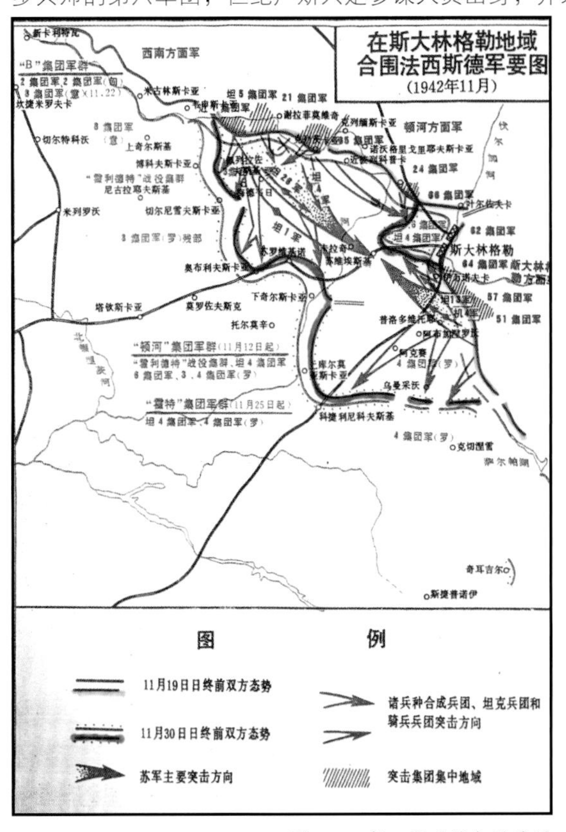

图1 1942年11月时的合围要图

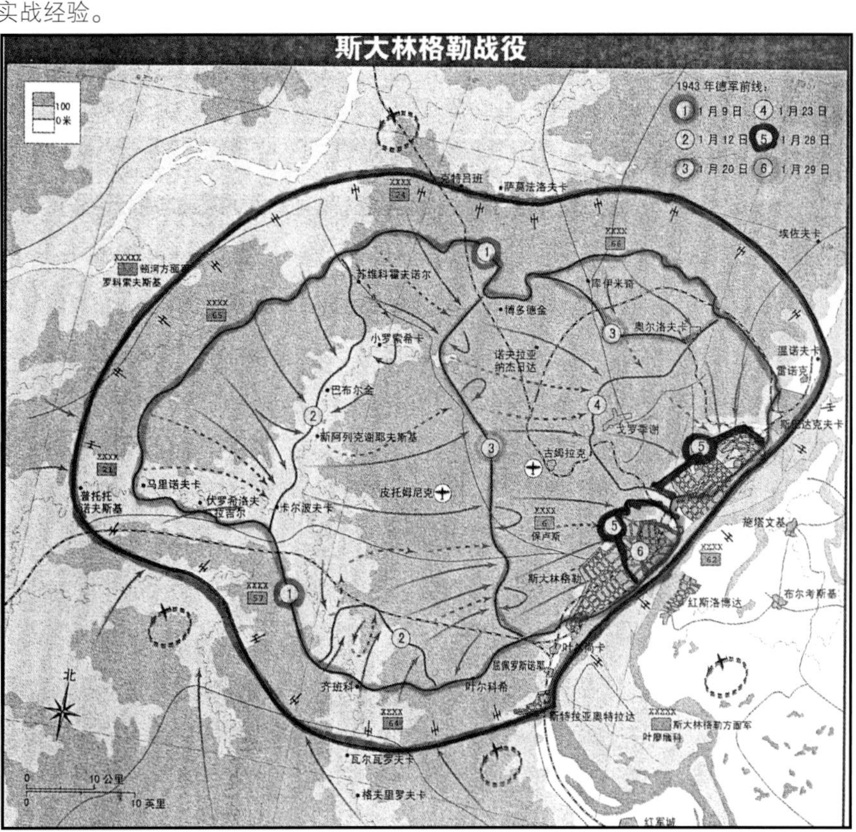

图2 1943年1月份的20天内德军战线的变化图

图3 在城市巷战的苏军士兵

图4 占领了拖拉机厂的德国士兵，很快陷入重围之中

图5 被俘虏的德军第六集团军司令鲍卢斯（左一）

攻势一开始德军在5月20日攻占刻赤半岛，7月3日占领塞瓦斯托波尔和哈尔科夫，希特勒还命令B集团军加强顿河上的防御工事，封锁顿河和伏尔加河间的陆上交通和顿河上的航运。7月17日德军向斯大林格勒突进，进入顿河大河湾，这一天就被认为是斯大林格勒战役的起点，规模巨大旷日持久的会战就此开始。苏军的斯大林格勒方面军进行了顽强抵抗，方面军由第62集团军（科尔帕克奇少将指挥）、第63集团军（库兹涅佐夫中将指挥）、第64集团军（崔可夫中将指挥）组成。鲍卢斯的第六军团8月19日强渡顿河，23日接近伏尔加河并把斯大林格勒方面军截为两段，对该城进行了自入侵苏联以来最疯狂的轰炸，炸弹大部分是燃烧弹，10月德军已攻占斯大林格勒的大部分城区，并与苏军守卫部队展开激烈巷战，尤其在北部的拖拉机厂、红十月等工厂的厂区，德军也逐步被迫转入防御。

1942年11月19日苏联最高统帅助理朱可夫与总参谋长华西列夫斯基制订的“天王星”行动计划开始实施，苏军以西南、顿河和斯大林格勒三个方面军共100多万人，配有野战火炮1.53万门，坦克和自行火炮979辆，作战飞机1350架，在完成了四周的集结合围后开始反攻（图1）。南北夹击使德军大约30万名士兵落入钳形包围圈中，同时切断了德军的退路。德军参谋总长要求第六军团撤退，但希特勒大发脾气：“我绝不从伏尔加后退。”并亲自下令第六军团鲍卢斯把司令部迁入城内，布置坚守，同时又组建新的顿河集团军群，把冯•曼施泰因从列宁格勒前线调到这里任总司令，12月12日发动称为“冬风计划”的进攻，最后已推进到离被包围的第六军团不到三十英里的地方，希特勒又一次禁止突围，救援部队为避免被切断也开始后撤。1943年1月8日顿河前线司令罗科索夫斯基将军的最后通牒交到鲍卢斯手中：“你军已陷入绝境。你们饥寒交迫，疾病丛生……你们的处境已一无希望，继续抵抗下去实在毫无意义。”但德军要求相机行事的要求又被希特勒驳回。1月10日晨，苏军以5 000门大炮猛轰，开始了斯大林格勒的最后阶段。1月18日发动了全线总攻。1月24日苏军再次建议德军投降，鲍卢斯向希特勒报告：“继续抵抗下去已无意义。崩溃在所难免。部队请求立即允许投降，以挽救残部生命。”希特勒答复：“不许投降。第六军团必须死守阵地，直至最后一兵一卒一枪一弹。”到1月28日德军已被分隔在南北两块袋形阵地中，鲍卢斯的司令部就在南面一块一个百货公司的地下室里。1月30日是纳粹党执政十周年，希特勒给鲍卢斯发去电报，授予他元帅节杖，117名军官也各升一级，但这一切都已无济于事了。31日晚7时45分，第六局军团司令部的发报员发出了最后一份电报：“俄国人已到了我们地下室的门口，我们正在捣毁器材。”最后写上了“CL”，这是国际无线电码，表示“本台停止发报”。而北面一个德军袋形阵地中的残兵，坚守在拖拉机厂的废墟中，到2月2日的中午也投降了。下午两点四十六分，一架德国侦察机从斯大林格勒上空飞过，发回电报说：“斯大林格勒已无战斗迹象。”（图2）

2月2日是斯大林格勒战役结束的日子，苏军俘虏了包括鲍卢斯在内的24名将领，2 500名军官及残部9.1万人，两个月前，这支部队还是28.5万人，除2.9万名伤员和2万名罗马尼亚部队空运回国外，其余不是战死就是被俘。由于伤寒的流行和饥饿等原因，这9万多名战俘中，只有5 000人生还到德国，其中包括鲍卢斯。他被俘后加入了“自由德国国家委员会”的“德国军官同盟”，号召德国人组织起来，反对希特勒政权。（图3～5）

自此以后苏军在各路反攻中频频告捷，从而掌握了战略上的主动，这一战役成为苏德战争的转折点，也是整个二次大战的转折点。1944年5月，美国总统罗斯福授予斯大林格勒荣誉证书，称斯大林格勒战役“遏制了侵略的势头，成为同盟力量反侵略战争的转折点”。德国的士气也急剧下降，一名将军描述：“斯大林格勒附近的失败，使德国人民及其军队都感到十分可怕。在整个德国历史上还从来没有过死了这么多军队的可怕情景。”除早年的影片《斯大林格勒大血战》上下集外，苏联和德国还分别在1989年和1993年拍摄过有关的影片，但侧重表现的内容已全然不同了。

由于战争，这座城市几乎都成为废墟，战后在全国各地的支援下进行了城市的重建和开发。现在我们所看到的这个城市几乎都是重新建设的，经过近五十年的经营，沿伏尔加河70千米，我们又看到了一个全新的城市。现在它已成为沿伏尔加河众多城市中一个重要的工业和文化中心，包括拖拉机、汽车、石油和天然气工业、化工、机械、造船、特种钢材和铝材，城市北部还有发电量为欧洲最大——2 500万千瓦的水电站，还有众多的科研设计单位、九所大学和众多的文化设施。我们希望接待方帮我们找一份当地地图，最后找到的是一份1988年版的旅游地图，我们访问时苏联已解体10年，但这份地图还是可以帮助我们了解当年城市的概貌。（图6～8）

英雄城市不会忘记过去年代的光荣历史。由北向南的城市各区分别为：拖拉机厂区、红十月区、中央区、东侧为捷尔任斯基区、伏罗希洛夫区、苏维埃区、基洛夫区、红军区。道路的命名也十分具有纪念意义和人文色彩。由西至东有三条主要道路，中央区沿伏尔加河段分别为62集团军滨河路，列宁大街和罗科索夫斯基大街。62集团军是防守斯大林格勒、抵抗德军入侵的主要部队之一，在城区战斗得十分艰苦。城市中以部队

图7 战后新建的林荫路

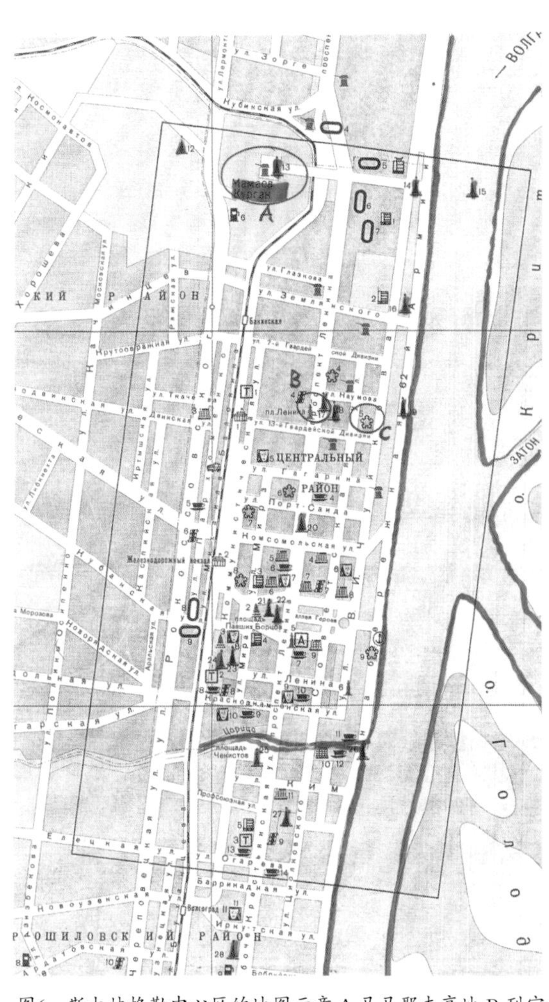

图6：斯大林格勒中心区的地图示意 A 马马耶夫高地 B 列宁广场 C 全景画纪念馆

图8 斯大林格勒火车站，索契冬奥会前的爆炸事件即在此处发生

图9 建筑物上的纪念雕像

图10 列宁广场的环廊和浮雕

图11 列宁广场上的列宁像

命名的街道还有同样是防守斯大林格勒的64集团军大街，第7近卫军师大街，第13近卫军师大街，第39近卫军师大街和第51近卫军师大街等。罗科索夫斯基则是原布良斯克方面军的司令，在战役后期任主要进攻部队顿河集团方面军的总指挥，因战役的胜利获苏沃洛夫一级勋章。崔可夫是原64集团军司令，1942年9月以后任62集团军司令，在电影《斯大林格勒大血战》中多次出现他的镜头。其他以战役中的英雄命名的道路还很多，但我都不太熟悉，只记得红十月区有一条瓦杜丁大街，他是西南方面军的司令，我国曾翻译过苏联的一部长篇小说就叫《瓦杜丁将军》，还有一条大街叫赫鲁晓夫大街。此外，还有英雄林荫路，斯大林格勒英雄大街，坦克手大街，士兵烈士广场等也都带有纪念的色彩。

城市里也还有许多以革命前后的名人命名的大街，除列宁、基洛夫、捷尔任斯基、伏罗希洛夫等人外，还有普列汉诺夫、莱蒙托夫、里姆斯基-科萨科夫、门捷列夫、杜勃留勃夫、法捷耶夫等，甚至还有宇航员加加林、季托夫。俄罗斯和苏联好像有这个以名人命名传统，但苏联解体以后又有哪些变化就不得而知了。

表现英雄城市，英雄业绩的纪念物还是很多的，大致统计也有五六十处以上。列宁的雕像有三处，我们参观了位于列宁大街和第13近卫军师大街交叉处的列宁广场，半圆形的环廊，苏军战士的浅浮雕，加上绿化，衬托了广场中的列宁全身像。据介绍还有两处纪念苏联英雄飞行员叶夫列莫夫和赫尔祖诺夫的胸像。在捷尔任斯基广场原有他的雕像，不知是否同样遭遇到和莫斯科一样被拆除的命运。（图9~11）

为纪念保卫察里津的国内战争纪念物有五六处，其中三处是烈士的墓地，两处保卫察里津的英雄纪念碑，还有一处是在1919年被白匪军杀害的受害者的现场地点。但更大量的仍然是反映1941—1945年斯大林格勒战役的纪念物，有三十几处。如果大致加以分类，其中战争中牺牲的烈士墓地和纪念碑就有十几处，包括39、45、57、62、63、64集团军的战士；第13、35近卫军师的战士，海军和海员的战士。当时牺牲的战士集中就地掩埋，有的掩埋地现在还在寻找。还有一些是纪念个别英雄人物的。如在冶金工人大街上的米•巴尼卡赫纪念碑，他是1942年10月在这里牺牲的。在附近还有一位女炼钢工人科瓦列娃的墓地和纪念碑，她是在1942年8月的战斗中牺牲的。在鲍尔茨广场为三位苏联英雄伊勃鲁尔、卡缅什科夫和法加胡特里诺夫设的纪念碑和墓地，在以费列波夫命名的小花园中的党、团员墓地和纪念碑。此外还有为拖拉机厂男女工人组织起来的民兵、保卫斯大林格勒的共青团员、保卫战中牺牲的公安人员等竖立的纪念碑或标志物。还有相当一部分是当年战场的历史遗址，如57集团军司令托尔布欣的指挥所、64集团军司令舒米洛夫1943年1月在住宅中的指挥所、第13近卫军师罗缅采夫的指挥点、第62集团军司令崔可夫在1942—1943年间的指挥点等。另外，还有当年保卫战战斗最激烈的若干地点，如由高里施宁指挥的95炮兵团激战的深谷，舒米洛夫指挥的64集团军激战的秃顶山等，都用纪念碑、标志物、有的就放置一辆当年的T-34坦克加以表示。

在这些纪念物和纪念地中，最重要和最引人瞩目的当属位于红十月区、捷尔任斯基区和中央区交界处的马马耶夫高地纪念建筑群。1963年在纪念斯大林格勒战役胜利20周年时，苏联政府决定在这里建造纪念建筑群。当时由雕塑家武切季奇和建筑师别洛波利斯基共同创作，参加当年战斗的崔可夫元帅任顾问（别洛波利斯基是莫斯科一设计创作集体的负责人，设计过莫斯科马戏院）。高地海拔102米，也是当年激战的地点之一，建筑群东西向轴线延伸到东侧河边，就是1942-1943年间第62集团军司令崔可夫的指挥部。

图12 马马耶夫高地纪念建筑群入口群雕

图13 马马耶夫高地纪念建筑群的林荫大路

图14 马马耶夫高地纪念建筑群的台阶

图15 誓死保卫广场的雕像

马马耶夫高地纪念建筑群的总体布局具有苏联纪念性建筑的特点：明确的主轴线；有较大的纵深，利用雕塑壁画建筑等手段，层层深入烘托主题，充分利用地形等。建筑群的入口在列宁大街上，入口处有两组巨大的群雕，名为“世代永记”。进入后很长一段距离都是高大的树木形成的宽阔的林荫路，远远可以望见山冈上《祖国母亲在召唤》的巨型雕像，用地中一条铁路正好与林荫路相交，林荫路安排在铁路的上方，随着地形的升高和庄严肃穆的感情酝酿，出现了分段的花岗石台阶，据称200级台阶的数目代表了保卫战日日夜夜的200天。在三段台阶之后，是“誓死保卫”广场，水池中央是一座一手持枪、一手紧握手雷的赤膊战士全身像，碑座上刻有“誓死坚守阵地”等口号，雕像后面两侧是名为“残垣断壁”的长长群雕，有表现陆海空军战士冲锋陷阵的内容，也有黑黑弹痕和残垣，还刻着“他们都是普通人”等口号。这三组群雕表现了不屈不挠的钢铁战士是苏联人民的骄傲。（图12～16）

紧接着进入烈士广场，除广场中心的大水池外，水池右侧有6组双人雕塑，表现战士们英勇的战绩，边上有一栋圆形的建筑物，看去好像战时伪装的掩蔽部，这是阵亡将士纪念大厅，大厅正中是一只巨手，擎着永不熄灭火焰的火把，周围有全副武装的卫兵守卫，而环绕外墙上镌刻着34面红旗，上面刻有7 000多名阵亡将士的名单，红旗边的环路可以俯瞰中心广场的火炬和花环，大厅室内的顶光和圆墙上部的侧光也更加加强了大厅内悲壮和肃穆的气氛。从圆形大厅继续前进的另一个平台的左侧，是约10米高的《祖国母亲的悲伤》雕像，一位母亲抱着壮烈牺牲的战士，与阵亡将士大厅遥相呼应。在这个硬质铺砌的广场之后，就是完全长满绿草的山丘，一条窄窄的小路围绕着山丘，可以步行上去，上面就是《祖国母亲在召唤》的超大型雕像。

图16 残垣断壁群雕

图17 烈士广场的双人雕塑群

图18 阵亡将士纪念大厅外景

图19 纪念大厅内景

图20 纪念大厅的红旗和环路

图21《祖国母亲的悲伤》雕塑

图22《祖国母亲的悲伤》雕塑近景

象征祖国母亲的女性右手握着长剑，左手遥指北方，振臂高呼，像是在号召和呼唤英雄儿女们奋勇杀敌，保卫和平的壮志，据称这是世界最高的非宗教性人物雕像，总高85米，仅长剑就有30米左右，连底座总重8 000吨（美国自由女神像高46米，如加上底座高93米，像重225吨），气势雄伟，很有震撼力，现已经成为城市和国家的重要象征。雕塑周围大片绿化的东面就是罗科索夫斯基大街，参观者也可以由此处乘车直接离开。（图17~25）

图23《祖国母亲在召唤》雕塑东面

图24 由高地最高处东望，远处可见伏尔加河

图25 在纪念建筑群前的俄罗斯青年

图26 斯大林格勒保卫战全景画纪念馆和巴甫洛夫楼房

图27 巴甫洛夫楼房和方尖碑

图28 广场上的武器陈列

图29 广场上的小品

图30 广场上的武器和雕塑

我们还参观了斯大林格勒保卫战全景画纪念馆和巴甫洛夫楼房。他们位于崔可夫大街、苏维埃大街和第13近卫军师大街之间，圆形的白色建筑即是纪念馆的主建筑，室外还有众多的纪念性小品，另外还陈列着火箭炮、飞机、坦克等实物。因为当时没有开放，所以没有进入参观，据称里面反映以马马耶夫高地为中心的击溃德军进攻的激战场面，是俄罗斯最大的全景画，高16米，长120米。纪念馆边上有一栋特别保留下来的四层楼房，就是当年战斗中留下的残迹，是一位叶巴甫洛夫的苏军中士和另外22名士兵坚守在楼里与德军对峙直到援军到来，而且这23人是多民族的构成，其中俄罗斯士兵11人，乌克兰士兵6人，余下的6人中格鲁吉亚、乌兹别克、塔吉克、哈萨克、鞑靼、犹太各一人，表现了各个民族的战士为了同一个目标同心协力，流血杀敌。因此被称为“巴甫洛夫楼房”（图26～30）

七十多年前的那场战斗为俄罗斯人民留下了悲壮的回忆，也留下了宝贵的历史遗产。当年牺牲的将士们的献身精神激励和鼓舞了所有前来这个城市参观游览的人们，也警示着要永远牢记历史，牢记这个曾经浴血奋战的英雄城市。虽然这个城市已经改名为伏尔加格勒，但2013年1月伏尔加格勒市议会仍作出决定，要将一年中6个特定的纪念日时仍将城市称为斯大林格勒。这6天中包括2月2日德军在斯大林格勒完全投降日；5月9日的卫国战争胜利纪念日；9月2日第二次世界大战胜利纪念日等。看来历史是不能忘记的，承载和表现了这些历史的遗产也是他们十分宝贵的财富。

参考文献：

[1] 郑志国，孙晓红，等. 第二次世界大战画史[M].北京：世界知识出版社，1995.
[2] 朱可夫. 朱可夫元帅回忆录[M].北京：中国对外翻译出版公司，1984.
[3] 威廉.夏伊勒. 第三帝国的兴亡[M].北京：世界知识出版社，2012.
[4] 克尔讷. 纳粹德国的兴亡[M].青岛：青岛出版社，2010.
[5] Anna Benn. Insight Guide Russia: With Chapters on Ukraine and Belarus [M]. Germany：APA Productions，1996.

Visiting Britain's Architectural Heritage（Ⅱ）Report upon Investigation of British Industrial Heritage

英伦建筑遗产行（二）英国工业遗产考察报告

CAH编委会（CAH Editorial Committee）

引言：2013年5月，《中国建筑文化遗产》编委会赴英伦展开建筑文化遗产考察，在这次以“世界文化遗产”为主题的考察过程中，考察组涉猎了多种多样遗产类型，布伦海姆宫、达勒姆城堡与大教堂、巴斯古城等遗产以其卓越的建筑水准将人带入古典美的时空，同时考察组的重点还放在工业遗产上。工业遗产被确定为世界文化遗产经历了一个逐步演进的过程，1972年推出的《世界遗产公约》与1978年发布的第一批世界遗产名录，无论从定义还是从世界遗产选择上，都没有特别侧重于工业技术类型的遗产。从1978年开始，以“工业考古”为核心的保护概念发展到一个高峰，最终促使了国际工业遗产保护委员会（TICCIH）在瑞典的成立，每三年举办一次的TICCIH大会会形成一份《转变及国家报告》。2003年7月，TICCIH通过了用于保护工业遗产的国际准则——《关于工业遗产的下塔吉尔宪章》，明确阐述了工业遗产的定义与价值。从2005年开始，TICCIH成为世界遗产委员会指定的咨询机构，与ICOMOS共同承担对世界工业遗产项目的鉴定与评审工作，并细化发展出“运河、铁路、纺织业、煤矿和有色金属矿产”等下属组织。自此工业遗产作为世界文化遗产重要新成员的身份被渐渐确立起来。作为工业革命的发源地，英国几乎拥有所有类型的世界文化遗产工业遗产，而在《中国建筑文化遗产》涉及的内容中，近现代遗产在国内外认定与保护可以说是重中之重。考察组的足迹主要踏过英国中部传统工业区，包括威尔士的布莱纳文矿区，英格兰的乔治铁桥区、德文特河谷工业区以及索尔泰尔棉纺区。一方面，这些工业遗产以其杰出的人文历史价值令人赞叹，另一方面，英国对这些工业遗产的保护与利用也实在可圈可点，当我们把目光穿过他们的保护行为本身，会看到背后流动的博大的自然与文化和谐共处的精神，同样令人震撼。

Introduction: In May 2003 China Architectural Heritage sent a study team to Britain. The team not only visited a variety of architectural heritages including the Blenheim Palace, the Durham Castle and Cathedral and the ancient city of Bath, but also paid a great attention to the industrial heritage there. It takes a gradual process for industrial heritage to be recognized as world cultural heritage. Neither the 1972 World Heritage Convention nor the first World Heritage List in 1978 had paid much attention to industrial heritage. However, the fast-developing concept of "Industrial Archaeology" led to the establishment of The International Committee for the Conservation of the Industrial Heritage (TICCIH) in Sweden in 1978, which held a conference and produced a TICCIH national report every three years since then. In July 2003, the TICCIH passed the international standard of industrial heritage conversation — the Nizhny Tagil Charter, which clarified the definition and the value of industrial

第一届世博会经典展品——水晶宫

一、英国工业遗产概说

迄今从世界发展看，“文明”还是褒义词。“文明”一词在中国最早出自《易经》，它指文化涵养；而英文中的文明Civilization则源于拉丁文“Civis”，于是我们想到当下常说的人类文明。迄今，人类文明已经历了农耕文明与工业文明两个阶段，或许正朝生态文明发展。认识英国工业革命及其工业文明，要有历史观和生态观，要一并考量工业文明进程中对当代城市发展的代价。如今平静而舒缓的泰晤士河已是一条忙碌的水道，不仅有游轮和驳船驶过，更有一二百年船舶、码头工业遗产留下的文化创意区。对于泰晤士河的航行，至今有一条已执行了近800年的规定。1215年签署的英格兰《大宪章》（*Magna Carta*）第33条规定：泰晤士河以及英格兰所有河流上的一切鱼梁（为捕鱼而在河上修建的挡水堰）都必须拆除，从而保障了泰晤士河通航运输业的安全。虽然，英格兰《大宪章》的签署被认作是宪政的起源，但在其63项条款中竟然有与生产、生活相关的内容。尽管英国是世界工业革命的发源地，但英国中上阶层人士从未对工业主义有过好感。【美】马丁•威纳著《英国文化与工业精神的衰落（1850—1980）》一书是英国近现代史（含工业革命）的写照，同时也因获美国历史协会奖成为现代史学的一座界标。

英国工业革命时期的工人多来自手工业者、工匠及自耕农，在此之前他们过着田园生活。工业革命及大规模“圈地”运动、大机器生产打破了农业社会的宁静，新型工人生活发生了巨大变化，居住环境恶劣、食难果腹、娱乐方式单一等，工业革命改变了英国传统的社会关系，造成了社会的急剧分化，直到19世纪后半叶，在工人和有识之士的努力下，英国工人的生活状态才开始改善。基于新型工人劳动力的“决堤”，从而成为英国工业革命与技术进步的“扳机”，工业革命在英国的“四大发明”使虽艰难但高效率的生产方式成为可能：①纺织业，1764年，兰开郡纺织工哈哈里夫斯发明了珍妮纺纱机，但它只能带动8个纱锭，同时世界上第一个棉花加工场在Cromford附近的诺丁汉建成，20年后靠一台蒸汽机可使数万纱锭同时运行，到1800年，英国棉纺业基本上实现了机械化。②焦炭与钢铁，1709年发明炼焦后，由于钢铁发展，成为产业革命的第二个契机。1779年，代罗普郡煤田跨度30米的铁桥成为世界上第一座铁桥，此外利物浦开始建造世界上第一条铁船。③蒸汽机的发明成为工业革命第三大契机，1776年第一台蒸汽抽水机在康沃尔纺织厂运行，尔后，瓦特又发明了旋转式蒸汽机，蒸汽机用于更快更有效加热高炉的时候，便大量涌现煤矿的矿井及钢厂的烟囱。④交通运输，1761年布里奇沃特公爵在曼彻斯特和沃斯利的煤矿间开了一条长7英里的运河。1825年开放的第一条铁路将英格兰北部的达沃姆煤田与大海联系起来。英国到1800年时，生产的煤和铁比世界其他地区加在一起的产量还要多。随着时间的推移与历史的沉淀，传统工业遗迹日益显示其“化石标本”的作用，传统工业文化逐渐成为工业发达国家文化遗产的重要部分。从当代备受关注的创意文化产业园区看，早年生锈、破旧、废弃的厂房及设备所使用的材料、造就的场地肌理和结构形式与如画的风景同样可打动当代人的心灵。在2012年闭幕的第30届伦敦奥运会开幕式上，丹尼•博伊尔特意营造了一个大场景向人类的过去历程致敬：震耳欲聋的鼓声打破了田园的宁静，大地在崩裂，草地被水泥地面所取代，巨大的烟囱在场地中央拔地而起，钢水在流淌，火花飞溅，工人们夜以继日地辛勤劳作，火红色的巨大纺车不停息地转动……这正是被称作“工业革命”的时代，它不仅改变了人类生活，更改变了地球生态。200多年来，它的遗产正影响着城市文明与人类进程，印刻着人类改造自然的技术的脚步。截至2010年统计，世界文化遗产中的工业遗产数量已达50处，主要集中在欧洲，而英国居于首位，在这50处工业遗产中既有如比利时施皮纳斯的燧石矿的新石器遗址，也有20世纪20年代才发现的、包含大量现代科技的项目，这些设计或技术思想还“活着的遗产”，记录并传递着世界工业革命的曲折成长史。2006年4月18日，由国家文物局及中国古迹遗址理事会等单位联合发起的“中国工业遗产保护论坛”及通过的《无锡建议》，标志着中国工业遗产保护与利用纳入国际化轨道，此外工业遗产代表着典型的“先进文化”，对中国改革开放的今日更具有 “文化传统”之魅力。

虽然在19世纪末期的英国就有人开始对工业革命的遗迹记录、分析并保护，但真正系统地将工业遗产像历史遗产予以保护是20世纪60年代。工业考古的最早文献是1955年伯明翰大学迈克尔•里克斯提出的，1968年英国伦敦工业考古学会(Great London Industrial Archeology Society, GLIAS)成立；20世纪70年代英国工业考古学会（The Association for Industrial Archeology, AIA）,1976年主编发行了《工业考古评论》（*Industrial Archeology Review*）。可贵的是，伦敦工业遗产网还刊出一位叫彼得•马歇尔(Peter Marshall)摄影师的系列作品，从1973年开始，他35年来始终坚持为伦敦工业遗产拍摄，目睹了伦敦水运交通方式的退化，工业遗迹消失的真实历程。总体讲，英国有着自愿保护工业遗产的良好传统，为掌握英国工业遗产保护和管理现状，总结并提升对此类遗产的开放作用，英国遗产委员会（English Heritage）自20世纪90年代中期便专门开展了对工业遗产公众开放程度的调查研究活动，并形成了一份详细的《英国工业遗产公众开放研究》报告。下表给出英国工业遗产保护法律及规定演变历程。

从新近出版的《英国的世界遗产》一书中知晓，在英国拥有的26个世界遗产地中典型的工业遗产项目至少有8项，它们是：康沃尔和西德文矿业景观、德文特河谷工业区、英国工业革命的摇篮乔治铁桥峡谷、

英国工业遗产保护法律规定演变历程

时间	名称	主要内容或更改补充	备注
1882年	《古迹法》	英国历史上第一个古迹保护法律	具有代表性和重大历史价值的工业建筑也在古迹范围内
1933年	《城市环境法》	将古迹（包括工业遗产在内的建筑）四周500米范围内确定为保护区	扩大工业遗产保护范围，明确了保护区的概念
1944年	《城市规划法》	授权环境组织部编制古建筑名单，是迄今为止受法律保护的古建筑、登录建筑名单的基础	提出登录建筑申报条件：其中具有历史重要性的工业建筑可申请
1953年	《历史建筑和古迹法》	授权环境大臣全权负责古迹、登录建筑注册，为保护历史建筑及周围邻近土地提供公共资助	为授权国家机关对工业遗产保护的工作提供法律依据
1962年	《地方政府历史建筑法》	授权地方政府机构对登录建筑物的维修管理提供资助或贷款	为授权地方政府机关对工业建筑遗产保护各个方面提供法律依据
1967年	《城乡文明法》	首次确立“保护区”的概念。重视泰晤士及其他地段的保护，尤其是产业结构落后而衰退的伦敦西部和南部某些地区	提出对工业建筑群和工业遗产保护区的保护管理
1968年	《城市规划法律正案》	对登录建筑加强法律保护并授权保护团体参加处置被列建筑拆毁、改建等问题的法律程序，起顾问作用。	加强了社会团体、组织及大众对工业遗产保护的参与监督
1971年	《城市规划法律正案》	对重要保护区的改进提供资助，同时包括对保护区内某些未登录建筑的维修提供资助，实行规划控制（国家提供1亿英镑，地方政府提供50万英镑）	立法保证了工业遗产保护的资金来源
1974年	《城市康乐法》（城市文明法修正案）	将保护区内所有未登录建筑纳入城市规划控制之下，国家干涉保护区的划定，加强对被忽视的登录建筑的保护措施	提出了有关于没纳入登录建筑或文物的工业遗产建筑的保护措施
1979年	《估计和考古区法》	截至2005年确定了5个考古区，19000多个古迹，约35000个遗址	深化了工业建筑遗产的普查、登记、管理的方式方法
1990年	《规划（登录建筑和保护区）法》	对保护区和登录建筑的强制保护程序进行了限定，确定登录建筑及保护区确定、改建、拆除、开发等控制措施	具体规定了工业建筑保护的方法措施

卡莱那冯工业区景观（钢铁、煤矿和蒸汽的生产区）、庞特基西斯特高架水道和运河、海上商业城市利物浦、工业化的乡村典范索尔泰尔、新拉纳克（罗伯特•欧文的“乌托邦”式的博爱工业社区），它至少向世界回答了为什么工业革命在英国兴起的历史与技术原因。我们之所以关注英伦工业遗产，并非为了研究英国工业革命史，而是从新层面去瞩目其工业建筑遗产的保护与利用，因为在其身后有太多的令人难以忘怀的视觉盛宴，它能让人们感受到这些工业遗产保护及利用项目与发展中国家及城市很近，有直接启发意义的工业遗产地发展的创新思路。

二、英国工业遗产保护与利用

英国是个很值得回味的国度，尽管国土面积只有24万平方千米（相当于2个半江苏省或3个重庆市），但一切与遗产相关的思想与事件都会与它相关，如世界议会制度、近现代大学制度、铁路交通及邮政体系等，均发端于这个君主立宪制国家。英国的“四大发明”直至今日仍对全世界产生着影响力，此外，国人最应弥补的是如何在面对工业遗产保护与利用方面更真实、更系统、更具创意的理念及做法。

1.保护机构

从国家层面上看，由国家遗产部和环境部负责，1997年后统一由文化、媒体和体育部（Department for Culture, Media and Sport）主持，负责注册古迹并登录建筑，制定遗产保护相关的国家政策。在英格兰的英国遗产(English Heritage)即英格兰历史建筑和古迹管理委员会是根据1983年《国家遗产法》组建的公共团体；从民间组织看主要有：拥有几百万会员的遗产保护慈善组织国家信托(the National Trust)；国家遗产纪念基金与遗产彩票基金；王子遗产更新基金(The Prince’s Regeneration Trust)，它由查尔斯王子2005年创办，整合了原遗产更新基金会等，工业建筑遗产是这家非营利机构运营项目的主体。

2.保护内容

保护工业遗产对英国人来说不仅提高了民族的自尊与自信，还是世界工业历史、工业文化、工业科技的有力佐证。其内容也分为不可移动、可移动及无形遗产三类。不可移动主要有生产建筑、仓储市场、市政设施及码头港口，与工业配套的办公、居住及宗教建筑、工业类展览纪念馆等。可移动指机器、设备、文献资料等。无形遗产指口传典故、技艺与技术等。在英国遗产委员会20世纪90年代的《英国工业遗产公众开放研究》，即有针对性地筛选了英国境内600余处已向公众开放并受到保护的工业遗产项目，此项研究调查了大量已向公众开放的工业遗产地，向公众展示了传统工业技术和工业流程，运用各种方式阐释各遗产地自身的工艺特征和工业创新、发展涉及的广泛内容。按照工业遗产的类型选择，并基于英国遗产委员会第三次工业遗产保护项目，以及前英国历史遗址皇家委员会出版的《考古术语大全》提出的分类，被选出列入清单的遗产数目精简到610处。清单中按照工业类型划分：有机材料和制造工业占总数近一半（49.5%），交通运输类工业遗产数量占总数22%，提炼工业（12%）和电力设施（8%）也占有较大比例。按照遗产类型划分清单中属于工业范畴的遗址占了将近2/3，在这些收到法定保护的工业遗产中，77%被列入1990年城镇乡村规划（历史建筑和保护区域）法案，23%被列入1979年古代遗址和考古区域法案中。向公众开放并展示是英国工业遗产保护与利用的重要方面，有风力作坊、水利作坊、蒸汽机以及工业革命时期的工业纪念建筑等。若从地理分布的角度去调查，英国已向公众开放的工业遗产遍布英伦，如已开放的风力作坊117处、水利作坊136处。大多数工业遗产地都提供多种形式的解说：62%的遗产地用宣传册传播，而规模较大的遗产地的《指南手册》也体现“纪念品”价值，此外还有1/4的遗产地提供了专业的培训教室，并将工业考古相关的教育机制纳入全国课程中。

3.保护利用与开发

英国是世界上开展工业遗产旅游最早的国家。从工业考古到工业遗产保护，再到工业遗产旅游经历了相当漫长的时间。如20世纪60年代开始工业遗产保护，80年代开创了工业遗产旅游，1993年英国政府推出工业旅游年，打出了“英国的缔造”“工业遗产旅游”等计划，20世纪80年代出现的“景点集团”由六座工业遗址博物馆组成，形成合力，它们是大曼彻斯特郡德威根码头、柴郡德埃尔斯米尔港船舶博物馆、柴郡德斯达尔工厂、兰开夏郡赫尔姆舍纺织博物馆、大曼彻斯特郡科学与工业博物馆、默西赛德郡海洋博物馆等。值得注意的是，传统工业建筑的改造甚至能为整个区域和城市带来新的活力。如人们熟悉的“泰特”英国展览家族品牌，它在英国的美术馆大都是“克劳尔美术馆”；1988年在利物浦利用城市滨水码头改建了“泰特利物浦”；1997年泰特现代博物馆横空出世。泰特从千年委员会、英国同盟、英格兰艺术委员会、国家彩票基金得到高额赞助，共计1.2亿英镑，由瑞士建筑师赫尔佐格主持设计，博物馆开展后一举震惊建筑界和世界艺术界，堪称英国工业建筑遗产再利用的巅峰之作。

三、英国工业遗产示例

《中国建筑文化遗产》建筑遗产考察组于2013年5月中旬考察了英国四处具有代表性的工业遗产。考察组成员包括主编金磊，副主编韩振平，编委会主任冯娴与摄影师陈鹤。5月的英伦阴雨霏霏，保存完好的历史遗迹散落在现代时空里，使考察组成员亲身感受到工业文明的诉说。考察报告主要描述了世界工业遗产得以入选的标准及其历史沿革、现状特征，每部分的“保护管理要求”则叙述了英国在管理遗产方面的制度与法律实践。

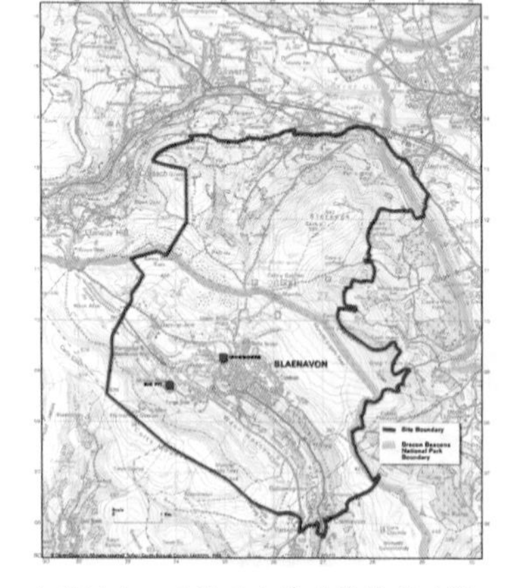

布莱纳文工业景观申请世界遗产时提交的地图，红色线内为保护区

第一站：布莱纳文工业景观（Blaenavon Industrial Landscape）

入选标准：

标准三：布莱纳文景观是对19世纪工业的社会与经济结构的超绝物质实体展示。

标准四：布莱纳文工业景观的所有组成要素共同构成了19世纪工业面貌的异常完整的案例。

完整性

布莱纳文世界遗产的范围包括主要纪念物、采矿点与环绕着的河谷景观，其中蕴含着大量遗存，包括煤铁矿、采石场、原始铁路以及运河，因而包括了所有早期工业时代的核心要素，那时正是工业革命的孕育时期。

在它被认定为世界遗产的时候，因为缺乏保护，所有核心特质都是很脆弱的。大规模的保护自那时起，以钢铁厂、大坑，布莱纳文的居所以及景观为核心展开。所有的工作都以有利于研究为目的，并且在保护的情景中开展。继续保护更大范围的景观的项目现在正在展开。

景观包括围绕着矿镇的新定居点，这些定居点如果从高处看其实非常清晰可见。因此所有进一步的开发都需要被控制，以便于遗产地核心价值与重要视野不被破坏。因为没有缓冲区，遗址非常容易沦为废弃

布莱纳文工业遗产景观之一

布莱纳文工业遗产景观之二

布莱纳文遗产展览细节之一

布莱纳文遗产展览细节之二

布莱纳文遗产展览细节之三

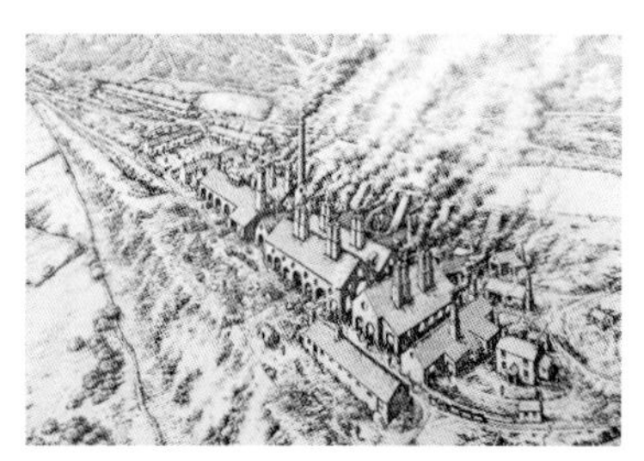

布莱纳文遗产展览细节之四

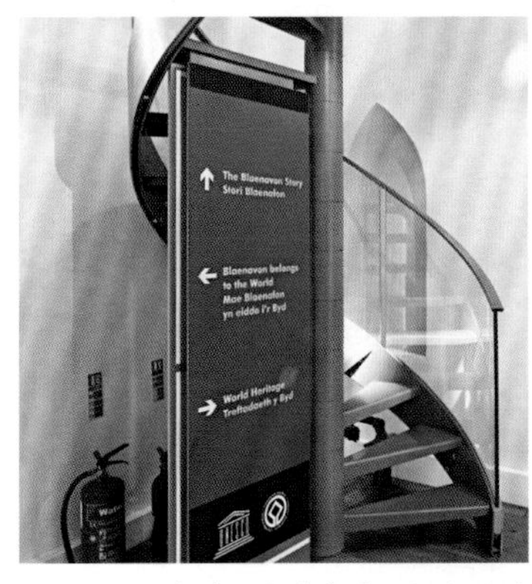

布莱纳文遗产展厅标志设计

布莱纳文遗产展厅旅游商品贩卖区

布莱纳文遗产展厅入口

堆的再利用、露天开采的计划、风力发电厂和其他干扰性的解决方案的牺牲品。不过直到今天为止，这些计划在规划法案的框架下被成功抵制了。

真实性

布莱纳文遗产的核心特质是非常容易辨别的。主要纪念物（布莱纳文钢铁厂与大坑）、历史性的交通基础设施、定居图式与废弃的采矿巷道之间的关系需要被关注、被研究和被理解。主要的遗产特质仍旧处于一个非常完整的状态。这些实质性的与相互关联的遗存提供了理解复杂的工业化进程的机会，通过煤与铁的生产，工业化得以开始，同时这些遗存也提供了洞悉工业革命形成初期工业社会发展的机会。然而整体的组合在发展的框架下显得非常脆弱，它的清晰度随时可能遭到破坏。

布莱纳文遗产展厅内景之一

为了使后续利用变得更为有效，以及保障一个可持续发展的未来，也为了使得展示与解释这些遗产时更加有力，在某些情况下对历史肌理提供额外的结构或者做出微小的修改是必须的。在这些情况下，修复

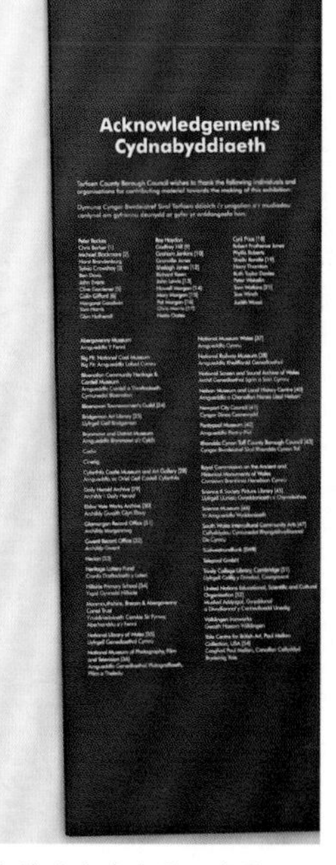

布莱纳文遗产展厅内景之二

工作依照的是被普遍认同的保护法案，所做出的改变和添加是清晰可识别的。

保护与管理要求

一个立法控制的综合管理系统在《城镇与国家规划法案（1980）》与《规划（登录建筑及保护区）法案（1990）》的法条下操作。在托法恩（Torfaen）自治郡议会、布雷肯山（Brecon Beacons）国家公园管理机构与蒙茅斯郡（Monmouthshire）议会共同出台的《地方发展法案》的框架下，一个战略性的政策网络也已就位，地方管理机构在各自相关领域拥有相应的规划责任，以协同保护此项遗产。

布莱纳文有24个古迹、82座登录建筑、2个保护区（布莱纳文镇中心与科马温（Cwmavon）），还有一个在福赛德（Forgeside）和格林托法恩（Glantorfaen）的正在规划中的保护区。布莱纳文主要的古迹与建筑是公有的。

遗产资产管理遵循《管理规划》进行，原有的《规划》随项目的完成而结束，并阶段性地被修改后的《规划》继替。这个规划包括持久的保护与保存项目，例如计划中的缓冲区将在规划时段内完成。

推进对于遗产及其要素间内部关系的深入了解是一项必需的工作。世界遗产中心于2008年投入使用，使得参观者直观地、理性地靠近并理解世界遗产的价值与意义。

旅游业与游客管理在《管理规划》下运作。这项规划包含了宣传、策划合理路径及游客管控等核心的管理目标。

对遗产资产及规划的整体管理职责由“布莱纳文合伙企业”执行，由它来整合一系列相关的地方管理机构，如威尔士议会政府机构和其他实体，合伙企业由托法恩自治郡议会领导。

合伙企业致力于建立一个更广泛的社区，保证与布莱纳文镇议会、志愿团体、商界领袖、居民与地方旅游组织的经常性接触。为了保证在公开公正环境下股票持有人的积极参与，“议会论坛”因此被组建起来。

保证遗产资产及其周边环境的有效开发控制，以使得任何开发不破坏遗产要素及其与周边环境之间的关系，从而贯彻遗产保护的完整性原则、维持文化景观的活力，是非常必要的，这样才能传达出遗产地“杰出的普世价值”。

遗产概述：

布莱纳文炼铁厂及其周边地区绘制出一幅壮观的19世纪与20世纪早期南威尔士煤铁行业鼎盛时期的画面，在当时，它是世界上最大的钢铁生产商之一。这幅全景图由煤炭矿山、采石场，早期铁路系统，熔炉，工人的家庭与社区的社会基本结构组成。至少从1675年开始，布莱纳文开始了铁矿石开采的历史，但那时的开采是小范围的，伴生着零星的放牧。1788年，托马斯•希尔（Thomas Hill）、托马斯•霍普金斯（Thomas Hopkins）和本杰明•普拉特（Benjamin Pratt）三人在布莱纳文建立起以当时最先进的技术与组织形式装备起来的炼铁厂。到了1789年，炼铁厂包括发展为三座以蒸汽驱动的鼓风炉，堪称世界之最。1817平硐开采铁矿石和煤炭的技术获得大范围应用，取代了表面冲刷技术，竖井开采被引入，复杂排水、

布莱纳文遗产镇标识设计之一

布莱纳文遗产镇标识设计之二

布莱纳文遗产镇雕塑之一

布莱纳文遗产镇雕塑之二

布莱纳文遗产镇雕塑之三

布莱纳文遗产镇之一

布莱纳文遗产镇之二

运输、通风技术也得到相应的发展。从威尔士农村、内陆工业区、苏格兰与英格兰农村迁徙而来的劳动者带来了人口的大幅增长。布莱纳文教区的人口从铁厂建成前的微不足道变为1891年的11 452人。这一地区的社会发展造就了一种生机勃勃的城市文化。快速成型的工业景观逐渐发展布局，变成了以铁矿石的碎石山、煤矿、石灰石采石场、锻铁厂、制砖厂、有轨电车的轨道、水道和工人的住房等为构成要素的壮观的工业区域，这些要素全部由布莱纳文公司控制，它在1836年重组为联合股份公司。在19世纪四五十年代，分散的工人住房和学校、教堂在城市演进中渐渐补充进来，布莱纳文渐渐成为一个功能完备的社区，它拥有三个主要的建筑群：一个围绕着炼铁厂，一个沿着东西轴线展开，轴线也即现在的国王街，一个围绕着圣彼得教堂。从20世纪初开始，炼钢产业相对地衰落，引发了以出口为目的的煤炭开采的增长。1938年，炼钢活动终止了，1980年，“大坑”最后一座能够持续产煤的煤矿也关闭了。“大坑”现在成为了一座具有国际影响力的煤矿博物馆，是英国仅有的两座参观者能下井的煤矿博物馆中的一座。布莱纳文铁厂的保护工程为经济的再次振兴做出了贡献。这个镇与它周围的景观几乎被原封不动地保留下来，诉说着过去的故事。运输系统的改进是工业革命的一个关键组成部分，是需要运送笨重货物与开发新领地的煤铁工业成功的要诀。布莱纳文工业景观仍保留了多处运输系统的遗迹，正是运输系统将原材料运入工厂、将产品运出至海岸。处在如布莱纳文般的高地地理位置中，对水资源的精细化处理是至关重要的，甚至在旱季，水力可以提供充足可保证的给养，可以操作水平衡升降机，可以进行冲刷，可以为蒸汽机提供动力。地表和地下的排水系统也对采矿作业起到举足轻重的作用。在布莱纳文的山上可以看到许多相互关联的水道和排水管的遗存。各种各样的工人住房仍然存在于布莱纳文工业景观中。公司通常在非常接近钢铁厂、矿山、采石场或运输路线周围建住宅。炼铁厂的临近位置竖立着仓储方阵和引擎线路以及一些构造坚固的石头小屋。

第二站：乔治铁桥（Ironbridge Gorge）

入选标准：

标准一：保持原状的科尔布鲁克代尔(Coalbrookdale)鼓风炉彰显着亚伯拉罕•达比Ⅰ（Abraham Darby Ⅰ）的创造性努力，他于1709年发现了焦铁。这是与乔治铁桥比肩的大师级发明，乔治铁桥是世界上第一座金属桥，它于1779年建成，建造者是亚伯拉罕•达比Ⅲ，铁桥图纸由建筑师托马斯•法诺尔（Thomas Farnolls）绘制。

标准二：科尔布鲁克代尔鼓风炉与乔治铁桥对技术与建筑的发展产生了巨大影响。

标准四：乔治铁桥提供了现代工业区域发展的代表性范例。采矿中心、转型产业、制造工厂、工人宿舍和运输网络被保存得足够好，提供了一个内在连贯的体系，它的教育潜质不可估量。

标准六：乔治铁桥的游客每年超过60万人，是举世闻名的18世纪工业革命的象征。

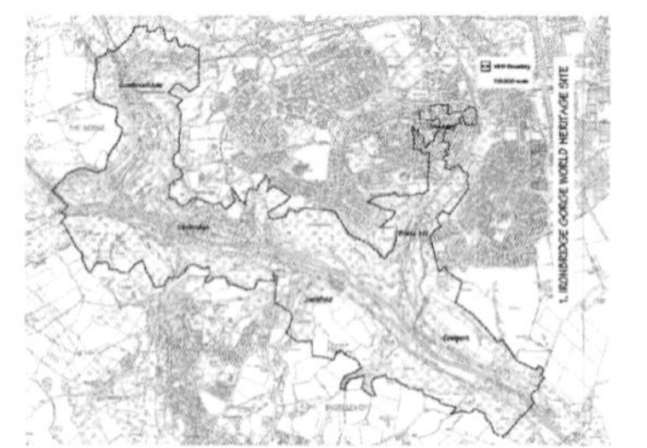

乔治铁桥申报世界遗产时提交的地图，线内为划定的保护区

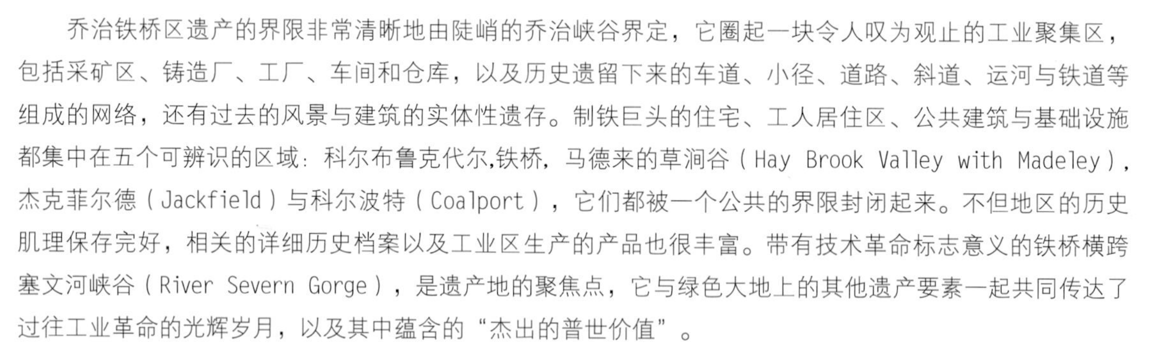

完整性

乔治铁桥区遗产的界限非常清晰地由陡峭的乔治峡谷界定，它圈起一块令人叹为观止的工业聚集区，包括采矿区、铸造厂、工厂、车间和仓库，以及历史遗留下来的车道、小径、道路、斜道、运河与铁道等组成的网络，还有过去的风景与建筑的实体性遗存。制铁巨头的住宅、工人居住区、公共建筑与基础设施都集中在五个可辨识的区域：科尔布鲁克代尔,铁桥，马德来的草涧谷（Hay Brook Valley with Madeley），杰克菲尔德（Jackfield）与科尔波特（Coalport），它们都被一个公共的界限封闭起来。不但地区的历史肌理保存完好，相关的详细历史档案以及工业区生产的产品也很丰富。带有技术革命标志意义的铁桥横跨塞文河峡谷（River Severn Gorge），是遗产地的聚焦点，它与绿色大地上的其他遗产要素一起共同传达了过往工业革命的光辉岁月，以及其中蕴含的“杰出的普世价值”。

几乎没有核心的工业遗产要素受到威胁，但是整体的矿业景观由于采矿、内在地质的渐进变化等原因造成的土地不稳定而陷入脆弱的境地，随着时间的流逝将损害到山谷的风貌。景观是遗产的重要组成部分，它需要被纳入同遍布山谷的核心遗产要素本是一体的整体考虑框架下去管理。

真实性

19世纪末这个地区工业的衰落带来繁荣的终结，20世纪兴起了保护此处遗产城市肌理与景观的运动。不同类型的居所、工业建筑和结构确实因为繁荣期退潮带来的忽略而遭受某种程度的损害。然而到了20世纪末，一旦认识到这个区域独特的工业遗产价值，大量投资因此注入并扭转了衰退的局面。保护过程特别关照到细节、材料和技术，大部分历史建筑、结构与城市和乡村的样式因此保存了它们本质的和真实的历史特征。还有少量工业纪念物在等待保护工作。

2010年，将近100万人参观了乔治铁桥和相关博物馆。位于比利斯特（Blists）山的维多利亚露天博物馆是在认证为世界遗产之前建立的，它与登录的工业纪念物、重建的19世纪建筑与基于地方案例建造的新

乔治铁桥全貌

乔治铁桥桥面

建筑合并在一起。遗产地的原有建筑和纪念物与其他结构的关系被周全地考虑，那些不是历史要素的建筑会被清晰地标注，以免削弱遗址的真实性。

保护与管理要求

英国政府对世界遗产的保护有两种途径：一种是单体建筑、文物、花园与景观受《规划（登录建筑与保护区）法案（1990）》与《古迹与考古区法案（1979）》的保护，一种是通过《城镇与乡村规划法案》法条指引下的英国空间规划体系进行保护。

政府在保护历史环境和世界遗产方面的指引在《国家规划政策框架与通告07/09》中得以陈述。保存、宣传、保护与提升世界遗产及其环境与缓冲区的政策也体现在其他法定的规划文件中。世界遗产的地位是地方规划机构处理开发申请时要考虑的关键问题。《特尔福德&莱肯（The Telford & Wrekin）核心战略》包括了保护遗产的政策，目前这一《战略》为一个大约为时25年的《地方规划》所取代。

这个遗址资产主要位于特尔福德&莱肯议会的管辖区域，位于东南的一小部分处于什罗普郡（Shropshire）的管辖。整个遗址被设为保护区，有375座登录建筑，一座为1级，18座为2级。除此之外，还有7座古迹。两个遗址在世界遗产中具有特殊科学价值。

对遗址资产变化的其他控制是通过《保护区条例》（以下简称《条例》）条款4 (2) 实现的，这一条款取消了某些发展所许可的权利。在更广泛的《条例》4(2)的指导下，其他控制于2013年作为改进的管理工具而被实施，以防渐进的改变带来的损害。

《乔治铁桥世界遗产管理规划》每10年复议一次。界限和保护机制是复议的一部分。《管理规划》的交付将由各个伙伴一同完成，他们与特尔福德&莱肯议会协作并代表他们的利益，规划的监管由“世界遗产督导委员会”执行，通过委员会，关键的股票持有人的利益得以被代表。日常管理行为将通过特尔福德&莱肯议会的地方管理机构执行，管理者还包括多样的组织、机构和具有多样管理职责的这块土地上的所有者。

确保对遗产资产的管理覆盖到整个区域是非常必要的，包括较小型建筑的密集区，以及包括周围的景观，因为景观给予了主要构筑物如乔治铁桥和熔炉（Old Furnace）以丰富的社会和经济情境。管理规划复议还将关注保护的方法。在峡谷区，由于以前的开采和内在的地质条件带来的土地不稳定性是一个重要的考虑因素，因此需要一种全面综合的管理途径。一份《环境影响评估》，包括遗产评估，将要推出并随之出台设计过程。

推动参观者对遗产价值与意义的深入全面了解是一项迫切工作，游客中心和解说中心使得游客能够理解资产的地理和地质环境，游客被鼓励着参观多样的博物馆、村庄，或沿着河流和斜坡散步，体味历史的变迁。其他游客服务设施的提高包括升级游客食宿水平以及增强公园和骑行的便利设施，这样就构成了由铁桥博物馆和铁桥学院提供的综合高素质的解说和教育服务的良好补充。

遗产概述：

世界文化遗产乔治铁桥区占地5.5平方千米，位于什罗普郡的德福，西北向距离伯明翰约50千米。远在向世界传播之前，18世纪工业革命的根扎在乔治铁桥区，众所周知，工业革命给人类历史带来深刻变革。5千米长的铁桥区位于塞文河谷峭壁林立、矿藏丰富的区域，它以铁桥的正西边作为起点，顺流而下直到科尔波特，还包括两个较小的、向北延伸到科尔布鲁克代尔与马德来的河谷。乔治铁桥区提供了洞察工业革命起源的强有力路径，也包含了关于那个时代的大量证据与遗存，那个时期的铁桥区吸引了艺术家、工程师与作家的国际关注。铁桥区包括数量可观的遗存，包括矿山、工厂、铸造厂、作坊、车间、仓库、住房、公共建筑、基础设施、运输系统以及原生的山水景观与森林。除此之外，还有大量关于个人、历史过程与产品的收藏，使这个地区变得非常重要。现

铁桥区炼铁炉遗址纪念馆之一

铁桥区炼铁炉遗址纪念馆之二

铁桥区遗址景观之一

铁桥区遗址景观之二

铁桥区遗址景观之三

铁桥区游乐场入口

铁桥区游乐场内部

贝尔珀东厂之一

在的铁桥区是一个生活、工作的社区，人口约有4 000人，它同时也是一座历史景观，通过几个组织向大众传播，特别是乔治铁桥博物馆信托机构（1967成立，以保存和解释乔治铁桥地区工业革命的遗存）和塞文河峡谷农村信托机构（1991成立，以管理峡谷地区的林地和草原）。

铁桥峡谷有五个值得重点关注的区域：

（1） 科尔布鲁克代尔：1709年，贵格会的亚伯拉罕•达比Ⅰ开发出焦炭制铁术，开启了18世纪制铁业的巨大变革。现在科尔布鲁克代尔仍保留有高密度的18、19世纪的居所、仓库与公共住宅。

（2） 铁桥：这个区域以这座著名的1779年建造的铁桥得名，桥由亚伯拉罕•达比Ⅲ建造，铁桥东端矗立着两座建于1757年的贝德莱（Bedlam）鼓风炉。大铁桥采用拱形结构，跨度为30.6 米，重量约为384吨，全部由铁浇铸。

（3） 草涧谷：马德来的南边有一座大型露天博物馆，包括以前的比利斯特山的鼓风炉与比利斯特山的制砖与制瓷工厂。还有一处重要的景观是衔接什罗普运河与科尔波特运河的斜面平原，它最终连接起塞文河。

（4） 杰克菲尔德：这个塞文河南岸的小型社区是重要的导航、煤炭开采、黏土生产和装饰瓷砖制造的基地。

（5） 科尔波特：位于铁桥区的东端和塞文河的北岸，18世纪晚期工业革命的触角延伸到科尔波特，这个地区以瓷器制造著名。

第三站：德文特河谷工业区（Derwent Valley Mills）

入选标准：

标准二：德文特河谷见证了工厂体系的诞生，在河谷中，与18世纪末期理查德•阿克莱（Richard Arkwright）发明的棉纺工业新技术相适应的新型建筑被大量建造，成为工厂体系建立的标志。

标准四：在德文特河谷这个至今仍是乡村景观的区域中第一次出现了大规模的工业生产活动，为工人与管理者提供住所与其他设施的需求产生了第一个现代工业区。

完整性

工业建筑与其附属的城市设施之间的关系被完整地保存下来，特别是在河谷的上游，几乎可以说是原样保留，这些城市设施一般来说靠近德文特河及其支流，与周围的乡村景观融为一体。同样的，工厂和其他产业要素之间的相互依存关系，例如运河、铁路和工人的住房，依然清晰可见。所有文化景观的关键要素紧密相连。但整个工业景观的独特形式的某些部分陷入到脆弱的境地，大规模开发会威胁到工业遗产的规模。

真实性

虽然某些工业建筑已经被实质性的修改和补充，以适应新的技术和社会实践，但是其原始形式、建筑材料和结构技术仍然保存完好并易于识别。对状态很差的建筑的修复建立在对现有文件和当代建成工程实例的细致研究基础上，并尽力确保使用兼容的材料。对那些在火灾中损坏或者已经被拆除的建筑采用不再重建的原则。整体的景观很好地反映了当时技术、社会和经济上的发展，以及在依靠水力的乡村发展出现代工厂制度的整个过程。

保护和管理的要求

一个全面的法律控制系统在《城镇和乡村规划法案（1990）》和《规划法案（登录建筑和保护区）（1990）》的法条下进行。战略性规划政策的网络也已到位以保护这座遗址。共有13处保护区全部或部分处于这一区域，848座这一区域内的建筑被包括在《特别建筑或历史名胜名单》中，还有9座古迹。

管理责任被数个地方权威与政府机构分担，协调机制也在德文特河谷磨坊合伙人的框架下进行，这样就在牵涉到的地方政府权威之间建立起一种紧密的工作关系。伙伴关系已经对在2007年1月修改的资产管理方案的准备发挥了作用。

遗产概述：

英格兰中部的德文特河谷见证了工厂制度的诞生，河谷的上游自奔宁（Pennines）山脉南部边缘的德比（Derby）开始，它包含一系列18和19世纪的棉纺厂与拥有极高历史和技术价值的工业景观。河谷的工业发端于1721年约翰与托马斯•隆贝（John and Thomas Lombe）兄弟在德比创建的丝厂，新型的工业建筑容纳了意大利设计的纺丝机械，丝厂的产品、规模以及雇佣工人的数量都是史无前例的。工业规模化生产和相关的工人住宅展现了这个地区社会经济发展的画卷。理查德•阿克莱特于1760年成功地发明了棉纺机器，他与丝线制造商杰迪代亚•斯特拉特（Jedediah Strutt）结成伙伴关系，他们选择了德文特河谷上游的克罗姆福德（Cromford）村作为基点，建造了第一座纺纱车间，并于1772年正式开始运作。阿克莱特还给自己的工人团队提供补给，尤其是给小孩。他邀请织工在村子里住下来，织工的孩子在纺纱车间工作，他们在工厂建筑的最高层织卡利科布。

1782年，伊文斯（Evans）兄弟开始在德比以北的达利（Darley）修道院建造棉纺厂，这是他们与理查德•阿克莱特合作关系的开始。合作关系的建立完成于1786年，但于两年后结束。它的替代企业迅速被建立起来，并且规模扩大了很多。在随后的时间里，公司多样化了它的生产，最终放弃了纺纱，现在是数个小型企业的所在地。如同阿克莱特与斯特拉特兄弟一样，伊文斯家族同样为工人们建造了住宅社区。19世纪20年代晚期，这两个工厂的财富急剧衰落。到1979年为止它们已经历了两场火灾与多次改造，现在它容纳了数个小型企业，也是颇受欢迎的遗产名胜。与之形成对比的是，马森（Masson）工厂在19世纪80年代晚期得到了现代化的改造，直到1992年仍在运转。现在完整的遗产带是一条长达24千米的狭长地块，从北部马特洛克•巴斯（Matlock Bath）的边缘开始，几乎一直到南部德比的中心地带，它包括四组工业聚落：

（1）克罗姆福德工厂建筑群和马特洛克•巴斯。聚落包括马森工厂，上区工厂（1771）和下区工厂（1776）；还有一些拥有多样功能的其他的工业建筑：仓库、车间、织机车间、管理人员住宅等。克罗姆福德运河建于18世纪90年代，全长23.5千米，汇入加入埃里沃什（Erewash）运河，是通往曼彻斯特的直达线路。

（2）贝尔珀(Belper)。聚落位于克罗姆福德和德比的中间，是由贝尔珀北厂（1804）和东厂（1912）组成的。房屋以砂岩或本地生产的砖为材料，屋顶覆盖以威尔士板岩。这些建筑一行行排列，大部分是东西走向，建筑形式的多样是公司追求多种设计式样的结果。此处还包括小教堂和教堂小舍（1788）。

（3）米尔福德(Milford)（1781）。经过了20世纪60年代的大清除运动，工业建筑几乎没有残留，但是大部分的工业住宅至今保存完好。依据地形成行排列的住宅样式很多，一些是早期由公司购买的农

Derwent Valley Mills Nominated World Heritage Site

Buffer Zone Boundary

Conservation Area Boundary

Cromford Canal

Former Turnpike Road(s) A6

River Derwent

Midland Railway Line

14

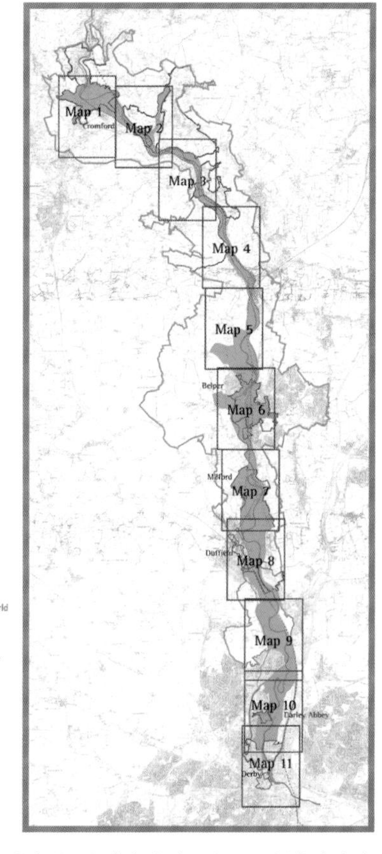

德文特河谷工业区申报世界遗产时提交的地图，绿色部分为保护区，橙色线内为缓冲区

贝尔珀东厂之二

贝尔珀遗产区域建筑景观之一

贝尔珀遗产区域建筑景观之二

贝尔珀遗产区域建筑景观之三

克罗姆福德工厂景观之一（图片来源/德文特河谷工业区官网）

米尔福德工业遗产景观（图片来源/德文特河谷工业区官网）

舍并被转换成多样的居所。斯特拉特建立的公共建筑包括学校、交通设施和公共房屋。

（4）达利修道院。聚落位于德比市中心北2千米，它是一个工业村，到17世纪中期为止，它包括漂洗工厂、玉米工厂、锻造厂，到了18世纪70年代早期，它变成了5个水力工厂——造纸厂、玉米厂、两个燧石厂（与陶瓷生产有关）以及皮革厂。

18世纪与19世纪早期广受赞誉的工厂景观与工业社区保存完好。德文特河谷的工业建筑可以说是自成一格，他们成为之后几个世纪的世界工厂建筑的模型。河谷的文化景观是现代工厂体系发展和确立的范本，这个体系以阿克莱的纺纱技术革新与新的高效生产的流程为特征。工业元素在乡村的渗透使得为工人提供住所成为必须解决的问题，而建成后的工人居所创造出独一无二的工业景观。19世纪从水力到蒸汽的交替使得工业中心转至他处，而这令人赞叹的文化景观却得以凝固在时光中。1979年阿克莱社团购买了这个地区后就致力于恢复旧工厂的原貌。大部分较小的现代建筑物已经被破坏，这个地区受到严重的化学和颜料的污染，大部分新的拥有者都对清除干净墙体和地面这个巨大的任务执行得很好。整个恢复计划受到了德比郡议会和德比郡溪谷地区议会的支持。这个工厂目前已经开放，每天吸引着来自世界各地的大量观光者。它拥有一个游客中心，许多商店，一个咖啡馆，一个筹建中的展示机械的重要展览厅，许多用于学术界和教育团体的会议厅，一个图书馆和一个研究中心。

第四站：索尔泰尔（Saltaire）

入选标准：

标准二：索尔泰尔是一个优秀的、保存完好的19世纪中叶的工业市镇，它的建设概念对“花园城市”运动施加了主要影响。

标准四：索尔泰尔的布局和建筑极好地反映了19世纪中期慈善组织的家长式作风以及纺织业在经济与社会发展过程中的重要作用。

完整性

索尔泰尔作为模范工业市镇的完整性几乎是不辩自明的。遗产的边界与泰特斯•索尔特（Titus Salt）最初的发展规划相吻合，包括模范村庄及其相关的建筑，工厂聚落的大部分以及区域内的公园。一些建筑（仅是原始建筑的1%）在过去被毁掉了，但那些剩下的建筑及工业聚落的布局几乎是完好无损地被保留下来。工厂机器在20世纪80年代工业活动停止后被移除了，在这个区域里为新的发展留下的机会相当有限。在这个遗址的界限之外，20世纪开始在其东面、南面及西面有一些发展，北面是艾尔（Aire）河的景观。

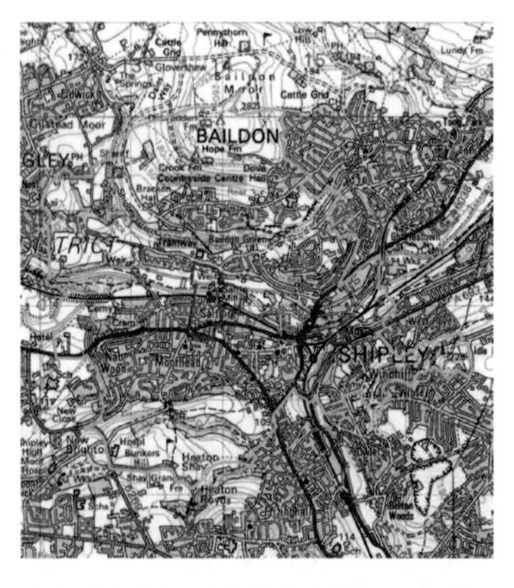

索尔泰尔申报世界遗产时提交的地图，红线为遗产保护区，绿线为缓冲区

真实性

一个关于复兴与保护的周密计划意味着它的要素——形式与设计、材料与实质，以及功能（指一个具有活力的社区）——能够继续繁荣，并能够表达其杰出的普世价值。原有的乡野河谷景色在过去的100年间慢慢消失了，但是重要的景观还保留着。考虑到索尔特先生部分最初的意图是将索尔泰尔放置在一个健康的环境里，缓冲的地带因此变得非常重要。

保护和管理的要求

整个遗产地是被英国规划系统保护着的，世界遗产的标签是一个核心的具体的考虑要件，规划官员们必须在受理开发申请时考虑到这一点。并且，规划部门被鼓励着将有关世界遗产地的保护政策纳入到立法计划与框架中。布莱德福德（Bradford）大都会区议会的《修订的统一发展规划》包括特别的政策以保护遗产地及其缓冲区。整个遗产地是处于《规划法案（登录建筑与保护区）1990》法条保护下的区域，这个区域内的几乎所有的建筑和结构都被列入《规划法案（登录建筑与保护区）1900》，并且罗伯茨公园（Roberts）被评定为二级登录历史名胜。对于任何形式的开发而言，所有这些立法保护的互补形式需要地方政府部门的授权。存在一种上诉的程序，以对抗中央政府级别的拒绝同意。

索尔泰尔景观之一

布拉德福德大都会区议会市负责遗产地的管理，并有一个详细的管理计划。从立项起，《已设计的与开放的空间管理计划》已被制订出来。它导致了罗伯茨公园的修复。

在缓冲区的开发亟须尊重现有的遗产景观。

遗址概述：

西约克郡的索尔泰尔是保留完好的19世纪下半期工业城镇。这里的纺织厂、公共建筑和工人住宅风格和谐统一，建筑质量高超。城镇布局至今完整地保留着其原始风貌，生动再现了维多利亚时代慈善事业的家长式统治。布莱德福德地区最伟大的财富就是索尔泰尔。索尔泰尔的创造是19世纪中期解决前所未有的都市膨胀顽疾的成功方法之一。规划好的模范居所，本身是一种复合体以及自足的社会-经济单元，代表了现代都市规划的重要发展阶段。

索尔泰尔景观之二

索尔泰尔是个杰出的工业城镇，是富有的工厂主泰特斯•索尔特的杰作。索尔特虽然是商人，但也是个空想家，他希望为自己工厂的工人创造一个生活乐园。1851年到1876年，索尔特在25英亩的土地上创建了一个拥有22条街道、77所房舍和45所救济院的典范城镇。大约1个世纪之后，一个和索尔特有着同样思想的资本家约翰森怀着恢复其昔日兴盛的唯一目的买下了索尔泰尔。我们现在看到的索尔泰尔就是他买下后经过整修、恢复原貌的新索尔泰尔。820栋住宅呈网格状分布在工厂附近，学校和研究所建在左边，教堂高出工厂。环境卫生的改善颇为可观，在成排的住房和跨河公园之间建有服务区。居民点有4 356名居民，居民区内有医院、俱乐部、学校、大型公园以及与工厂相连的医务室等，还有由二、三或四个卧室，一个起居室及卫生设施组成的住宅。

索尔泰尔景观之三

18世纪中期布拉德福德开始的精纺羊毛贸易直到蒸汽机的出现才得到大幅发展，结果造成都市人口的膨胀：1780至1850年间，人口从8 500人上升到104 000人，工人阶级的生存条件急剧恶化，男人和女人的生命预期不超过20岁，它是英格兰污染最严重的镇。泰特斯•索尔特，一位富有而具有影响力的商人，1848年当选为布拉德福德市长并承诺减轻该市的污染。此处交通网非常发达，处于西边的利物浦与东边的赫尔之间的中点。索尔特委托布拉德福德建筑师亨利•洛克伍德（Henry Lockwood）与理查德•莫森（Richard Mawson）和工程师威廉•费尔本（William Fairbairn）来设计与监理他梦想中的规划。

工厂的工作开始于1851年，开张于1853年，索尔特的新村街道宽阔，厨房与饭厅、浴室与洗衣所面积很大。新村为退休工人设计了济贫院，村里拥有医院和诊所、教育学院、教堂、娱乐空间和市民农场。索尔特对工人有一种真诚博爱的关切，并成功地给他们提供了健康和安全的环境（当然也包含了经济利益）。在1876年索尔特去世时，给予他的感谢词绵绵不绝，约10万人给他送葬。在他死后，公司由他的3个儿子接管。1933年，村子被卖给布拉德福德资产信托，使得居住在其中的人们首次可以购买他们的住所。1986年工厂关闭了，许多建筑变成了半废弃状态，最后归于消失，对整个村子造成负面影响。索尔泰尔复兴的第一波浪潮是1984年兴起的索尔泰尔村社区。1989年，索尔泰尔城镇计划由布拉德福德大都会区议会与英国遗产委员会通过。

1854—1868年间建造的住宅是19世纪工人等级住房的极好案例。所有房子都以锤琢的石头建造，覆以石板瓦屋顶。每栋房子都有自己的水和煤气配置，并配有外在的卫生间。它们的尺寸各异，从两上两下的住宅到更大尺寸的带花园的房子都有，后者是为管理人员配备的。它们被设计成贯通的空间，使得光与空气能够穿过，垃圾可以被清除而无须穿过房子。工厂是意大利式建筑，饭厅建于1854年，在相关建筑被建立起之前也被用作750个孩子的学校房间、医院、公共大厅与宗教活动空间。在村子的一端是罗伯茨公园，它是一个6公顷的开敞空间，包括板球场、散步长廊、乐队演出台、茶点室以及游泳和泛舟的设备。

（执笔/金磊 冯娴 摄影/陈鹤 金磊）

索尔泰尔由老厂房改造成的艺术品商品卖场